TRUFAS

TRUFAS

Historia • Ciencia • Cultivo y Recolección

con las últimas investigaciones y experiencias

IAN R. HALL
GORDON T. BROWN
ALESSANDRA ZAMBONELLI

TUTOR

Frontispicio, pág. 2: en los bosques de las afueras de Budapest (Hungría). Las trufas son *Mattirolomyces terfezioides*. Fotografía de I. R. Hall. Página siguiente: Buscando trufas, Italia. Fotografía de I. R. Hall.

Nota: Por muy diversas razones, muchas plantaciones de trufas no producen nunca. En consecuencia, invertir en el cultivo de trufas y otros hongos ectomicorrícicos debe seguir considerándose como una empresa especulativa y un riesgo potencialmente alto. Este libro se preparó utilizando la mejor información disponible en el momento en que fue escrito, y en su elaboración se tomaron todas las cautelas debidas. En la lista de referencias pueden encontrarse fuentes de información adicional sobre micorrizas, trufas y hongos ectomicorrícicos, así como direcciones de sitios web. No obstante, cualquier acción posterior que se base en la precisión de la información contenida en este libro es decisión comercial exclusiva del lector tomada por su cuenta y riesgo. Por consiguiente, los autores y los editores declinan toda responsabilidad respecto a las pérdidas o daños derivados del uso de dicha información.

Pequeñas partes de este libro tienen su origen en *The Black Truffle: Its History, Uses and Cultivation* (Christchurch, New Zealand Institute for Crop and Food Research Ltd., 1994), por Ian Hall, Gordon T. Brown y James Byars.

Editor: David Domingo
Coordinación editorial: Paloma González
Revisión técnica: Teresa Almaraz
Traducción: Joaquín Tolsá

Título original: *Taming the Truffle. The History, Lore, and Science of the Ultimate Mushroom*
Publicado por primera vez en inglés en 2007 en USA por Timber Press, Inc.

Marqués de Urquijo, 34. 28008 Madrid
Tel.: 91 559 98 32. Fax: 91 541 02 35
Email: info@edicionestutor.com
www.edicionestutor.com

ISBN: 978-84-7902-776-6
Depósito legal: M-31.151-2009
Impreso en Artes Grágicas COFAS
Impreso en España – *Printed in Spain*

ÍNDICE GENERAL

PRÓLOGO

EN DIVERSAS OCASIONES me han preguntado: "¿Cómo te metiste en todo esto?". Mi historia empezó a finales de la década de 1970, cuando asistí a una conferencia en Colorado. Durante un descanso para almorzar me encontré sentado a una mesa junto a un grupo de franceses. Mi profesor de francés de 6.º curso, el Sr. Townshend, testificaría con seguridad que yo tenía menos conocimientos de francés que un escolar, pero entendí lo suficiente para oírles decir que en Francia se habían recolectado las primeras trufas "artificiales". A partir de ahí se desarrolló la idea de cultivar trufas en Nueva Zelanda para los mercados del hemisferio norte fuera de temporada. De aquel momento en adelante, lo único que había que hacer era, sencillamente, reunir y desarrollar las técnicas necesarias. Hubo un retraso de unos cuantos años mientras trataba de convencer a los poderes públicos de que cultivar trufas en Nueva Zelanda era emplear mejor mi tiempo que recalificar pastos autóctonos de las tierras altas para llevar allí más ovejas. En 1985, sin embargo, tenía luz verde y, con una subvención del Miss E. L. Hellaby Trust, empecé a componer el puzle pieza a pieza.

Durante la década siguiente, más o menos, establecería algunas excelentes amistades en el mundo de las trufas, dos de las cuales son coautores de este libro. También me ayudaron algunos colegas muy capaces y trabajadores. Lo que me mantuvo en la brecha fueron un par de frases de una novela del físico Fred Hoyle: "Si sabes que algo es posible, es mucho más fácil encontrarlo por ti mismo. Es cuando erróneamente piensas que algo es imposible cuando se vuelve verdaderamente duro". Sin embargo, comentarios negativos típicamente neozelandeses, tales como "¿Se puede saber cuándo vas a conseguir tu primera trufa?" (de un colega), "Las ideas son baratas... otra cosa es que funcionen" (de un gerente) o "No estamos convencidos de que esté justificada una mayor financiación" (de una agencia patrocinadora) no fueron, por no decir más, de mucha ayuda que digamos.

Gordon Brown y yo trabajamos hace tiempo para el Ministerio de Agricultura y Pesca de Nueva Zelanda y nos conocemos desde aquellos primeros días. No conocí a Alessandra Zambonelli hasta una conferencia de 1988 en Spoleto (Italia). Empecé a colaborar con su grupo a comienzos de la década de 1990, momento en el cual ella ya había establecido firmemente su posición en la investigación sobre trufas en Italia. Confiamos en que disfrute usted tanto leyendo nuestro libro como nosotros hemos disfrutado escribiéndolo.

Para que el texto se lea con mayor fluidez, hemos abandonado la convención científica normal de usar citas de referencia para reforzar cada afirmación que hacemos. Sin embargo, para aquellos lectores a quienes les gustaría profundizar más en la literatura existente sobre el tema, ofrecemos al final del libro una lista de referencias exhaustiva. Además, hemos enumerado las citas de referencia específicas, párrafo a párrafo de la edición inglesa, en la página web de Truffles & Mushrooms (www.trufflesandmushrooms.co.nz).

Ian R. Hall

AGRADECIMIENTOS

ESTAMOS EN DEUDA CON NUESTROS colegas de Francia, Italia, España, Australia, los Estados Unidos y Nueva Zelanda que nos facilitaron información para este libro y a los pioneros del cultivo de trufas en Francia, Italia y España. Quedamos sumamente agradecidos a los cultivadores y recolectores de Francia, Italia, España, Nueva Zelanda y Australia por sus conocimientos y su ayuda. Queremos dar las gracias también al personal técnico del Invermay Agricultural Centre, de Nueva Zelanda, y de la Universidad de Bolonia, tanto pasado como actual, así como al personal de las bibliotecas públicas y universitarias de Dunedin (Nueva Zelanda), Bolonia (Italia) y Chichester (Inglaterra).

Agradecemos mucho a la familia Tofani y a Foto Paci (Fossombrone) el facilitarnos fotografías y darnos permiso para fotografiar dentro de Tofani Tartufi; a Pierre-Jean Pébeyre su permiso para usar la ilustración del enlatado de trufas y para fotografiar dentro de Pébeyre S.A., de Cahors; a Dino Grammatico su dibujo de aterrazamientos de truferas en pendiente empinada; a Charles Lefevre, de New World Truffières, sus fotografías de trufas norteamericanas; a Wang Yun sus fotografías de trufas de China; a Christina Wedén y Eric Danell su permiso para usar la fotografía de la primera trufa grabada (*Tuber aestivum* sin. *T. uncinatum*) cultivada en Suecia; a Juliet Fowler el permitirnos usar la imagen de ella encontrando trufas olfateando el suelo en la trufera Croix du Sud, de Brian y Colleen Bassett, cerca de Opotiki (Nueva Zelanda); a Joanna Danes su fotografía de la trufa del Kalahari; a Christine Fischer y Carlos Colinas su micrografía de esporas de trufa en germinación; a Jim Gerdemann su micrografía de un arbúsculo; a Julian Mitchell y Alga Zuccaro la ilustración del grupo de genes ribosómico; a Joan y John Parker su fotografía de búsqueda de trufas con cerdo; a Marcello Pagliai y Fabio Primavera su permiso para emplear la sección de un suelo de trufa blanca de Italia; a Anna Maria

Pisi su micrografía de una espora de *Tuber indicum;* a Marco Morara su fotografía de trufa blanca de Italia; a Rita y Colin Roberts el proporcionarnos la botella antigua de trufas; a Geoff Stephens su contribución a la conservación de las tradiciones inglesas y la fisonomía del paisaje inglés; a Jeff Weston su fotografía de deficiencia de cobre en su trufera de *Tuber borchii;* al National Soil Resources Institute de la Universidad de Cranfield (Inglaterra) su permiso para usar parte del mapa edafológico del Reino Unido; y a Peter Harris, Patricia y Gordon Nelson, PowerFarming, Agrigarden Distributors, y Hirepool de Nueva Zelanda su permiso para usar fotografías de su maquinaria.

Damos también las gracias a Thomas Burke, Charles Montat y Jim Trappe por las útiles conversaciones tenidas con ellos; a Michel Courvoisier por sus datos sobre la producción trufera francesa; a Lahsen Khabar por su información sobre trufas del desierto; a Chris Macquet por su información sobre la trufa del Kalahari, y al Miss E. L. Hellaby Trust por cierta oportuna ayuda financiera al comienzo de la investigación sobre el cultivo de ectomicorrizas comestibles en Nueva Zelanda.

UNO

Todo presente tuvo un pasado

LOS COMIENZOS DE LA HISTORIA DE LAS TRUFAS sólo pueden deducirse a partir de las referencias a menudo sumamente breves atribuidas a eminencias del pasado, siendo lo más probable que estos comentarios documentados se refiriesen a tan sólo unas pocas de las muchas trufas comestibles que ahora se sabe que existen en todo el mundo. De éstas, las trufas del desierto (*Eremiomyces, Kalaharituber, Terfezia* y *Tirmania*) siguen siendo apreciadas en el Próximo Oriente y el Norte de África y por los bosquimanos del Kalahari. Sin embargo, son la trufa negra (*Tuber melanosporum*) de Francia y la trufa blanca de Italia (*Tuber magnatum*) las que dominan el mundillo trufero actual.

La recolección y comercialización de trufas es un mundo que conserva parte del misterio e intriga del pasado, un mundo que podría fácilmente confundirse con el reino de la ficción, con su historial de competencia, trapicheos y provincianismo. El hecho de que las mejores trufas del mundo se encuentren en el Piamonte italiano o el Périgord francés es tema fecundo de debate, especialmente entre italianos y franceses; pero lo que no admite debate es la demanda mundial por ambas, una demanda imposible de cubrir y que sitúa los precios por las nubes, estimula los engaños comerciales y durante casi dos siglos ha servido de acicate en los esfuerzos por cultivarlas.

Alfredo Tofani Foto Paci

ARRIBA La trufa blanca (*Tuber magnatum*) es uno de los alimentos más caros del mundo. M. Morara

ABAJO Debido a que la trufa negra (*Tuber melanosporum*) se recolecta en un momento distinto del año que la trufa blanca de Italia, las dos no compiten entre sí en el mercado. I. R. Hall

El misterio de las trufas que intrigó a algunos de los grandes pensadores del pasado ocupa hoy día los esfuerzos investigadores de micólogos de todo el mundo. Aunque las teorías descabelladas hayan sido reemplazadas por sólidos conocimientos científicos, el santo grial de la investigación sobre trufas —su cultivo— sigue siendo problemático. Es tal el interés por las trufas, así como sus posibilidades gastronómicas y comerciales, que el centro de atención de las investigaciones se ha extendido de la trufa negra de invierno y la trufa blanca de Italia hasta incluir toda una gama de parientes subterráneas, algunas de las cuales están bien consideradas en círculos culinarios.

La trufa grabada (*Tuber aestivum*) posee excelentes cualidades gastronómicas, lo cual ha conducido a su exitoso cultivo en Francia. Al ser menos exigente respecto a suelos, árbol hospedante y clima que sus ilustres primas, la trufa grabada es probablemente la especie de trufa comestible más común en Europa. *Tuber aestivum* se da de manera natural desde la cuenca mediterránea en el sur hasta la isla de Gotland, a poca distancia de la costa este de Suecia, en el norte y desde la costa atlántica en el oeste hasta un límite europeo oriental aún no establecido. La trufa grabada también se ha encontrado en paquetes de trufas exportadas a Europa desde China.

Varias especies de trufa, incluyendo *Tuber indicum*, la más importante de ellas, son alimentos tradicionales y empleadas como tónicos por los pueblos Yi y Han de China. Nombres locales tales como *wu-niang teng* (planta sin madre) reflejan la confusión de los primeros pensadores europeos respecto a la formación de las trufas. Generalmente, estas y otras trufas asiáticas no han tenido buena acogida en el mercado, a pesar de haberse incrementado espectacularmente las exportaciones a Europa desde comienzos de la década de 1990.

Otras trufas, como, por ejemplo, la trufa blanquilla o de Borch (*Tuber borchii*), tienen importantes mercados locales. Aunque sólo se valore verdaderamente en Italia entre Ferrara y Rávena, el *tartufo bianchetto* (lit. "la trufa blanquilla"), así llamada para distinguirla de la más cara *Tuber magnatum*, posee excelentes credenciales culinarias y su aprecio gastronómico está aumentando. En los Estados Unidos y Canadá, la trufa blanca de Oregón (*Tuber gibbosum*), con aroma aliáceo, es abundante en los bosques de abeto Douglas que se extienden desde San Francisco hacia el norte, hasta la Columbia Británica. Algunos aficionados estadounidenses consideran que esta especie no tiene nada que envidiar a las trufas europeas.

Escribiendo sobre trufas en 1693, sir Tancred Robinson se estaba refiriendo probablemente a la trufa grabada (*Tuber aestivum*). El ejemplar aquí mostrado es la primera trufa grabada cultivada que se recolectó en Suecia.
C. Wedén y E. Danell

Las trufas blanquillas (*Tuber borchii*) son excelentes comestibles, siempre y cuando no se mezclen con especies inferiores, tales como *Tuber maculatum*. I. R. Hall

Pese a tales afirmaciones, la trufa negra de invierno y la trufa blanca de Italia mantienen su preeminencia.

Regiones de renombre

La trufa blanca se recolecta principalmente en Italia, desde el Piamonte en el noroeste y Emilia-Romaña en el nordeste hasta Calabria en el sur. Aunque las provincias vecinas de Asti y Alessandria son fuentes igualmente estimadas y la región de las Marcas, a lo largo de la cadena de los Apeninos en la Italia central, sea más productiva, Alba es la meca del *Tuber magnatum*, que debe su nombre a Vittorio Pico, micólogo piamontés del siglo XVIII. Ocupando el emplazamiento de la Alba Pompeia romana en las orillas del río Tanaro, a 60 km al sudeste de Turín, la antigua ciudad de Alba, con su mercado, se halla en el centro de uno de los territorios truferos de Europa de primordial importancia. Con su aroma acre y agradable y su sabor peculiar pero espléndido, la trufa blanca de Alba, conocida localmente como *tartufo bianco d'Alba* (trufa blanca de Alba) o *tartufo bianco pregiato* (trufa blanca preciosa o valiosa), tiene fama de ser la más espléndida de todas. El compositor italiano Gioacchino Rossini se refería a esta especie como "el Mozart de los hongos".

Epítetos similares se han prodigado a las trufas negras (*Tuber melanosporum*), o *truffes du Périgord*, así bautizadas por la antigua provincia francesa situada al este de Burdeos, en el borde sudoccidental del Macizo Central. Aunque el Drôme y la Vaucluse en Francia, Umbría en Italia y partes de España puedan presumir de ser los mayores productores de *T. melanosporum*, es Périgueux, centro de la región del Périgord y capital de la Dordoña, la que se considera capital mundial de la trufa negra.

Piamonte y Périgord se parecen por su yuxtaposición de tierra esculpida por siglos de cultivo y escarpaduras vírgenes: aislados valles y barrancos boscosos y agrestes mesetas. Ambas regiones poseen recuerdos del transcurso de la historia, de un gran imperio ya caído. En estos centros, las trufas son la base de una cultura de profundo folclor, tradición, misterio y secreto. Es una cultura que se expresa en una cocina sencilla pero celestial y en festivales y hermandades, como puedan ser la Ordine dei Cavalieri del Tartufo e dei Vini di Alba (Orden de los Caballeros de la Trufa y los Vinos de Alba) o la Confrérie de la Truffe Noir et de la Gastronomie (Cofradía de la Trufa Negra y la Gastronomía).

El paisaje de Piamonte abarca desde severos valles alpinos hasta llanuras, con un cojín intermedio de ondulantes colinas. La combinación de terreno y clima que favorece la producción trufera se encuentra en las colinas de las Langas y el Roero, situadas respectivamente al sur y al norte del río Tanaro en la cuenca superior del río Po, y las colinas de Monferrato más al este, en las provincias de Asti y Alessandria. En este terreno entre ondulante y escarpado, poblado de bosques de roble, avellano y tilo, que crecen en suelos calcáreos arenosos, el *trifolau* (buscador de setas) con su perro extrae los blancos diamantes micológicos de Piamonte a la vaga luz del amanecer en las frías y neblinosas mañanas de finales del otoño y comienzos del invierno. Estos fantasmas de la noche pueden después reunirse en la Via Maestro y las plazas circundantes de Alba, donde, excepcionalmente, las trufas se exponen abiertamente, cargándose el aire de su aroma. Pero lo habitual es que el comercio trufero se mantenga clandestino por una tradición de reticencias, secretos y artimañas, y por el deseo de evitar al fisco.

En torno a Alba, la capital de la región de las Langas, los bosques y pastos de la cuenca alta de la cadena montañosa dan paso a un paisaje idílico de colinas y valles dedicado casi por completo al cultivo de uva para vino y de avellanas. Hacia el norte, las Colinas del Roero son más compactas y exigentes, pero el mosaico de viñas, campos de cereales y bosques es prueba de fecundidad en una tierra difícil y escabrosa, surcada de barrancos. Las estrechas calles de Alba están flanqueadas de elegantes tiendas. La catedral de San Lorenzo data de 1486, y el museo municipal es célebre por sus colecciones de vestigios romanos y prehistóricos. Sólo quedan tres torres de vigía —en la Via Cavour, la Piazza del Duomo y la Via Vittorio Emanuele II— de las 100 incorporadas en las murallas defensivas construidas en la Edad Media. En la campiña circundante, ciudadelas en cimas, plazas fuertes y castillos medievales son testimonio de asedios en épocas pasadas. Los mágicos panoramas de los viñedos son recordatorios de que, además de trufas blancas, la región produce algunos de los mejores vinos de Italia.

A su vez, las mesetas calizas de Périgord y de la vecina ex provincia de Quercy hacia el sudeste se adecuan idealmente a la producción de trufas negras de invierno. Surcada por profundos y fértiles valles fluviales, la región es famosa por sus cuevas y refugios naturales en la caliza. Périgord puede que sea la región de Francia habitada de más antiguo. Sus dos ríos principales, el Vézère y el Dordoña, están bordeados por espectaculares acantilados que una vez albergaron a trogloditas cromagnones. Estos habitantes de la Edad de la Piedra encontraron adecuado el clima y abundante el alimento, en forma de bisontes y ciervos. Siguiendo el ejemplo de los animales salvajes, puede que excavaran el suelo en busca de trufas que asar y comer en cavernas decoradas con pinturas, como las encontradas en los valles del Dordoña de Lascaux y Les Eyzies.

En Périgueux el pasado se funde agradablemente con el presente. En Puy Saint Front y Cité, los antiguos centros de la ciudad, son evidentes los vestigios de civilización prehistórica y de la ocupación romana. La catedral bizantina data del año 984 d.C., y las calles están bordeadas de capillas góticas y casas renacentistas. Sarlat-la-Canéda, a 65 km al sudeste, es una ciudad medieval maravillosamente conservada. El cercano pueblo fortificado de Domme, situado en la cima de una colina, es testimonio de los turbulentos tiempos que siguieron a la caída del Imperio Romano. En contraste con los eternos pueblos pintorescos, las prósperas ciudades de Périgord bullen de actividad. Adornan la campiña iglesias de piedra y casas de labranza de un blanco inmaculado, y magníficos *châteaux* sobre el Dordoña y el Vézère sirven como recordatorio de las prolongadas luchas anglo-francesas conocidas como la Guerra de los Cien Años.

Este rincón sudoccidental de Francia es una región de contrastes. Las mesetas calizas de Quercy se extienden en inhóspita soledad, si se comparan con las mesetas boscosas de Périgord, con sus blancos afloramientos de caliza. Bosquecillos de robles, castaños, pinos marítimos y arbustos de enebro crecen de manera natural en el arenoso suelo de textura abierta. En los más fértiles valles fluviales y zonas bajas inadecuadas para la producción de trufas, se llevan a cabo diversos cultivos, entre los que se incluyen frutales, vid, cereales, tabaco y nueces, y el ganado lechero se alimenta en ricos pastos. De todos estos productos, sin embargo, es la trufa, en estrecha asociación con el *foie-gras*, el que distingue a la región. La trufa negra de invierno crece de manera natural en las tierras boscosas abiertas caracterizadas por la ausencia de vegetación bajo los árboles. Estas zonas desnudas, que denotan la presencia del hongo trufero, se conocen como *terre brûlée* (terreno quemado) en Francia y *bruciata* (quemada), *pianello* (entreliño, zona llana) o *cava* (excavación) en Italia; en España se denominan quemados o pelados.

Desde el siglo XIX, ha habido un aumento constante en las plantaciones más metódicas de roble y avellano, conocidas como truferas en España, *truffières* en Francia y *tartufaie* en Italia. Llamativas señales advierten a los buscadores furtivos de trufas que estas zonas están protegidas. Aunque las señales indiquen principalmente la necesidad de leyes para proteger una industria lucrativa, su presencia en los bordes de plantaciones cultivadas también muestra el progreso que se ha realizado en la comprensión, control y explotación de los procesos de la naturaleza. Los intentos de domar la trufa, de ordenar su crecimiento y recolección, abarcan actualmente el mundo entero.

La grande mystique

Se ha tenido cierto éxito en desentrañar los secretos de lo que los investigadores franceses han denominado acertadamente *la grande mystique* ('la gran mística'), refiriéndose a pasadas confusiones respecto a la procedencia de las trufas, lo imprevisible de su recolección, y otros temas por el estilo. Este asunto ha fascinado a escritores, filósofos, investigadores y sibaritas durante miles de años.

Aunque se haya documentado una referencia anónima, nada menos que del año 1600 a.C., que describía las trufas como "misteriosos productos de la tierra", la primera afirmación atribuible fue realizada por el filósofo griego Teofrasto (c. 370-286 a.C.), un discípulo de Aristóteles. Las observaciones de Teofrasto sobre la vida vegetal en general fueron notables por su precocidad. Estableció terminología científica donde antes no existía ninguna, unió muchas especies en agrupaciones genéricas e hizo cuidadosas observaciones sobre la germinación y el desarrollo de semillas. En su *Historia plantarum,* Teofrasto describía las trufas como plantas sin raíz, tallo, rama, yema, hoja, flor, ni fruto; ni tampoco corteza, médula, fibras, ni venas. En cuanto a su reproducción, anotó lo que algunos pensadores de la época creían, anticipándose a las ideas de los investigadores del siglo XVII: "Hay personas que creen que se cultivan o pueden cultivarse a partir de semillas. De cualquier modo, dicen que [las trufas] nunca habían aparecido en las orillas de Mitilene [la isla de Lesbos], hasta que, después de un intenso aguacero, algunas semillas fueron introducidas desde Tiarae, siendo éste el lugar donde se encuentran en mayores cantidades".

Mientras que el médico y poeta griego Nicanor (c. 185 a.C.) escribió sobre "el perverso fermento de la tierra que los hombres generalmente designan por el nombre de hongo", el orador, filósofo y estadista romano Cicerón (106-43 a.C.) adoptó un punto de vista más benévolo al sugerir que las trufas eran hijas de la tierra. Dioscórides (40-90 d.C.), el médico y farmacólogo griego cuya obra *De materia medica* fue la fuente clásica más importante de moderna terminología botánica y el texto farmacológico más destacado durante 1.600 años, creía que la trufa era una raíz tuberosa.

Los griegos y romanos comían y disfrutaban de diversos hongos. Identificaron unas 20 especies, siendo la más apreciada entre los romanos la seta de César (*Amanita caesarea*), los *fungi suilli* (*Boletus edulis*) y los *tubera*, trufas del desierto importadas de Túnez y Libia (ver Capítulo 4). Sin embargo, a veces su identificación de especies comestibles les resultaba deficiente y los envenenamientos no eran raros —problema que aún nos acompaña actualmente—. Se creía que el emperador Claudio, descrito como "glotón de tales manjares", fue envenenado con setas. Su hijastro y sucesor, Nerón, famoso por su crueldad y disipación y descrito por un observador como "ese pescador en el lago de la oscuridad", llamaba a las setas el "alimento de los dioses" en lo que se cree era una referencia sarcástica a la deificación de Claudio. Pero de todos los hongos conocidos en aquel período, fueron las trufas a las que los primeros escritores concedieron atención y sobre las que dejaron constancia de sus ideas.

Plinio el Viejo (23-79 d.C.), conocido por su *Historia naturalis*, que fue considerada como fuente científica durante la Edad Media, se maravillaba del crecimiento sin raíces de las trufas: "Entre las más maravillosas de todas las cosas se halla el hecho de que algo pueda surgir y vivir sin raíz. Se les llama trufas (*tubera*); están rodeadas por todos lados de tierra, y no son sostenidas por fibras ni radículas (*capellamentis*); ni el lugar en el que se producen se engrosa formando una protuberancia ni presenta fisura alguna, y no se adhieren a la tierra". Plinio describió el hábitat general de las trufas como "secos lugares arenosos cubiertos de arbustos". En cuanto a su composición, escribió: "Están rodeados por una corteza, de manera que no puede decirse que estén totalmente compuestas de tierra, pero son de una clase de concreción terrosa; de tamaño son a menudo tan grandes como membrillos y pesan hasta una libra. Hay dos clases: una es arenosa y lastima los dientes, la otra sin materia extraña (*sincera*); se distinguen por sus colores, siendo rojas, o negras, o blancas por dentro... En su capacidad de pudrirse, estas cosas se parecen a la madera". Sin embargo, al final, Plinio estaba algo desconcertado: "Ahora bien, si esta imperfección de la tierra (*vitium terrae*) —pues no puede decirse que otra cosa sea— crece, o si ha asumido de repente su pleno tamaño globular, si vive o no, son cuestiones que no creo puedan explicarse fácilmente". De su historia natural y reproducción Plinio anotó: "Se mantienen creencias peculiares, pues se dice que [las trufas] se producen durante las lluvias de otoño, siendo especialmente las tormentas eléctricas la principal razón de su crecimiento, y que no duran más de un año, y que como alimento son mejores en la primavera. Algunos creen que se producen a partir de semillas".

También otros escritores de la época hacían hincapié en las tormentas eléctricas. El escritor satírico y poeta romano Juvenal (60-140 d.C.), quien afirmaba que una escasez de trigo era preferible a una escasez de trufas, vinculaba su origen con el trueno, y el biógrafo griego Plutarco (46-120 d.C.) creía que eran un conglomerado producido por la acción de rayos, calor y agua sobre el suelo. Ateneo (c. 200 d.C.), el autor de la obra en 15 volúmenes *Deipnosophistoi* (Los Gastrónomos), creía que el número y tamaño de las trufas estaba influido por la cantidad y fuerza de los truenos, punto de vista todavía mantenido por los beduinos.

Las recetas más antiguas para cocinar las trufas que han sobrevivido pueden encontrarse en el curioso y fascinante libro *De re coquinaria*, por Apicio. Este documento de las recetas y la alimentación en la Roma imperial, el libro europeo de cocina más antiguo que se conozca, contiene seis recetas para cocinar trufas, una receta para una salsa de vino que servir con trufas, y un método de guardar trufas en serrín. Hay algunas dudas sobre quién fue Apicio y si el libro fue compilado por un solo hombre o es una colección reunida durante un período de 200 a 300 años. Muchos investigadores creen que fue Marco Gavio Apicio (m. 40 d.C.), un célebre sibarita que vivió durante los imperios de Augusto y Tiberio.

No hay duda acerca de la fascinación que las trufas ejercían sobre los escritores y gastrónomos romanos y griegos, pero el hongo que les era familiar no era el "diamante negro" de Périgord, sino la trufa del desierto (*Terfezia*). De hecho, Plinio el Viejo anotó: "las de África son las más estimadas". Los romanos y griegos habrían conocido las trufas del desierto del Norte de África, Turquía, el Próximo Oriente y las regiones semidesérticas de la cuenca mediterránea. Históricamente, los mercados para estas trufas se encontraban en Damasco, Bagdad, Esmirna, Alepo, Bakú, Tiflis y Jerusalén.

Gran parte de lo que los griegos y los romanos escribieron sobre las trufas puede desecharse como descabellado. Por ejemplo, todavía en 234 d.C. el filósofo griego Porfirio se refería a ellas como "hijas de los dioses". No obstante, además de la teoría de que las trufas podían propagarse mediante semillas, se apuntó que las trufas siempre se encontraban en el terreno situado bajo una planta en particular que los griegos llamaron *hydnophyllon*, una especie de jara. Si la decadencia y caída del Imperio Romano no hubieran terminado con una era de erudición y curiosidad intelectual en Occidente, esta insinuación de una relación entre planta y hongo puede que hubiese servido como base para observaciones más útiles sobre la trufa.

Los años comprendidos entre los siglos V y XII, la Alta Edad Media, se denominan a veces Edad de las Tinieblas, debido a la aparente extinción de la cultura y el saber. Como un escritor lo expresó acertadamente: "La noche cayó sobre el ámbito de las ciencias". Los manuscritos clásicos griegos y romanos sólo existían en bibliotecas eclesiásticas y se ignoraban en gran medida. La última mención documentada sobre la trufa antes del largo silencio medieval provenía de S. Ambrosio, arzobispo de Milán, en una carta apreciando enormemente el regalo de grandes trufas realizado desde S. Felice. Poco o nada se añadió al conocimiento de las trufas durante la Alta Edad Media. Adquirieron una reputación siniestra y llegaron a ser conocidas como obra del demonio, que crecían a partir de la saliva de las brujas.

Sobre aquel período, el micólogo francés M. G. Malençon decía que la trufa se olvidó durante más de 1.000 años y fue sólo hacia el siglo XIV, momento en que el tiempo de la barbarie por fin había acabado, cuando la trufa volvió a su lugar en las mesas de los ricos de Italia y Francia. Puede encontrarse un testimonio de esa vuelta en una referencia a las trufas del poeta italiano Petrarca (1304-1374) en su noveno soneto del *Canzionere:* "Ni se entiende que allí toda su gala / en lo potente emplea, y su decoro, / que al térreo humor oculto su thesoro / también parte, y l'empreña, y le regala, / A fin que frutos vaya produziendo"*. Volviendo la vista a la falta de ac-

* Petrarca, versión española de la primera traducción al español: *Los sonetos y canciones del Petrarcha, que traduzía Henrique Garcés de lengua thoscana en castellana*, Madrid, 1591. (*N. del T.*)

tividad científica en la Edad Media, el botánico francés Gaspard Adolphe Chatin escribió en 1892: "Lo que caracteriza aquella época es el total abandono de cualquier consideración especulativa acerca del origen y constitución de la trufa que no se limite al punto de vista gastronómico".

Tales especulaciones volvieron en el siglo XVI, ya no restringidas a Grecia e Italia, pero muy influidas por los escritores clásicos. En 1552 el herborista alemán Jerome Bock escribía: "Hongos y trufas no son ni hierbas, ni raíces, ni flores, ni semillas, sino únicamente la humedad superflua de la tierra, de los árboles, de madera podrida, y de otras cosas en descomposición. Esto se deduce claramente del hecho de que todos los hongos y trufas, especialmente los que se emplean para comer, crecen con mayor frecuencia en tiempo tormentoso y húmedo". Algo de luz arrojó Alfonso Ciccarello, un médico de Perugia, sobre lo que eran las trufas y cómo debían clasificarse cuando planteó como hipótesis en su *Opusculum de tuberibus* (1564) que las trufas, como las setas, eran los frutos de un hongo.

No obstante, la imaginación y la confusión seguían abundando. En 1573 el famoso naturalista italiano Mattioli todavía describía las trufas como "raíces sin tallos". Asimismo, en 1597, el herborista inglés John Gerard llamaba a la trufa "excrescencia tuberosa" sin "tallos, hojas, fibras ni cuerdas anejas o ligadas a ella". En 1623 el botánico suizo Gaspard Bauhin consideraba que los hongos no eran "nada más que la humedad superflua del suelo, los árboles, la madera podrida y otras sustancias en descomposición". De hecho, cuando un tubérculo blanco comestible de Sudamérica —la patata— fue introducido en Europa a través de España, al principio se creyó que era una variedad de trufa. Al exótico tubérculo se le llamó *tartufo* en Italia y *truffe* o *truffe rouge* en Francia hasta que se estableció su verdadero parentesco.

Un avance importantísimo hacia la comprensión de la verdadera naturaleza de las trufas llegó con la primera observación de esporas realizada por el filósofo natural italiano Giambattista della Porta en 1588. En su *Phytognomonica,* escribía: "De hongos he logrado recoger semillas, muy pequeñas y negras, que se hallan escondidas en cavidades o surcos oblongos que se extienden del tallo a la circunferencia, principalmente de los que crecen sobre piedras, donde, cuando caen, las semillas se siembran y retoñan con perenne fertilidad (...). En las trufas, reside escondida una semilla negra. Por esta razón, salen en bosques donde se han producido frecuentemente y se han descompuesto". A pesar de los continuos errores y confusiones, la observación de Della Porta no pasó desapercibida. En 1640, el botánico inglés John Parkinson le citaba diciendo: "Debajo de la piel externa, (hay) ciertas pequeñas semillas negras (...) por medio de las cuales no sólo se propaga donde es natural, sino que, como a menudo ha sido observado, algunas han crecido donde las mondas de ellas han sido arrojadas" (citado en Ramsbottom 1953).

El científico británico Robert Hooke, escribiendo en 1665, descartaba la presencia de semillas, y en 1693 el naturalista inglés sir Tancred Robinson, refiriéndose a las trufas como una "deliciosa y lujosa exquisitez", admitía ignorarlo todo sobre ellas: "De lo que son estas trufas, ni los antiguos ni los modernos nos han informado claramente, algunos las tienen por callosidades, o verrugas criadas en la tierra: otros las llaman setas subterráneas". Las trufas de Robinson eran probablemente *Tuber aestivum*, la trufa de verano o grabada.

El profesor Richard Bradley, jefe del departamento de botánica de la Universidad de Cambridge, escribió en el apéndice de su *Dictionarium botanicum* (1728) que él se había "tomado algunas molestias en buscarlas en Inglaterra, y las había encontrado en muchos lugares, en bosques especialmente, en Surrey, Middlesex, Kent, Essex, en Hertfordshire y Northamptonshire, y supongo tenemos muy pocos bosques viejos en Inglaterra sin ellas". Apuntaba a continuación: "La especie de trufa encontrada en Inglaterra no es la misma que ninguna de las dos especies comestibles principales que se hallan en Francia e Italia, aunque sigue mereciendo la pena comerlas". Es interesante que Bradley ofreciese uno de los primeros testimonios de la intención de cultivar trufas: "Son abundantísimas en nuestros bosques de Inglaterra, según me han informado varias personas que las han encontrado este verano siguiendo mis indicaciones, y creo que habrá muchas más, ya que varios caballeros han seguido mi consejo de propagarlas".

Hacia finales del siglo XVII, la idea de que las trufas se propagaban por semillas había vuelto a plantearse, esta vez por parte del naturalista inglés John Ray, conocido por su trabajo sobre la clasificación de hongos en categorías terrestres, arbóreas e hipogeas. Que las observaciones de Della Porta y las teorías de propagación de Ray habían ganado adeptos resultaba evidente en la publicación de un popular manual de jardinería, *The Practical Kitchen Gardener* (algo así como "Manual práctico de jardinería culinaria"), de Stephen Switzer en Londres en 1727.

Switzer escribía: "Es una pena que no podamos encontrar aún un método de propagar éstas para ciertos platos muy apetitosos; tal vez pueda haber un método de hacerlo consiguiendo la tierra donde crecen, que ciertamente contiene algunas *seminalia* [semillas] o fragmentos de esas raíces tuberosas que cuando se trasplanten puedan crecer con nosotros (...) el Sr. Ray dice de ellas que las raíces son de una desigual figura globular; que crecen en tierra arenosa, y bajo árboles (...). El lugar de su crecimiento se descubre por ciertas depresiones o grietas, que se descubren en la superficie de la tierra".

Posteriores observaciones que ayudaron, con el tiempo, a refutar la opinión generalizada de que las trufas y otros hongos se originaban por generación espontánea fueron enunciadas en la primera década del siglo XVIII por el botánico y médico francés Joseph Pierre de Tournefort y el farmacéutico y botánico Claude-Joseph Geoffroy. De Tournefort fue un pionero en botánica sistemática cuyo sistema de clasificación vegetal representó un avance científico muy importante. Observó y describió las esporas de las trufas y se considera que fue la primera persona en describir cómo podrían cultivarse con éxito. Geoffroy fue seguidor de De Tournefort, y fue Geoffroy quien ayudó a despejar la confusión botánica en torno a la trufa al clasificarla entre los hongos en un artículo de 1711 titulado "Végétation de la Truffe", confirmando así la hipótesis de Ciccarello formulada casi 150 años antes.

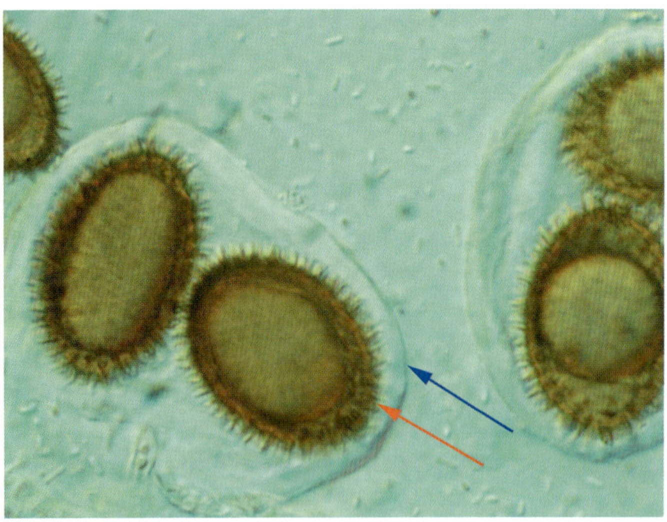

En 1729 Pier Antonio Micheli vio esporas de trufa (flecha roja) formándose dentro de sacos transparentes (ascas; flecha azul) en el interior de las trufas. Estas esporas de trufa negra (*Tuber melanosporum*) se adornan con espinas ligeramente curvadas en las puntas, una característica de esta especie. I. R. Hall

Estas observaciones fueron confirmadas por Pier Antonio Micheli, el botánico italiano que proporcionó la primera descripción definitiva de las "semillas" (esporas) de las trufas. Notó que pequeños grupos de "semillas" (esporas, o más correctamente "ascosporas") se desarrollaban dentro de sacos membranosos transparentes (ascas) y la publicación en 1729 de su *Nova plantarum genera* se considera el nacimiento de la micología.

La opinión de Micheli de que las trufas, y los hongos en general, se propagaban a partir de esporas se debatió durante el siglo siguiente, pero se cosecharon cada vez mayores apoyos. En 1788, el naturalista inglés James Bolton escribía: "Las plantas que ahora componen el orden Fungi antes se suponía que eran de generación equívoca, una diversión de la naturaleza, efecto de la putrefacción, o hijas del azar; pero es ahora bien sabido que deben su origen a las semillas de una planta madre". En 1791, Pierre Bulliard vio con claridad esporas de trufa, pero no logró apreciar los sacos transparentes de Micheli. Bulliard concluyó que las esporas estaban conectadas al tejido circundante mediante delicadas "cuerdas umbilicales" filiformes, o fibrillas, hasta que alcanzaban la madurez: "Si en este momento [madurez] las semillas se observan a través de potentes lentes, puede verse que se parecen perfectamente a la trufa en la que se han desarrollado; como ella, poseen una forma redondeada o ligeramente alargada y su superficie, erizada de puntas, parece haber sido cincelada; también, como ella, son de un negro acastañado; por último, difieren sólo absolutamente en su tamaño (...). El resultado es que no pueden considerarse como semillas, sino como trufas pequeñas completamente formadas" (citado en Malençon 1938). Bulliard concluía erróneamente que las trufas eran plantas vivíparas (es decir, hijas que germinaban mientras aún estaban sujetas a la planta madre). Esta opinión, debido a la consideración en que se tenía a Bulliard, fue aceptada con facilidad.

El retroceso de Bulliard respecto a la obra de Micheli más de medio siglo antes influyó mucho hasta que las obras publicadas de Carlo Vittadini (1837) y los hermanos Tulasne (Tulasne 1851) situaron sobre terreno firme el estudio científico de las trufas. Fue tal la envergadura y excelencia de la obra realizada sobre hongos en general por Edmond Louis-René Tulasne y su hermano menor Charles, que se les considera los fundadores de la micología moderna.

Pero a tales desarrollos científicos les resultó difícil encontrar aceptación entre un público más amplio, cautivado por el romanticismo de cuentos de hadas, canciones y poemas. Una leyenda contada en la región de Périgord trata de una anciana, cansada y hambrienta, que se pierde en el bosque. Al final va a dar a una casa en ruinas, que es el hogar de un hombre igualmente pobre y anciano. Él la invita a pasar y le ofrece su escasa comida de patatas carbonizadas, cocinadas en las ascuas de una hoguera mortecina. La anciana se siente profundamente conmovida por su generosidad y se sienta a pelarse las patatas. De repente se transforma en un hada preciosa. "Tranquilo, no se alarme, anciano", dice ella. "Soy el hada del bosque. Es usted una persona buena y noble y de estas pobres patatas, que ha compartido humildemente conmigo, saldrá el fin de sus tribulaciones". Ante sus ojos las patatas carbonizadas se transforman en trufas de gusto exquisito. A pesar de volverse rico y respetado en toda la región, el anciano sigue siendo amable y servicial con todos aquellos menos afortunados que él, pero no puede decirse lo mismo de sus hijos. Crecen malcriados y holgazanes, y cuando muchos años después la buena hada regresa, disfrazada de anciana, se niegan a darle hospitalidad y comida. Para castigarlos, el hada entierra todas las trufas y convierte a los niños egoístas en cerdos que las desentierren.

A pesar de los avances de la ciencia, a mediados del siglo XIX seguían proponiéndose teorías no muy alejadas del reino de los cuentos de hadas y poco distintas de las de los griegos y romanos. La trufa se contemplaba de forma muy variada, como enfermedad del sistema radicular, tumor proveniente de la picadura de una mosca en la raíz del árbol hospedante, o resultado de la fermentación del suelo. En 1831, Vittadini describió más de una docena de trufas en su obra *Monographia tuberacearum*, pero fue el libro *La Truffe*, de 1869 (revisado en 1892), del botánico francés Gaspard A. Chatin el que contenía gran abundancia de información objetiva y refutó las muchas teorías imaginativas pero erróneas que se habían propuesto. Chatin indicaba cautelosamente que la trufa podía cultivarse. Creía que las trufas se reproducían por esporas y formaban una relación simbiótica con el árbol hospedante, y que la espora, más que el árbol, determinaba la especie de trufa. Todas estas suposiciones han demostrado ser ciertas.

La Edad de Oro de las trufas

La aclaración de parte del misterio biológico de las trufas había sido paralelo a un crecimiento espectacular en su talla culinaria, de ser una fuente de alimento para campesinos durante la Alta Edad Media a convertirse en una obsesión en elevados círculos sociales, lo que el erudito de alta cocina Jean Anthelme Brillat-Savarin (m. 1826) describía como "la joya de la cocina".

La época de Brillat-Savarin marcó el comienzo de lo que podría llamarse la "Edad de Oro de las trufas", especialmente en Francia, donde un acentuado aprecio por ellas era más fácilmente cubierto por los suministros que en cualquier otro momento de su historia. Esta facilidad de conseguirlas queda indicada en recetas como aquella que requería una "docena de buenas trufas negras" en el primer libro de recetas de Mrs. Beeton (1861) y por la respuesta del escritor culinario Maurice Edmond Sailland, mejor conocido por su seudónimo Curnonsky y llamado el Príncipe de la Gastronomía, quien, cuando una anfitriona parisina le preguntó cómo le gustaba tomar las trufas, replicó: "En grandes cantidades, señora, en grandes cantidades".

Al parecer, el aprecio por las trufas entre la nobleza de Francia creció, al menos en parte, como resultado de influencias italianas, siendo la más antigua de ellas el traslado del papado de Roma a Aviñón entre 1309 y 1377. Hacia finales de este período, Juan de Valois, el primer duque de Berry y tercer hijo del rey Juan II de Francia, se dice que tomó gusto a las trufas. Las incluía en banquetes celebrados por él mismo y su esposa, Juana de Armañac, y se las presentó a Carlos V en un intento de causar en él buena impresión. Este intento puede que se viera limitado por una falta de sofisticación culinaria, ya que una referencia a preparar y servir trufas en la época indicaba que "tras ser conservadas en vinagre, se remojan en agua caliente, y se sirven después en mantequilla" (Lacroix 2004).

El progreso en los aspectos culinarios de las trufas también se atribuyó a influencia italiana. En 1533, Catalina de Médicis llegó a Francia procedente de Florencia para desposarse con el duque de Orleans, el futuro rey Enrique II e hijo de Francisco I. A ella se atribuye la introducción del arte de la cocina sofisticada en Francia, y con ésta un gusto por manjares italianos tales como las trufas, las mollejas o las alcachofas.

Aunque hay quien sugiere que las trufas mencionadas en estos ejemplos eran la trufa blanca de Italia o bien especies tenidas en menos, como la trufa blanquilla o la trufa de verano o grabada, hay pocas dudas de que era la trufa negra de invierno (*T. melanosporum*) a la que se referían cuando el *Bulletin de la Société historique et archéologique du Périgord* informaba de que las trufas se servían en los banquetes de los nobles franceses durante el reinado de Francisco I en el siglo XVI, convirtiéndolas su exótica naturaleza en producto de lujo y signo de riqueza durante los siglos venideros.

Al hacer hincapié en el largo intervalo entre la era romana y el redescubrimiento de la trufa durante el Renacimiento, Brillat-Savarin afirmaba: "Pues he leído varios antiguos libros de cocina en los que no se hace ninguna mención de ella". Cabe suponer que se refería a los años anteriores al siglo XVII, siendo casi inconcebible que Brillat-Savarin no hubiera conocido *Le Cuisinier françois*, de François Pierre de La Varenne, publicada en 1651 y considerado el texto fundador de la auténtica cocina francesa. La Varenne, *chef* de Luis XIV, incluía las trufas en más de 60 recetas y se le atribuye haber sido la primera persona en emparejar *foie-gras* con trufas. A pesar de la indudable influencia de La Varenne, el aprecio por las trufas se mantuvo, paradójicamente, como dominio de los privilegiados y los campesinos. Faltaba todavía más de un siglo para la ascensión de la trufa a las alturas de la moda alimentaria y, hacia mediados del siglo XIX, puede afirmarse con seguridad que la fama de la trufa estaba en su cenit.

Poderes mágicos y virtudes medicinales

Reforzados por el peso de las creencias y declaraciones religiosas, se han atribuido hace mucho a la trufa poderes mágicos y virtudes medicinales. Una *hadiz*, una narración del profeta Mahoma, afirma: "Las trufas provienen de Al-Mann (es decir, Alá las da sin semilla ni trabajo) y su agua es un remedio para la vista", mensaje reiterado por los médicos islámicos Ishaq ibn 'Imran (Túnez, c. 900) y Abu'l-'Ala'Zuhr (Al Andalus, c. 1100). Alrededor de la misma época el eminente médico persa Avicena (Ibn Sina) recomendaba trufas como tratamiento para la debilidad, vómitos, dolores y la curación de heridas. Una creencia en la potencia de las trufas parece haber sido común en todas las religiones de la época. Por ejemplo, el papa Gregorio IV, cabeza de la Iglesia católica desde 827 hasta 844, se dice que comió trufas para incrementar su fuerza en sus batallas contra los sarracenos, que invadieron Sicilia durante su papado.

La trufa ha sido venerada por su capacidad de curar la gota y usada en jarabe como fuente de energía. Según Stephen Switzer (1727), "aparte de los usos de esta raíz en cocina, no puedo más que observar partiendo de Cardan [Girolamo Cardano, 1501-1576], en su libro 'De varietate rerum' cap. 28, que cuando se cuece y usa a manera de emplasto [como una cataplasma], en todas las anginas [amigdalitis] y dolores de garganta, ha aliviado a quienes estaban agonizando".

Desde la antigüedad las trufas han sido consideradas como afrodisíaco. Aristóteles se refería a la trufa como "un fruto consagrado a Afrodita", y el médico romano Galeno advertía que el abuso en su consumo podría llevar a la voluptuosidad. Se dice que Napoleón y el Marqués de Sade las usaban como estimulante sexual, y la amante de Luis XV, madame de Pompadour, temerosa de ser incapaz de estar a la altura de las exigencias amatorias del rey, experimentó con una dieta de vainilla, trufas y apio, pensada para "calentar la sangre". Georges Sand, la famosa defensora de los derechos de la mujer al amor libre, escribió: "La trufa es la negra manzana mágica del amor". El novelista y dramaturgo Alexandre Dumas llamaba a la trufa "*sacrum sacrorum* de los gastrónomos" y el escritor Pennier de Longchamp advertía a curas y monjas que el consumo de trufas era incompatible con el voto de castidad.

Tales creencias no se limitaban a Francia e Italia. Cuando al cronista inglés John Evelyn le dieron a conocer las trufas en Francia en 1644, las encontró "un manjar incomparable", pero más de 50 años después, en su *Acetaria*, se refería a ellas remilgadamente como "fétidas y provocativas excrecencias". Switzer afirmaba que las trufas eran "muy eficaces en abrazos venéreos". Mencionó "una clase de ellas (...) observada cerca de Furstenwald, que se asemejaba a las partes testiculares de un hombre", llamada *scroto denudato*, y también "*tubera cervina;* de la que se afirma legendariamente que crece de los genitales de un ciervo, que se encuentra en Trenzinum, noble ciudad de Hungría". Tales comentarios sugieren que la conexión erótica estaba extendida en Europa.

Brillat-Savarin apuntaba una creencia generalizada de que "las trufas son propicias para el placer erótico". En la década de 1820 Brillat-Savarin se tomó la molestia de verificar la certeza o no de tales creencias. Después de muchas consultas con damas reacias, "pues todas las respuestas que he recibido eran irónicas o evasivas" y hombres "que por su profesión están investidos de especial confianza", concluyó que "la trufa no es un verdadero afrodisíaco, pero en ciertas circunstancias puede volver a las mujeres más afectuosas y a los hombres más atentos". Se trata de una conclusión razonable, como cabe suponer, pues en el ambiente adecuado, con agradable compañía, y estimulados por las reflexiones sobre la rareza de la trufa, su exquisitez y elevado precio, lo más probable es que tal comida fuera una experiencia sensual.

DOS

La ciencia acude al rescate

La popularidad de las trufas alcanzó un punto álgido a finales del siglo XIX. Brillat-Savarin anotó que los comerciantes, conscientes de su popularidad, estimularon el mercado pagando buenos precios en origen y utilizando el transporte más rápido disponible para enviarlas a París. Con un mercado preparado vino el deseo de aumentar la oferta, y la atención se concentró en el santo grial del recolector de trufas: su cultivo sistemático.

El primer paso hacia el cultivo se dio a comienzos del siglo XIX con el descubrimiento de un método aleatorio de plantar bellotas cerca de árboles padre inoculados con trufa. En su libro *Mushrooms and Truffles* (1987), Singer y Harris describen la invención realizada por Joseph Talon del cultivo indirecto de trufas de Périgord: "Talon era un humilde campesino del 'Hameau des Talons', Vaucluse. Plantó bellotas en un trozo de tierra silícea pedregosa, y se sorprendió de poder recolectar trufas bajo los árboles jóvenes unos pocos años después. Siendo hombre observador y ahorrativo, procedió a adquirir tierra carente de valor, diseminó allí las bellotas de su propia plantación de 1810 y, manteniendo su descubrimiento tan en secreto como pudo, fue capaz de obtener ciertos beneficios de las trufas que aparecieron en sus sucesivas plantaciones de roble. De viejo, el tío Talon reveló su secreto (...) a cierto comerciante de trufas y amigo de los Talon, llamado Auguste Rousseau, (...) quien envió la primera partida de trufas cultivadas a una exposición en la capital, París, en 1855, y se convirtió en propagandista del método de Talon para el cultivo de trufas".

A pesar de un informe anterior sobre el cultivo de la trufa en una carta a Giacomo Sacchetti, secretario de la Academia de Siena, que fue publicado en 1807, el método se suele atribuir a Talon. Que el método fuera usado para establecer vastas plantaciones a finales del ochocientos y se siguiera empleando en la segunda mitad del siglo XX es testimonio de su éxito. La producción de trufas se incrementó notablemente durante la segunda mitad del siglo XIX, motivado en parte por que los campesinos querían cultivar productos alternativos en viñedos arrasados por la llegada de la filoxera a mediados de siglo y en grandes áreas de morera china inutilizadas por enfermedades que mataban los gusanos de la seda en el sur de Francia. En 1890 había 750 kilómetros cuadrados de truferas en Francia, y Gaspard Adolphe Chatin (1892) calculó que la producción era de 1.500 toneladas en 1868 y de 2.000 toneladas en 1890. Aunque haya indicios de que estas cifras puedan haberse exagerado, con una producción real que tal vez no superase las 1.000 toneladas, claramente las postrimerías del siglo XIX fueron la Edad de Oro de la producción de trufas.

Micorrizas: una relación íntima

En 1885 Albert Bernhard Frank, mientras trabajaba en un encargo del rey de Prusia a fin de desarrollar métodos más fiables para cultivar trufas, se desvió sin querer del tema y reconoció una íntima relación entre los hongos y las raíces de ciertas plantas. Giuseppe Gibelli había identificado la relación dos años antes mientras trabajaba sobre la enfermedad llamada tinta del castaño, pero fue Frank (1877, 1888) quien acuñó el término "Mykorrhizen" (del griego *myco*, hongo, y *rhiza*, raíz) para describir la simbiosis. Este serendípico avance explicaría con el tiempo cómo funcionaba la técnica de Talon y sería la salvación de la industria de la trufa a finales del siglo XX.

Durante las décadas posteriores al descubrimiento de Frank, los científicos se dieron cuenta de que, con unas pocas excepciones notables, como puedan ser las brasicáceas (Brassicaceae), las ortigas (Urticaceae) o la familia de la correhuela (Polygonaceae), la mayoría de plantas superiores forman micorrizas. Aunque los hongos micorrícicos realmente *infectan* las raíces de sus plantas hospedantes, la relación suele ser beneficiosa, porque el hongo suministra a la planta nutrientes adicionales, como pueda ser el fósforo. El hongo hace esta labor emitiendo una red de finos filamentos llamados hifas, que penetran en zonas del suelo que la planta no es capaz de explotar. A cambio, la planta proporciona al hongo nutrientes, tales como los carbohidratos, y un lugar para vivir.

Los hongos micorrícicos han existido desde el período Ordovícico, hace casi quinientos millones de años. Por tanto, no es de extrañar que la mayoría estén actualmente tan especializados que no puedan sobrevivir a menos que se hallen en contacto con sus plantas hospedantes. Muchas plantas se han vuelto igualmente dependientes de hongos micorrícicos y sin ellos se atrofian y marchitan, a menudo debido a deficiencia de fósforo. Se debe a esta estrecha relación el que plantas cultivadas en vivero en una mezcla de sustrato libre de micorrizas y de alta fertilidad no logren sobrevivir después de transplantarlas a situaciones relativamente estériles, como pueda ser nuestro jardín (pero ésa es otra historia).

Tipos de micorrizas

Existen diversos tipos de micorrizas y, desgraciadamente, todas tienen nombres bastante largos y engorrosos, como, por ejemplo, micorriza arbuscular, ectomicorriza o micorriza ericácea. La asociación ectomicorrícica ha existido probablemente durante tan sólo 100 millones de años, y por tanto estos hongos son considerablemente más jóvenes que los de tipo arbuscular, los más antiguos de los hongos micorrícicos. En las micorrizas arbusculares y ericáceas, el hongo en realidad se introduce en las células de las capas externas de las raíces, mientras que los hongos ectomicorrícicos se envuelven en torno al exterior de las finas raíces de la planta hospedante igual que los dedos de un guante. Los hongos que forman una clase de micorriza son bastante distintos de los que forman otra, por lo que generalmente los hongos ectomicorrícicos no pueden producir un tipo arbuscular de micorriza, y viceversa. Entre las rarezas se incluyen las ectendomicorrizas y las micorrizas terfezoides formadas por trufas del desierto.

Forman ectomicorrizas la mayoría de los árboles que dominan los bosques del hemisferio norte, incluyendo abedules (Betulaceae), robles y hayas (Fagaceae), muchas coníferas (Pinaceae), tilos europeos (Tiliaceae), y las dipterocarpáceas tropicales (Dipterocarpaceae), así como los eucaliptos australianos (Myrtaceae) del hemisferio sur. En cambio, la inmensa mayoría de cultivos, plantas de flor, helechos, cícadas y algunas gimnospermas, tales como la secuoya nor-

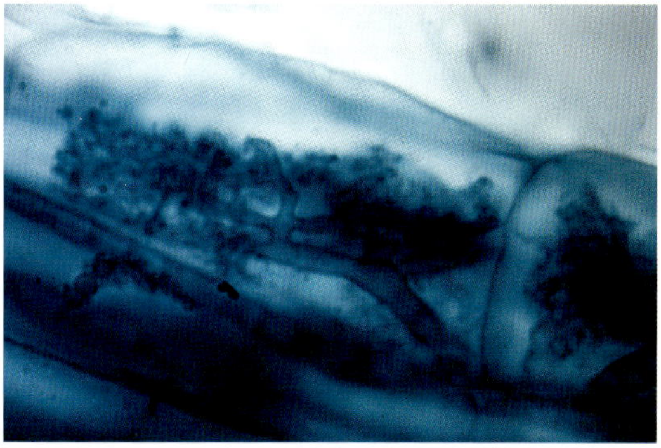

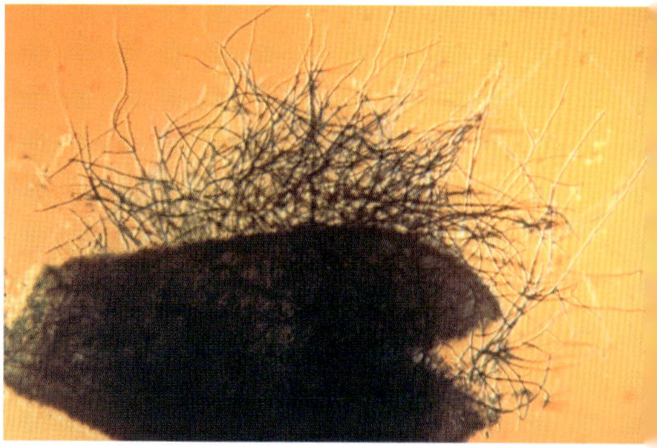

ARRIBA IZQUIERDA Arbúsculo producido por un hongo micorrícico arbuscular en el interior de una célula de raíz. J. Gerdemann

ARRIBA DERECHA Se ha empleado tintura azul y una iluminación especial denominada interferencia de Nomarski para mostrar las hifas externas (cistidios) en la superficie de la micorriza de una trufa negra (*Tuber melanosporum*). Nótese que el extremo de la micorriza se escindió cuando fue aplanada para sacar la fotografía, y que el ápice de la raíz está oculto por el hongo. I. R. Hall

ABAJO Densos agrupamientos de ectomicorrizas de trufa negra (*Tuber melanosporum*) sobre roble común (*Quercus robur*) en un suelo de cenizas volcánicas marcadamente calizo y muy drenante en Nueva Zelanda. El hongo cubre el ápice de cada raíz de la planta hospedante igual que el dedo de un guante. I. R. Hall

teamericana, forman micorrizas arbusculares con miembros de un oscuro grupo micológico llamado Glomeromycota. A pesar de la enorme importancia ecológica y económica de estos hongos, sus carpóforos (cuerpos fructificantes) suelen ser microscópicos y sólo proporcionan sustento para animales muy pequeños, tales como los nematodos (ascárides) y las larvas de escarabajos y moscas. Generalmente, las plantas de una familia suelen formar la misma clase de micorrizas (ver Apéndices 1 y 2). No obstante, existen unas pocas excepciones, tales como la familia de las Myrtaceae, que contiene especies tanto ectomicorrícicas como micorrícico-arbusculares. Unas cuantas especies de árboles, como, por ejemplo, los álamos y los sauces (Salicaceae), algunos eucaliptos, y *Leptospermum* (Myrtaceae), tienen todas las ventajas, pues son capaces de formar tanto ectomicorrizas como micorrizas arbusculares.

La mayoría de las setas que es probable encontrar en nuestro supermercado más cercano crecen sobre material vegetal muerto, mientras que unas cuantas son producidas por hongos patógenos que crecen sobre plantas vivas. Otros manjares, tales como la trompeta de los muertos (*Craterellus cornucopioides*), el rebozuelo (*Cantharellus cibarius*), la seta matsutake (*Tricholoma matsutake*) y los boletos comestibles (*Boletus edulis* sensu lato), como las trufas, son hongos ectomicorrícicos. De hecho, de las aproximadamente 5.000 a 6.000 especies de hongos ectomicorrícicos, más de 900 producen setas que se consideran aptas para el consumo humano. Lamentablemente, menos de una docena han sido cultivadas, aunque algunas de las técnicas que describimos para trufas en éste y en los Capítulos 5 y 6 poseen el potencial de desentrañar los secretos para el cultivo de otros hongos ectomicorrícicos comestibles: un legado de la ciencia aplicada que se remonta a hace más de dos siglos.

Estructura de las ectomicorrizas

La mayoría de las ectomicorrizas poseen una capa de tejido micótico sobre la superficie de las finas raíces llamada manto. Desde el manto, lenguas de tejido corren entre las capas externas de la raíz para producir una estructura tridimensional denominada red de Hartig; algo que puede visualizarse imaginando que las capas externas de células de la raíz son como los ladrillos de una chimenea y el hongo, la argamasa existente entre ellos. Sobre el exterior del manto, salen hifas micóticas que penetran en el suelo.

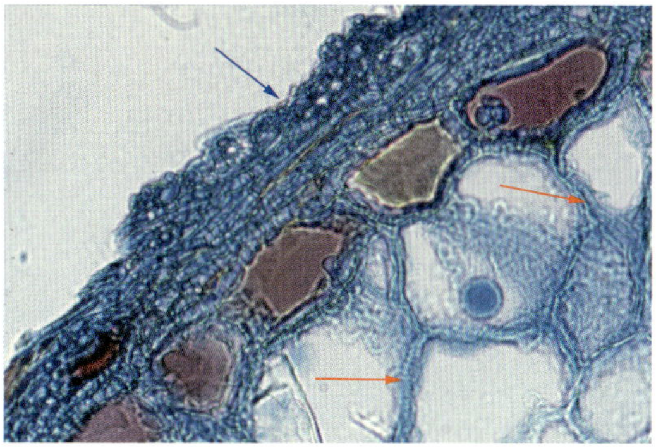

ARRIBA Corte de una ectomicorriza de trufa negra (*Tuber melanosporum*) teñida de tintura azul. Desde el interior del manto, la gruesa capa micótica que cubre el exterior de la raíz, lenguas de material micótico penetran entre las células externas de la raíz para formar la red de Hartig.
A. Zambonelli

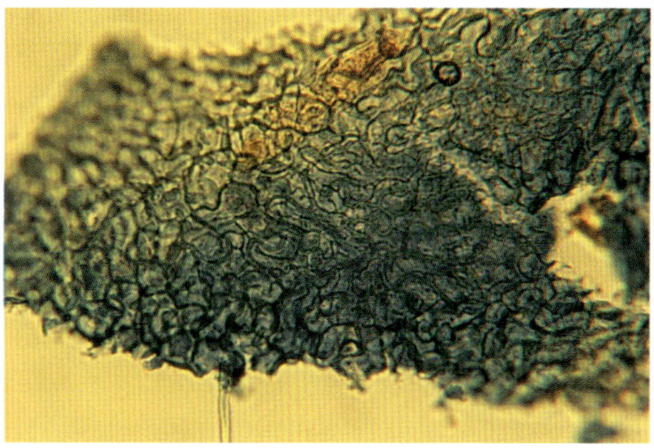

CENTRO Vista de la superficie de una micorriza de trufa negra (*Tuber melanosporum*) mostrando la intricada disposición en forma de enlosado de las células exteriores del manto. El aspecto varía de una especie a otra y puede emplearse como medio de identificación.
I. R. Hall

ABAJO Micrografía electrónica de una micorriza de trufa blanquilla (*Tuber borchii*), mostrando el característico aspecto de escobillón o limpiabotellas de las micorrizas truferas. Las sobresalientes hifas (cistidios) de las micorrizas de trufa de Borch son especialmente largas y delgadas.
A. Zambonelli

Las micorrizas de níscalo (*Lactarius deliciosus*) son de color naranja vivo y se vuelven verdes con la edad, lo cual las hace bastante fáciles de identificar. Sin embargo, tales ejemplos son raros y la identificación de la mayoría de micorrizas requiere considerable experiencia y la ayuda de un potente microscopio. Los no especialistas pueden confundir fácilmente las pequeñas micorrizas en forma de salchicha de la trufa negra de invierno con otras similares formadas por otros hongos ectomicorrícicos, tales como *Sphaerosporella brunnea*. Las jóvenes micorrizas truferas de activo crecimiento están cubiertas de proyecciones aciculares microscópicas (cistidios) que irradian de la superficie y pueden darles el aspecto de limpiabotellas en miniatura. El tamaño y forma de éstas, junto con las características estructurales y superficiales del manto, pueden usarse para distinguir las diversas especies de trufa (ver Capítulo 3).

La guerra subterránea

En los bosques del hemisferio norte en los que predominan árboles ectomicorrícicos, no es insólito encontrar muchos hongos ectomicorrícicos distintos en las raíces de una sola planta hospedante. Pero estos hongos no viven juntos en paz y armonía: existe, de hecho, entre ellos una intensa competencia por el espacio en las raíces y por nutrientes. Gerard Chevalier lo expresó sucintamente cuando describió la situación como "guerra subterránea". Algunas especies han desarrollado tácticas de ataque rápido —infectar rápidamente y antes que otras puedan afianzarse—, mientras que otras emplean armas químicas para asegurarse su parte del espacio disponible. Algunas, incluidas la trufa grabada y la negra de invierno, también han desarrollado una tolerancia a las condiciones del suelo en que otras especies no pueden sobrevivir.

Como en la mayoría de las guerras, a veces es difícil entender cuáles son los buenos y cuáles los malos, y los vencedores cambian dependiendo de las condiciones. Algunos hongos ectomicorrícicos son verdaderos simbiontes. Los hongos obtienen una proporción sustancial de sus nutrientes de su hospedante y, teniendo las finas raíces envueltas por el hongo, la planta hospedante recibe una estructura más eficiente para absorber nutrientes, además de protección. Estos beneficios para la planta hospedante exceden ampliamente los costes de nutrientes. Sin embargo, algunos hongos ectomicorrícicos también poseen enzimas que les permiten obtener algunos de sus nutrientes directamente de materia orgánica presente en el suelo. Se han detectado crisis de crecimiento en plantas hospedantes en respuesta a la inoculación con algunos hongos ectomicorrícicos, y en ciertas circunstancias y momentos la exquisita seta japonesa matsutake (*Tricholoma matsutake*) puede incluso dañar su planta hospedante.

Algunos hongos ectomicorrícicos no se limitan a sólo un hospedante. Por ejemplo, la matamoscas o falsa oronja (*Amanita muscaria*) se encuentra sobre eucaliptos, pinos, robles y abedules. Asimismo, algunas plantas hospedantes pueden formar ectomicorrizas con diversos hongos; numerosas especies pueden formar una sucesión sobre las raíces de un hospedante, algo similar a la sucesión de plantas que se verían creciendo sobre una parcela de tierra desnuda abandonada. Pero otros hongos ectomicorrícicos han desarrollado una fuerte preferencia por un hospedante en particular y cabe suponer que obtienen de ello un beneficio proporcional. Por ejemplo, en el Reino Unido aproximadamente el 40 por ciento de los hongos ectomicorrícicos están asociados únicamente con un solo género de plantas hospedantes; del gran número de especies asociadas con el abeto de Douglas (*Pseudotsuga menziesii*), aproximadamente el 10 por ciento es poco probable encontrarlas con otro hospedante. Asimismo, cada trufa suele tener relativamente pocos hospedantes (Apéndice 3). Los hongos que forman micorrizas con, por ejemplo, pinos, álamos y sauces raramente forman micorrizas con eucaliptos, y los hongos ectomicorrícicos compatibles con los eucaliptos pocas veces forman micorrizas con hongos originados fuera de Australia. Como consecuencia, en Tasmania se han encontrado muy pocos hongos ectomicorrícicos autóctonos contaminando robles micorrizados con trufas, y sólo se halla un puñado de hongos ectomicorrícicos introducidos accidentalmente asociados con las plantaciones de pino de Monterrey (*Pinus radiata*) de Australia y Nueva Zelanda. Fue esta profunda comprensión de las micorrizas, desarrollada en la era posterior a Frank, la que con el tiempo se necesitaría para contrarrestar el colapso en la industria de la trufa que comenzó a inicios del siglo XX.

El colapso de la producción de trufas

Con dos graves guerras en Europa, devastación económica y la migración gradual de gente a las ciudades durante la primera mitad del siglo XX, las plantaciones de trufa fueron abandonadas y la producción de trufas decayó espectacularmente. La producción actual palidece en comparación con las cosechas de finales del siglo XIX, y se han propuesto diversas razones para explicar este colapso. A inicios del siglo XX, el cultivo y recolección de trufas estaban rodeados de misterio, en gran medida como siempre lo habían estado. La ubicación de truferas conocidas era un secreto celosamente guardado compartido sólo por unos escogidos. Las trufas y su recolección eran dominio exclusivo de los hombres. A las mujeres, consideradas "impuras", se las mantenía apartadas de las truferas por miedo a que su mera presencia atacase los micelios dejándolos estériles. Sólo en su lecho de muerte transmitía el truficultor a sus hijos varones los secretos del cultivo de trufas, o incluso los lugares en que se encontraban en su estado natural. Dado que muchos truficultores murieron en las trincheras durante la Primera Guerra Mundial, sus secretos murieron a menudo con ellos. Sus familias tenían grandes problemas incluso para encontrar las truferas, y para qué hablar de saber lo que hacer cuando las encontraban.

El típico lapso de 10 años entre la plantación de una trufera y la recolección de la primera cosecha, así como la posibilidad de que los nuevos árboles no produjesen, eran poderosos elementos de disuasión para posibles productores de trufas. Por

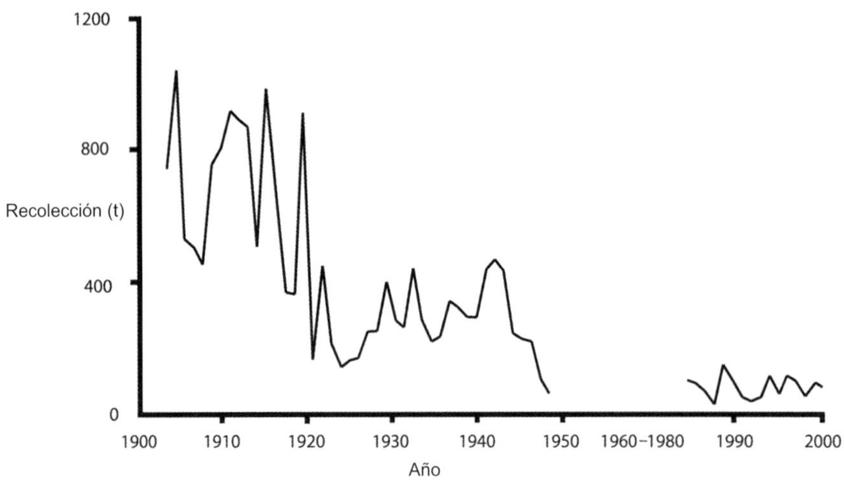

Producción francesa combinada de trufa negra de invierno (*Tuber melanosporum*) y trufa machenca (*Tuber brumale*), 1902-2001.
Datos cortesía de M. Courvoisier

tanto, no es de extrañar que la gente soliese buscar rendimientos más inmediatos y ciertos mediante cultivos que produjesen de manera más rápida y predecible. Otro factor que contribuyó a la decadencia de la industria fue el cambiante equilibrio entre vida rural y urbana. Las trufas no crecen bien en zonas de densa vegetación. En el pasado, los leñadores y los animales de pastoreo habían mantenido los bosques medio despejados, pero con el éxodo a zonas urbanas, grandes partes de Francia e Italia se asilvestraron y llenaron de maleza.

Los precios de las trufas también cayeron. Antes de 1914 un kilogramo de trufas costaba 10 francos, pero durante la Primera Guerra Mundial los precios se desplomaron hasta una cifra sin precedentes: 3 francos el kilo. La demanda no se recuperó en los difíciles años de la posguerra. Bien los robles se talaron y la tierra se desarrolló para cultivos más rentables, o bien los terratenientes simplemente desatendieron los árboles de su propiedad, dejando en el caos muchas zonas productoras de trufa. A finales de la Segunda Guerra Mundial la producción se había derrumbado por completo. No obstante, a partir de la década de 1960, las trufas se habían vuelto a valorar enormemente, y se habían iniciado nuevos esfuerzos por cultivarlas (Apéndices 4 y 5).

Los bosques de Francia son más densos hoy que hace un siglo y es menos probable que sean propicios para dar fruto de trufa negra de invierno (*Tuber melanosporum*). I. R. Hall

Nuevas técnicas

Aunque la técnica de Talon para producir árboles que dieran trufas fuese el pilar de la industria de trufa negra de invierno durante más de 150 años, presentaba muchas imperfecciones. Los plantones quedaban expuestos a todos los organismos en la zona de arraigo de la planta donante, tales como plagas de insectos, nematodos y hongos ectomicorrícicos contaminantes de crecimiento más rápido. En la década de 1960 el colapso de la industria trufera europea era muy acentuado y evidentemente se necesitaban nuevas técnicas para renovarla. Sin embargo, en aquel momento aún no era posible el cultivo directo —empleando un método de probada eficacia de inocular plantas hospedantes con el hongo de trufa en vez de dejar esa labor a la naturaleza, como en la técnica de Talon—. Según Singer (1961), "las oleadas de nuevos desarrollos, patentes, métodos de control y racionalizaciones que caracterizan la literatura y prácticas del cultivo de hongos tanto en Europa como en el resto del mundo durante el siglo XX, apenas han tocado el negocio del cultivo de trufas del sur de Francia".

No obstante, a finales de la década de 1960 científicos franceses e italianos habían ideado métodos para producir plantas micorrizadas con trufa en condiciones controladas en invernaderos inoculando plantas con trufas en puré, esporas de trufa, cultivos o secciones de raíces infectadas. Con el tiempo su perseverancia se vio recompensada, y en diciembre de 1977 se recolectaron en Aigremont (Francia) las primeras trufas cultivadas. Los científicos franceses e italianos pudieron por fin respirar aliviados después de estar tanto tiempo en vilo. Los españoles no les fueron muy a la zaga, y las primeras truferas se establecieron a comienzos de la década de 1970, aunque antes de eso en España se habían estado recolectando trufas de zonas naturales durante algunas décadas. Ni que decir tiene que las metodologías completas ahora empleadas por empresas para producir cientos de miles de plantas inoculadas con trufa anualmente se mantienen como secretos celosamente guardados. Aunque los métodos generales que pueden utilizarse se hallen actualmente bien documentados, sólo un grupo restringido de lectores tiene acceso a estas publicaciones.

Producción de plantas inoculadas con trufa usando esporas

Media una considerable distancia entre producir unas pocas plantas inoculadas en un experimento a pequeña escala y producir año tras año decenas de miles de plantas saludables bien inoculadas con una especie de trufa y libres de contaminación. Por tanto, puede imaginarse que habría cierta renuencia comercial a publicar los detalles de los métodos desarrollados en las décadas de 1960 y 1970. No obstante, con el tiempo una serie de instrucciones para producir plantas inoculadas con trufa usando esporas fue publicada por Mannozzi-Torini (1976) basada en una serie de experimentos que él había llevado a cabo entre 1965 y 1976. Posteriormente los métodos de Mannozzi-Torini fueron mejorados por los esfuerzos de varios investigadores, y los nuevos métodos fueron publicados por Bencivenga (1982) y Tocci (1982). Estas primeras técnicas y posteriores modificaciones fueron resumidas más adelante por Alessandra Zambonelli y Rosella Di Munno (1992).

Según Zambonelli y Di Munno (1992), la antigua técnica incluía los siguientes pasos. Primero se esterilizaban en superficie las semillas de roble poniéndolas en remojo en una solución al 0,1 por ciento de nitrato de plata durante 20 minutos y luego se enjuagaban a fondo en agua estéril para eliminar todos los restos del nitrato de plata, que, si no, impediría la germinación de las esporas de trufa. Las semillas de roble se estratificaban entonces en arena o se empleaban inmediatamente. Se examinaban trufas muy maduras para asegurarse de que fueran de la especie correcta, se cepillaban a fondo para eliminar todo resto de tierra, y se enjuagaban en agua estéril. Las trufas se colocaban entonces en tarros de agua durante unos cuantos días para acelerar su deterioro natural e imitar lo que ocurriría normalmente en la naturaleza. Después se disolvía un kilogramo de azúcar en 20 L de una suspensión de trufas en agua, para hacer más pegajosa la suspensión. Se inoculaban tres semillas de roble con un volumen suficiente de la suspensión que contuviera 2 ó 3 g de trufa y se plantaban en macetas que contenían de 2 a 3 kg de suelo natural de trufa, que había sido calentado en un horno a 80 °C durante dos o tres horas para matar cualquier hongo ectomicorrícico competidor.

Zambonelli y Di Munno también describían las modificaciones principales de estas antiguas técnicas. En vez de semillas, se inoculaban plantones jóvenes y estériles cultivados en sustratos estériles sin tierra (como pueda ser vermiculita o perlita) que contenía una pequeña cantidad de fertilizante. La suspensión de esporas se homogeneizaba para liberarlas de los pequeños sacos (ascas) en los que se forman. Por último, el sustrato para maceta se metía en un autoclave a 121 °C durante cuatro horas, y las plantas se inoculaban en condiciones estériles. Estas modificaciones

Los métodos generales para producir plantas inoculadas con trufas. Se emplean esporas de trufa, cultivos de trufa, o raíces micorrizadas con trufas para inocular esquejes o plántulas no micorrícicas, que después se cultivan en suelo estéril o en un sustrato para maceta especialmente formulado.
I. R. Hall

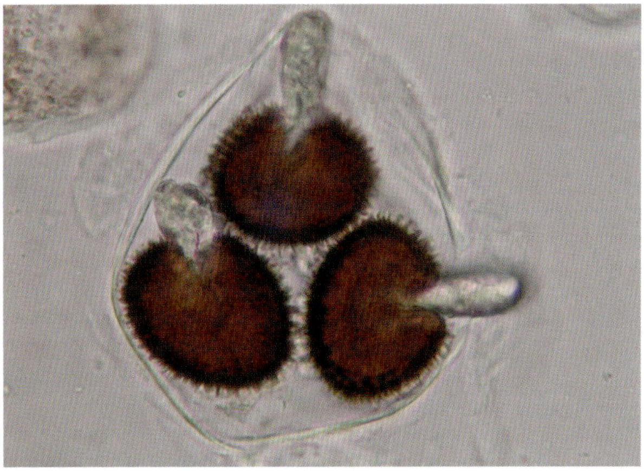

Esporas de trufa negra de invierno (*Tuber melanosporum*) en germinación.
C. Fisher y C. Colinas

aportaban varios beneficios. Usando plantones, las esporas de trufa en germinación se hallaban inmediatamente en contacto con raíces laterales receptivas a la formación de micorrizas. La homogeneización más completa del inóculo lo hacía más eficaz, y prestando mayor atención a la limpieza se aseguraba una menor contaminación de otros hongos ectomicorrícicos competidores.

Desde comienzos de la década de 1980 se han desarrollado otras modificaciones de las técnicas, incluyendo las siguientes:

- Mantener trufas en arena estéril refrigeradas, para que puedan adquirirse cuando sean más baratas y emplearse después cuando más convenga para producir plantas inoculadas. Simplemente mantener refrigeradas las trufas mejora también la germinación, probablemente gracias al efecto de microorganismos y exudados de las raíces, y obvia la necesidad de liberar las esporas del asca.
- Aplicar un número medido de esporas a cada planta en vez de una cierta cantidad bien pesada de trufa, porque el número de esporas por gramo variará de una trufa a otra y se verá afectado por la madurez de las trufas empleadas.
- Inocular plantas con una cantidad más económica de trufa que lo normal es que contenga de 10^5 a 10^7 esporas —aproximadamente el número contenido en 1 g de trufa—. Aunque pueden producirse infecciones inoculando con tan sólo 10^2 esporas por planta, el índice de éxito es probable que sea demasiado bajo para viveros que tengan como objetivo un cien por cien a fin de evitar el

alto coste de eliminar plantas no inoculadas y excluir la entrada de hongos contaminantes.

- Usar, para inocular plantas, esporas congeladas, deshidratadas o liofilizadas.
- Esterilizar las semillas de la planta hospedante con hipoclorito sódico o peróxido de hidrógeno.
- Mantener los inóculos sobre vermiculita estéril en una ratio de 1:6 antes de mezclarlos con el sustrato para maceta, a fin de asegurar una distribución uniforme de las esporas.
- Reemplazar la tierra como sustrato de plantación en maceta con modificaciones de sustratos sin tierra utilizados para plantas forestales, como pueda ser una mezcla a partes iguales de turba y vermiculita; una mezcla a partes iguales de turba, perlita y caliza; o una mezcla de un 20 por ciento de rendzina o suelo de loes, un 30 por ciento de turba o compost, y un 50 por ciento de vermiculita más dolomita, para elevar el pH, y gránulos de fertilizante recubiertos, de liberación lenta.
- Cultivar plantas inoculadas en distintos tipos de contenedores, incluyendo macetas cuadradas de plástico, bolsas de celulosa, bolsas de plástico negro y bandejas de plástico negro moldeado con los lados ranurados y envases autorrepicantes, con la base abierta, lo que permite que la raíz sufra un repicado.
- Usar contenedores que contengan menos de 1 kg de sustrato, a fin de que puedan almacenarse más plantas en el invernadero.
- Calentar el sustrato de plantación dos veces a 100 ºC o desinfectar el sustrato para maceta con bromuro de metilo en un intento de controlar los contaminantes después de la inoculación.

Se emplee el sistema que se emplee, el objetivo del dueño del vivero debe ser siempre inocular lo más cerca posible del cien por cien de las plantas. Lograr considerablemente menos de eso supondría eliminar las plantas no inoculadas, ejercicio muy costoso, o permitir que se planten plantas mal inoculadas, o no inoculadas en absoluto, en truferas, donde serían presa fácil para hongos ectomicorrícicos contaminantes de rápido crecimiento. En consecuencia, los viveros que economizan usando menos trufa o trufa contaminada para potenciar al máximo su margen de be-

ARRIBA Árboles inoculados de trufa creciendo en bolsas de celulosa. Las etiquetas indican que las plantas están intensamente inoculadas con trufa negra de invierno (*Tuber melanosporum*) y se hallan libres de hongos ectomicorrícicos contaminantes. I. R. Hall

ABAJO Las bandejas de semillero Lännen de 64 alvéolos autorrepicantes, con los lados ranurados y la base abierta, aseguran que las raíces sufran un repicado y no formen espirales en los alvéolos. I. R. Hall

neficios —o con menor probabilidad, para poder vender sus plantas un poco más baratas— a la larga están causando a sus clientes un grave perjuicio.

Hasta ahora, se han empleado con éxito técnicas de inoculación esporal para producir cantidades comerciales de plantas inoculadas con *Tuber melanosporum*, *T. borchii*, *T. aestivum*, *T. brumale* y *T. macrosporum*. Esta técnica también se ha utilizado experimentalmente para *T. magnatum*, aunque la mala germinación de sus esporas puede causar problemas.

Además del cultivo rutinario de trufas en España, investigadores de Barcelona y Valencia están haciendo intentos de inocular robles y avellanos de aparición natural en bosquecillos. El procedimiento general consiste en dejar expuestas las raíces usando maquinaria, desencadenando así nuevo crecimiento radicular, con o sin desinfectación del suelo y las raíces, inoculando con cantidades relativamente grandes de inóculos esporales y regando. Se han establecido buenas micorrizas truferas usando estas técnicas, y unas pocas trufas, pero es aún pronto para evaluar si los procedimientos se justifican económicamente.

No se dispone de información sobre si trufas pequeñas engendran trufas pequeñas o si trufas precoces de calidad inferior que fructifican a comienzos de la temporada es probable que produzcan trufas similares, pero sería una precaución sensata inocular plantas sólo con las mejores trufas disponibles. Inocular sólo con trufas fácilmente identificables también limitaría las probabilidades de que las plantas sean inoculadas con las especies erróneas, riesgo potencial cuando se utilizan como inóculo diminutos trozos baratos de trufa, o trufas secas de origen desconocido finamente cortadas en láminas. Además, una trufa grande que pese, pongamos, 200 g se identifica también más de 20 veces más rápidamente que 20 trufas de 10 g cada una.

Modificaciones de la técnica de Talon

Aunque las esporas sigan siendo el método preferido de inoculación para muchos viveros, desde la década de 1960 se han desarrollado técnicas más sofisticadas. Uno de estos métodos, la técnica de la planta madre, se basa en la técnica de Talon. Se plantan plántulas no-micorrícicas con plantas inoculadas en cámaras muy limpias y libres de contaminantes. Un método similar, descrito por Chevalier y Grente (1973), desarrollado por Hall en 1973 para hongos micorrícicos arbusculares y posteriormente patentado por Giovannetti en 1980, permite obviar la necesidad de tener una planta madre en la misma maceta. En cambio, secciones de raíz inoculadas retiradas de plantas madre se colocan cerca de las raíces de plántulas estériles. Lo Bue y sus colaboradores (1990) también emplearon este método para establecer infecciones de trufa sobre árboles ya existentes permitiendo que las raíces creciesen a través del cuello de una botella de plástico que contenía poliacrilamida esterilizada. No obstante, el valor comercial de esta costosa técnica está aún por demostrar.

Otras técnicas aliadas permiten simplemente obviar la necesidad de usar plantas madre. En cambio, se produce raíz inoculada usando raíces transformadas que son capaces de crecer sin brote sujeto, un sistema que también se ha utilizado para hongos micorrícicos arbusculares. Varda Kagan-Zur y sus colegas (2002) describieron esta técnica. Plántulas de jara gris (*Cistus incanus*) desarraigadas se inoculan con *Agrobacterium rhizogenes*, una bacteria que transporta el plásmido Ri (inductor de raíces) que induce la formación de agallas en algunos árboles. Delgadas y delicadas raíces vellosas que emanan de los puntos de inoculación de plántulas tratadas con *A. rhizogenes* aparecen 8-11 días después de la inoculación y se transfieren individualmente a un medio de cultivo líquido que contiene antibióticos. Las raíces inoculadas se cultivan entonces en un medio de cultivo sólido que contiene concentraciones menores de nitratos y antibióticos, y a continuación los cultivos se transfieren a un sustrato sólido diseñado para soportar asociaciones endomicorrícicas. Las raíces cultivadas conservan su viabilidad incluso después de varios meses, mostrando buenos rebrotes sin subcultivar. Un trozo de agaragar que contiene hifas de trufa negra de invierno creciendo activamente se coloca entonces en el centro de un montón de raíces pubescentes creciendo en sustrato sólido. Después de unos tres meses, en las alargadas raíces se desarrollan asociaciones micorrícicas, y unos dos meses más tarde pueden observarse formas radiculares paliformes. Estas técnicas se han desarrollado desde entonces hasta un punto en que tienen posibilidades de usarse comercialmente.

Inoculación con cultivos miceliales

En 1903, Louis Matruchot se convirtió en el primer investigador en cultivar el micelio de la trufa negra de invierno en cultivo puro. Posteriormente, Gerard Chevalier desarrolló un método para producir plantas inoculadas de trufa con cultivos o esporas en germinación en cámaras de vapor con nutrientes. Alessandra Zambonelli y sus colegas (1989) desarrollaron más las primeras técnicas y produjeron métodos estándares para inocular plantas en probetas usando cultivos de trufa de Borch preparados a partir de carpóforos. Estas técnicas se han utilizado desde entonces para la trufa machenca, y experimentos preliminares han mostrado que también puede ser posible producir plantas inoculadas usando cultivos miceliales de trufa negra de invierno y trufa grabada.

El método patentado desarrollado para inocular plántulas de jarilla o mata turmera (*Helianthemum almeriense*) con cultivos de la criadilla de tierra *Terfezia claveryi* por Asunción Morte y Mario Honrubia (1994) es similar a los empleados en Italia. Plántulas de *H. almeriense* se cultivan primero en un medio de cultivo que no contiene ninguna hormona del crecimiento, en condiciones de temperatura y luz controladas. Se producen cultivos de *T. claveryi* a partir de carpóforos y se cultivan sobre un sustrato ajustado a un pH 8,0. Las plántulas se inoculan entonces y se incuban más hasta que se forman micorrizas. Después se trasplantan a macetas abiertas que contienen una mezcla de volúmenes iguales de turba, vermiculita y arena en invernadero. Métodos similares se han utilizado también para producir infecciones de *Mattirolomyces terfezioides* sobre falsa acacia (*Robinia pseudoacacia*), con la que se asocia normalmente, y otra de las jaras, *Helianthemum ovatum*, aunque estas últimas infecciones fueron claramente irregulares.

Estas técnicas de cultivo puro ofrecen ahora la posibilidad de producir plantas inoculadas por trufa libres de contaminantes y con variedades adaptadas a combinaciones particulares de suelo, clima y hospedante. Sin embargo, aunque estas técnicas sean muy efectivas para estudios de laboratorio, se necesitarán más investigaciones antes de que sea posible producir las cantidades de micelios necesarios para la producción a gran escala de plantas inoculadas.

TRES

La identificación de especies de trufas

La caída de la producción, la demanda constante y la escalada de los precios internacionales han sido el impulso para que los empresarios —emprendedores o descaradamente deshonestos— busquen alternativas a las especies comerciales más importantes de trufas. Por tanto, es esencial que el cazador de trufas y el mayorista, el *chef* y el gastrónomo, y el productor de plantas inoculadas con trufas sean capaces de identificar trufas, posean el conocimiento de cuándo fructifican las especies y cuándo deberían aparecer en el mercado, y de dónde provienen, para que puedan evitar adquirir la especie errónea de trufa.

Lección rápida sobre clasificación, nomenclatura y taxonomía

Todos usamos nombres comunes para plantas y animales en nuestra vida diaria —perro, gato, rosa o trufa—, pero a menudo pueden resultar confusos. Por ejemplo, lo que se denomina *hazelnut* en una parte del Reino Unido se denomina *cobnut* en otra, *noisetier* en Francia, *nocciolo* en Italia y *avellano* en España. En contraposición, la palabra *hierba* se refiere a muchas plantas distintas, y al menos una de ellas es probable que se fume en vez de segarse. En la primera parte del siglo XVIII, Carlos Linneo (Carl von Linné) reconoció los problemas que los nombres comunes plantean y adoptó una manera inequívoca de nombrar organismos que había sido concebida más de un siglo antes por Gaspard Bauhin. Era el sistema binomial, un sistema de nomenclatura que, a pesar de métodos moleculares recién ideados, sigue siendo la piedra angular de la taxonomía moderna.

El sistema binomial da a cada organismo bien diferenciado dos nombres: uno genérico y otro específico. *Homo sapiens* son los nombres genérico y específico del hombre moderno, *Corylus avellana* es el avellano, y *Quercus robur*, el roble común. Las especies similares se agrupan en el mismo género; así, el roble palustre o de los pantanos, *Quercus palustris*, tiene el mismo nombre genérico que el roble común, pero un nombre de especie distinto. Normalmente se emplea latín porque posee reglas fijas y es una lengua muerta, razón por la que es poco probable que siga evolucionando. También se emplean muchas palabras griegas, al igual que nombres de personas y lugares; así, por ejemplo, *Pennantia baylisiana*, una de las plantas más raras del mundo, recibe su nombre en honor al Prof. Geoff Baylis. Para asegurar que todo el mundo conozca exactamente a qué organismo nos estamos refiriendo cuando alguien nombra un nuevo animal, planta u hongo, las reglas exigen que también se proporcione una descripción completa del organismo. Se reconoce al creador del nombre colocando su nombre o una abreviatura de él después del binomio; así, por ejemplo, Linnaeus o L., para el padre de la taxonomía.

A la gente le encanta agrupar y encasillar a otras personas y objetos, y nuestras lenguas han desarrollado una gran cantidad de palabras que nos ayudan a categorizar: constructor, médico, político, vendedor de automóviles. Los biólogos y taxónomos no son distintos y agrupan los géneros similares en familias, las familias algo parecidas en órdenes, los órdenes vagamente análogos en clases, y por último las clases en reinos. Los taxónomos normalmente terminan los nombres de las familias en *-aceae* y los nombres de órdenes en *-ales*. Todos estos taxones pueden organizarse en árboles filogenéticos para mostrar similitudes entre grupos de organismos. De vez en cuando se añaden los nombres de especies y géneros recién encontrados, y no es raro que los nombres de plantas y hongos se cambien basándose en las reglas del Código Internacional de Nomenclatura Botánica (ICBN). Estas reglas se precisan para asegurar que los nombres y agrupamientos sigan siendo útiles, significativos y científicos. Lamentablemente, a veces los taxónomos pierden de vista lo útil y lo significativo y se concentran en lo científico, y esto puede crear confusión en simples mortales y dañar la utilidad del sistema.

Existen unas 200 especies de trufas y turmas agrupadas en lo que parece un número de géneros cada vez mayor. Los géneros comercialmente más importantes son *Tuber, Terfezia* y *Tirmania,* aunque en los libros de texto especializados en la taxonomía de trufas se encontrarán nombres tales como *Balsamia, Choiromyces, Delastria, Genea, Hydnobolites, Hydnotria, Mattirolomyces, Pachyphloeus, Picoa* y *Stephensia.* Cómo se agrupan estos géneros depende más bien de hacia qué distinguido taxónomo se incline uno, aunque la mayoría de micólogos reconoce que las trufas es mejor amontonarlas juntas en el orden Pezizales, un gran taxón que contiene, por ejemplo, a hongos con carpóforo en forma de copa (tales como las *Peziza*), las colmenillas (*Morchella*), las orejas de gato y los orejones (*Helvella*), las verpas (*Verpa*), y muchos hongos ectomicorrícicos. Aunque este sistema de clasificación deja fuera otros géneros que se parecen a las trufas, como *Elaphomyces,* que están en órdenes distintos que las Pezizales, la mayoría de micólogos emplean sensatamente el nombre común "trufa" para englobar también a éstas. Sin embargo, muchos de los hongos de otros órdenes del enorme y diverso grupo de hongos llamados Ascomycotina son muy poco trufiformes, como pueda ser el hongo que produce el

IZQUIERDA Junto con las trufas, *Morchella, Helvella, Verpa* y las setas con carpóforo en forma de copa, como esta *Peziza arenaria,* se colocan en el extenso orden micológico Pezizales. I. R. Hall

ABAJO Las colmenillas (*Morchella*) están relacionadas con las trufas, pero son de aspecto muy distinto. A. Zambonelli

IZQUIERDA Las orejas de gato, como esta *Helvella crispa*, son también miembros de las Pezizales. A. Zambonelli

DERECHA Ciertas setas con sombrero pequeño, en forma de dedal o capuchón, como las verpas (*Verpa*), están vagamente relacionadas con las trufas. A. Zambonelli

cornezuelo en herbáceas o las levaduras microscópicas que tan importantes son en la producción de pan, vino y cerveza.

De los hongos comestibles, las trufas se hallan entre los más insólitos. Como el sombrero del champiñón común, una trufa es el órgano reproductivo que produce las esporas que tienen el papel de dispersar el hongo de la trufa. Pero ahí termina el parecido. Las trufas carecen de pie y de laminillas, y normalmente se forman bajo tierra. Suelen ser aproximadamente esféricas, aunque su forma a menudo es moldeada por piedras del suelo en el cual están creciendo. De maduras, las trufas suelen ser firmes o incluso duras al tacto, densas y casi leñosas, en vez de blandas y frágiles, como muchas setas.

A diferencia de otros hongos, las trufas no sueltan sus esporas en la madurez y, en cambio, han desarrollado fuertes aromas para atraer a los consumidores. Estos aromas están formados por complejas mezclas de compuestos orgánicos volátiles, entre los que se incluyen alcanos (hidrocarburos alifáticos saturados), alcoholes, ésteres, aldehídos, cetonas y terpenos de polaridad y peso molecular amplios, siendo especialmente importantes ciertas sustancias químicas que contienen azufre, tales como el *bis*-metiltiometano o el sulfuro de dimetilo. Dichas sustancias atraen a animales, incluyendo insectos y mamíferos, que se comen las trufas. Las esporas recorren entonces el intestino antes de ser depositadas en un trozo de suelo bien fertilizado quizás a muchos kilómetros de donde las trufas fueron ingeridas. Los mismos aromas que atraen a los animales hacen a algunas de las trufas atractivas también para nosotros, aunque los repugnantes aromas de otras, tales como *Balsamia* o *Stephensia*, las hacen candidatas muy poco probables para la mesa. No obstante, sus excepcionales, acres y exóticos aromas, más su escasez, han convertido a algunas de las trufas en el no va más (el *prix de prix*) de los hongos comestibles y las han elevado a un puesto en la gastronomía que comparten con el azafrán, el caviar, el *foie-gras* y los vinos más selectos, a menudo alcanzando precios que superan el presupuesto de la mayoría.

Aunque a unas pocas trufas, como pueda ser *Balsamia vulgaris*, algunos las consideren levemente tóxicas, su aspecto y los altísimos precios cobrados por las especies selectas hacen muy poco probable que nos envenenemos con ellas (es mucho más probable sufrir por el mordisco en tu billetera o la decepción que ocurre por utilizar una especie inferior que estropea una elegante comida). Curiosamente, *Choiromyces meandriformis*, que se considera tóxica en Francia, Italia y España por tener efectos purgantes cuando se ingiere cruda, es un manjar en algunos países del norte de Europa.

La identificación de especies de trufas

Las técnicas más modernas empleadas para asegurar la identidad de un animal o planta implican la utilización del ADN presente en las células vivas. Estas técnicas se tratan brevemente al final de este capítulo. Para quienes, por casualidad, no tengan acceso instantáneo a un laboratorio de biología molecular plenamente equipado al realizar una compra de trufas en un mercado o tienda, el conocimiento de los rasgos morfológicos y anatómicos de las especies más comunes de trufa puede ser lo que marque la diferencia entre una espléndida experiencia culinaria y la desilusión.

Algunos especialistas pueden distinguir especies de trufa tan sólo por sus aromas distintivos, pero cuando varias especies de trufa se guardan juntas durante unas cuantas horas adquieren pronto el aroma de la más acre. Dónde se recolectó la trufa, qué árboles crecían cerca, cómo era el suelo, así como la época del año, pueden también ser suficientes para que un especialista haga una conjetura con cierto fundamento. Sin embargo, en un mercado, puede que no se conozca el origen de una trufa, y aunque sí se conozca, tal vez el vendedor no esté dispuesto a revelarlo. Es entonces cuando se requieren técnicas más sofisticadas.

Lo primero que debe hacerse al tratar de identificar una trufa es retirar cuidadosamente la tierra de la superficie cepillando con mucha suavidad la trufa en agua corriente, por ejemplo con un cepillo de dientes blando (preferiblemente uno de repuesto), secarla con ligeros toques, sin frotar, con papel absorbente y examinar después cuidadosamente las características externas y tomar nota de ellas. A continuación la trufa debe cortarse por la mitad con un cuchillo afilado, examinarse las estructuras internas y tomarse nota de las mismas. Entre las características importantes se incluyen: el color; rasgos superficiales; si la superficie externa puede arrancarse fácilmente con la uña; detalles de la "piel" (peridio) de la trufa; color, grosor y disposición de las finas líneas que se entrecruzan en el interior de una de las caras cortadas de la trufa (gleba); y el color y aspecto del tejido existente entre las finas líneas. Pueden encontrarse otras pistas usando un microscopio, incluyendo la

La calidad de una trufa está en su aroma. A. Zambonelli

forma, tamaño y ornamentación de las esporas y el número de éstas en los pequeños sacos que las contienen (ascas). Estos rasgos pueden emplearse después para identificar las trufas usando libros, claves impresas o claves interactivas informatizadas, tales como *Truffes d'Europe et de Chine* (Riousset et al. 2001) o TuberKey (www.truffle.org/tuberkey/tuberkey.html), que contiene descripciones, dibujos y/o fotografías de las especies. Siempre son útiles los archivos fotográficos permanentes de los rasgos macroscópicos y microscópicos internos y externos de una trufa dudosa. Asimismo es importante depositar ejemplares secos en un herbario, especialmente si las trufas provienen de una muestra comercial y puede que no sean lo que el vendedor o comprador creía que eran.

Trufa negra de invierno o de Périgord
(Tuber melanosporum)

Aunque no llegue a los precios sumamente altos alcanzados por la trufa blanca de Italia, la trufa negra de invierno o de Périgord (*Tuber melanosporum*) es reconocida

Trufas negras de invierno (*Tuber melanosporum*) recién recolectadas. I. R. Hall

por la mayoría como *la* exquisitez o manjar trufero por excelencia. Su aroma y sabor son mucho más consistentes que los de la trufa blanca de Italia, por lo que se puede cocer, si bien es cierto que a bajas temperaturas, e incorporarse a sofisticadas recetas en vez de tan sólo cortarse cruda en finas láminas sobre la comida caliente.

En el hemisferio norte *Tuber melanosporum* se recolecta entre finales de noviembre y comienzos de marzo. Cuando está madura, la superficie exterior (peridio) de la trufa negra de invierno puede ir desde el marrón rojizo hasta el marrón o el negro. Está adornada de verrugas irregulares, poligonales, de cuatro a seis lados, ligeramente elevadas y de 2-5 mm de diámetro, con grietas irregulares y el ápice deprimido. El peridio, la superficie de la trufa, está firmemente sujeto al tejido subyacente, la gleba. La gleba es blanquecina en ascocarpos inmaduros y luego se vuelve negro-violácea a medida que la trufa madura y por último de un negro azabache, con delgadas venas blanquecinas que pueden volverse rosáceas al exponerse al aire. Las ascas contienen de una a seis esporas, que son elípticas, de un marrón oscuro, de (20-) 25-55 μm por (15-) 20-35 μm (excluyendo ornamentación), y densamente adornada por cortas espinas (2,5-3 μm de altura), que están a menudo ligeramente curvadas en las puntas.

IZQUIERDA Sección de una trufa negra de invierno (*Tuber melanosporum*) mostrando la gleba negra intercalada por delgado tejido blanco estéril. I. R. Hall

DERECHA La gleba de las trufas negras de invierno (*Tuber melanosporum*) puede volverse ligeramente rosácea al exponerse al aire. I. R. Hall

Trufa de verano y trufa grabada
(Tuber aestivum = Tuber uncinatum)

La trufa grabada posee excelentes cualidades gastronómicas. Gracias a la reciente publicidad que ha recibido por parte de *chefs* e investigadores italianos y franceses, *Tuber aestivum* está volviendo a adquirir parte de la estima que tuvo en época victoriana. El aroma de la trufa grabada es intenso, con un gusto que recuerda a la avellana. Se emplea fresca en alta cocina tanto en el norte de Italia como en partes de Francia o como sustituto en recetas que exigen trufa negra auténtica. También es enlatada o embotellada por empresas como Urbani en Italia y vendida en todo el mundo. Algunos otros nombres comunes para la trufa grabada incluyen *Burgundy truffle* en inglés y *truffe de Bourgogne* en francés (trufa de Borgoña), por la región de Francia donde es común, y *tartufo nero di Fragno* (trufa negra de Fragno), por el pueblo en las colinas cerca de Parma (Italia) donde se celebra un pequeño festival de la trufa cada año. En el hemisferio norte la trufa grabada se recolecta entre septiembre y finales de diciembre, aunque a veces puede encontrarse todavía a finales de enero.

La rugosa superficie de las trufas grabadas y de verano (*Tuber aestivum*) proporciona el nombre común italiano *scorzone* (cortezón, corteza gruesa). I. R. Hall

La trufa grabada es relativamente grande, con ascocarpos de un diámetro normalmente de entre 2 y más de 10 cm. El peridio es entre marrón y negro, se adhiere a la gleba subyacente, y está adornado con verrugas piramidales de cinco a siete lados, de 3-9 mm de ancho, con fisuras longitudinales y algunas finas marcas transversas. El nombre común italiano *scorzone* proviene del parecido de estas grandes verrugas con corteza rugosa. Cuando son maduras, la gleba es marrón oscuro y aparece entrecruzada con delgadas venas blancas que no cambian de color al exponerse al aire. Las esporas están cubiertas de un retículo formado por mallas poligonales irregulares, con una altura media de 4 µm. En cada asca hay de una a siete esporas marrón-amarillentas que miden 25-50 µm por 17-38 µm (excluyendo ornamentación).

La trufa de verano, como su nombre indica, se suele recolectar en Europa entre mayo y agosto. Su aroma y sabor recuerdan los de la trufa grabada, pero no son tan intensos. Los carpóforos son similares en tamaño, forma y color a los de la trufa grabada, pero el interior es de color avellana y más claro. La superficie de la trufa de verano tiende también a presentar verrugas mayores, aunque esto no sea una característica diagnóstica especialmente útil, debido a su alta variabilidad. El rasgo interno más importante que distingue la trufa de verano de la grabada es la altura del retículo sobre la superficie de las esporas: una altura media de sólo 2 µm comparada con los 4 µm de la trufa grabada.

El mundo comercial, especialmente en Francia, Italia y España, distingue la trufa grabada de la trufa de verano, de sabor más pobre, y aplica el nombre *Tuber*

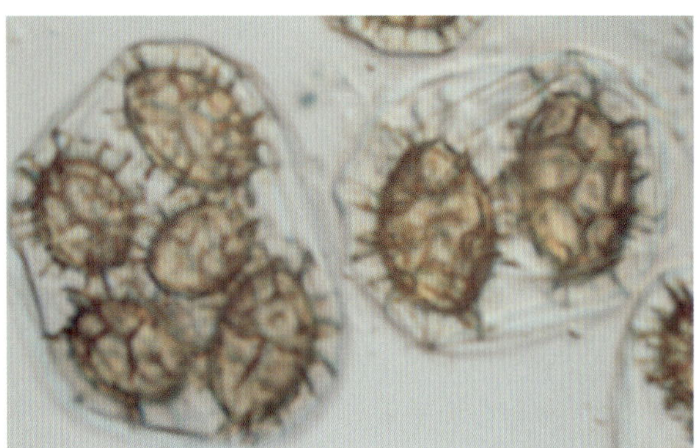

Las esporas de trufa grabada (*Tuber aestivum*) estan cubiertas de un retículo pectinado (en forma de peine).
A. Zambonelli

uncinatum a aquélla y *Tuber aestivum* a ésta. No obstante, diversos grupos de científicos han presentado firmes pruebas moleculares para demostrar que las trufas grabada y de verano son una sola especie y que las diferencias entre ellas lo más probable es que se deban a factores ambientales. En consecuencia, actualmente sólo debe emplearse el nombre botánico más antiguo, *Tuber aestivum*.

Trufa machenca o de otoño *(Tuber brumale)*

Tuber brumale es una trufa negra con un olor parecido al alquitrán. A pesar de esto, la trufa machenca o de otoño es adquirida por grandes empresas conserveras de Europa que, con la ayuda de algunos agentes saporizantes y un procedimiento especial de cocinado que elimina los volátiles alquitranados, logran un producto agradable al gusto y no demasiado distinto de la trufa negra auténtica. Aunque el aspecto de la trufa machenca sea parecido al de la trufa negra de invierno, es relativamente fácil de distinguir, porque el peridio de la trufa de otoño se sujeta a la gleba interior de manera más suelta y puede pelarse con la uña o frotándola. Asimismo, las verrugas de la superficie de las trufas machencas son típicamente aplanadas y deprimidas en el ápice. Hay también diferencias en el interior de la trufa de otoño, que es grisáceo; no tiene nunca un matiz violáceo; y está entrecruzado con escasas venas anchas y

IZQUIERDA Una trufa machenca o de otoño (*Tuber brumale*) mostrando la superficie (peridio), que se daña fácilmente durante el lavado, y las anchas venas blancas, características ambas que ayudan a distingirla de la trufa negra de invierno. A. Zambonelli

DERECHA Espora de trufa machenca (*Tuber brumale*) con las características espinas largas y delgadas. I. R. Hall

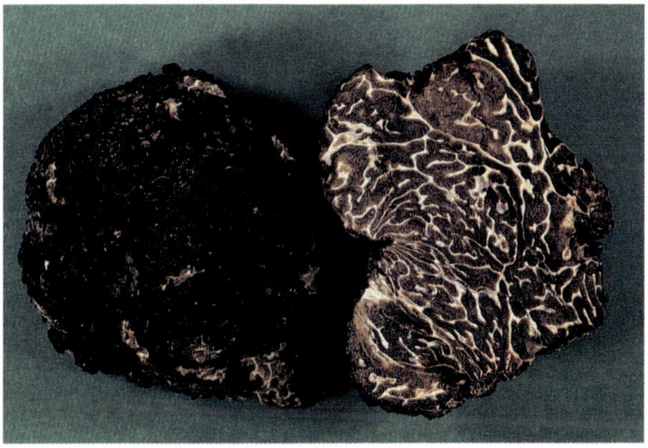

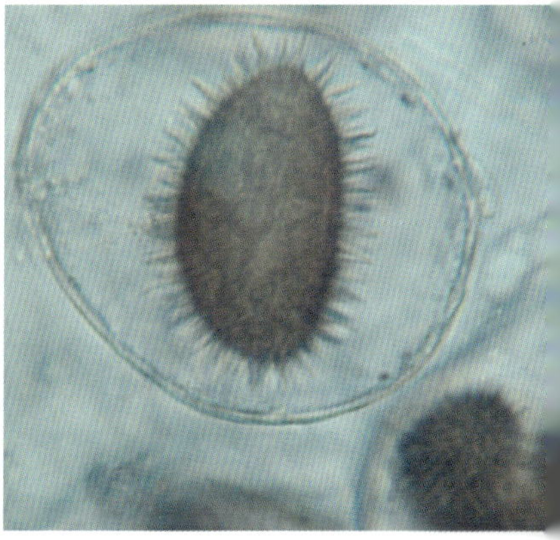

blanquecinas. Las esporas de la trufa machenca son elípticas, menores que las de la trufa negra auténtica, (15-) 20-42 µm por 15-30 µm (excluyendo la ornamentación), de un marrón amarillento en la madurez y densamente ornamentadas con espinas rectas, apuntadas y bien espaciadas, de 3-6 µm de largo.

Trufa de pino o mesentérica *(Tuber mesentericum)*

La trufa de pino (*Tuber mesentericum*) es común en Europa, aunque esta especie se halle restringida a zonas relativamente pequeñas de Francia e Italia. Es especialmente popular en Irpinia (Avellino, justo al este de Nápoles) y en Lorena (Francia). *Tuber mesentericum* se parece mucho a *T. aestivum*, pero tiene un desagradable olor a fenol y alquitrán. Afortunadamente, estos olores pueden eliminarse y las trufas resultan agradables para comer si se calientan ligeramente o se mantienen abiertas al aire unas horas.

Tuber mesentericum puede distinguirse de *T. aestivum* cortando las trufas por la mitad para poder apreciar la característica depresión o fosa en la base de la trufa, con las venas blancas de la gleba irradiando desde ella. Las esporas están también típicamente ornamentadas con un retículo irregular, a menudo incompleto. Otros rasgos distintivos son las verrugas de la superficie, generalmente menores, que no presentan marcas transversales, de una a cinco esporas elípticas en cada asca, y las esporas ligeramente mayores, (18-) 25-50 (-53) µm por (15-) 20-38 (-43) µm (excluyendo la ornamentación).

Trufa de esporas grandes *(Tuber macrosporum)*

Tuber macrosporum, otra de las trufas negras, tiene un excelente sabor. Aunque sea común en el centro de Italia, esta trufa es muy rara en otros lugares de ese país y en otros países donde se ha encontrado, concretamente Alemania, Francia, Hungría, la República Checa, el Reino Unido, Rumanía, Serbia, Suiza y Ucrania. En Italia *Tuber macrosporum* se encuentra en las mismas zonas que la trufa blanca de Italia, fructifica al mismo tiempo y tiene las mismas plantas hospedantes: álamo, avellano, tilo y roble. Generalmente, *Tuber macrosporum* está extremadamente infravalorada incluso en Italia. En vez de seleccionarse, presentándola por separado como especie superior, se vende mezclada con especies inferiores de trufas negras, tales como la machenca, la de verano o la de pino, en festivales truferos, los lugares habituales

Trufas de pino (*Tuber mesentericum*) con huecos en la superficie inferior, que son típicos de esta especie.
A. Zambonelli

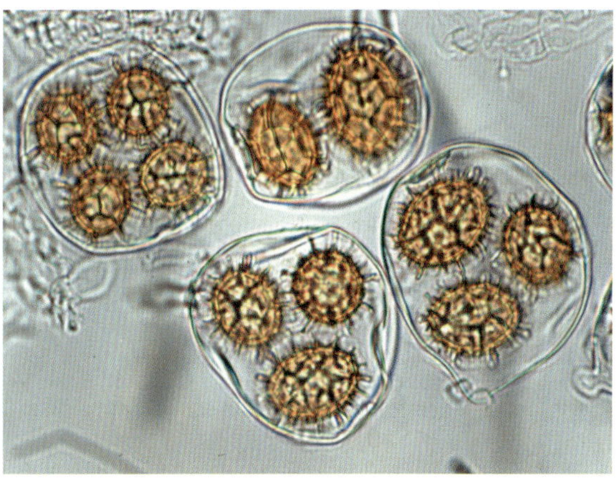

Las esporas de la trufa de pino (*Tuber mesentericum*) están ornamentadas con un retículo elevado.
A. Zambonelli

La trufa de esporas grandes (*Tuber macrosporum*) tiene una superficie sin casi ornamentación.
A. Zambonelli

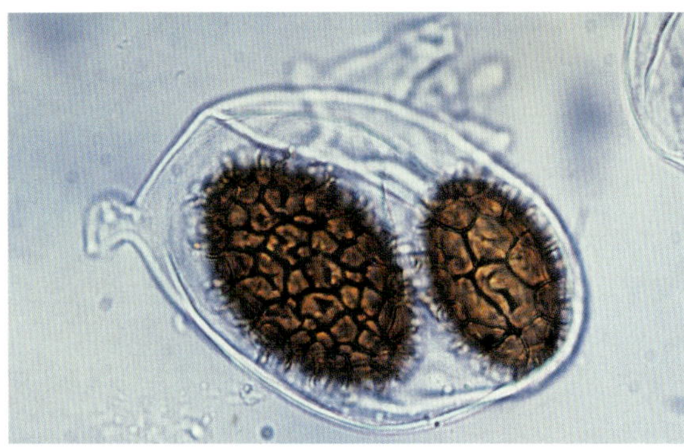

Las esporas de *Tuber macrosporum* están ornamentadas con un denso retículo elevado.
A. Zambonelli

donde se venden otras trufas, aparte de la negra de invierno y la blanca de Italia. En consecuencia, con un poco de pericia es posible comprar esta magnífica especie a un precio muy bajo.

Las verrugas marrón-rojizas de la superficie de *Tuber macrosporum* son tan bajas y aplanadas que la trufa parece casi lisa. La gleba, entre marrón-grisácea y marrón-violácea, está entrecruzada por delgadas venas blanquecinas, lo cual es una característica muy distintiva, como lo son las esporas marrón oscuro, elípticas y muy grandes, que miden (30-) 40-80 (-92) µm por (25-) 30-55 (-62) µm (excluyendo ornamentación). Las esporas están ornamentadas con un retículo irregular alveolado, y en cada asca se forman sólo de una a tres esporas.

Trufas asiáticas

Varias trufas son alimentos tradicionales de los pueblos Yi y Han de China, o las emplean como tónicos, y el nombre local *wu-niang teng* (sin planta madre) refleja la misma perplejidad que los europeos tuvieron al determinar el origen de las trufas. Una de ellas, *Tuber sinense*, fue descrita a finales del siglo XIX, pero sorprendentemente no fue hasta la década de 1980 cuando las trufas fueron "descubiertas" por los micólogos en los mercados chinos. Ello condujo al nacimiento de nuevas industrias en las principales áreas recolectoras de Yunnan (50 por ciento del mercado), Sichuan (35 por ciento) y el Tíbet (10 por ciento) y a la descripción formal de nuevas especies, incluyendo *Tuber formosanum, T. gigantosporum, T. pseudohimalayense, T. huidongense, T. pseudoexcavatum* y *T. zhangdianense*.

Debido a que algunas trufas chinas, como *Tuber indicum* y *T. formosanum*, se parecen mucho a la trufa negra de invierno, a finales de la década de 1980 se envió a Alemania una remesa de prueba, pero no fue hasta 1993 cuando comenzaron los envíos regulares entre China y Europa. Desde entonces, las exportaciones de trufas chinas han aumentado espectacularmente. Por ejemplo, en la temporada 1994-1995, Francia produjo oficialmente 13,5 toneladas de trufa negra de invierno, pero importó 23,2 toneladas de trufas de China. Los problemas asociados con la importación de estas trufas asiáticas se tratan en el Capítulo 7.

Algunas de las trufas asiáticas que se parecen mucho a la trufa negra de invierno fueron identificadas inicialmente como *Tuber indicum* o *T. himalayense*, mientras que otras similares a la especie europea *T. excavatum* ("*trifola di legno*" en italiano, "trufa excavada" en español) se consideraron una nueva especie. La mayoría de las trufas parecidas a la trufa negra de invierno y a la trufa excavada exportadas a Europa desde el sudoeste de China se exportan como *T. indicum* sensu lato. Aunque ahora sea ilegal importar *T. indicum* en Italia debido a restricciones comerciales, esta especie se ha encontrado con regularidad en los mercados de ese país. Tiene mucho que ver con ello el precio, que a entre 16 y 50 dólares USA el kilo es tan sólo una mínima parte del precio actual pagado por la trufa negra de invierno.

Tuber indicum, una de las trufas chinas, ha sido confundida con la trufa negra de invierno. Y. Wang

La aplanada ornamentación superficial de los ejemplares de *Tuber indicum* ayuda a distinguirlos de las trufas negras de invierno. A. Zambonelli

Micrografía electrónica de barrido de dos esporas de *Tuber indicum* en el interior de parte de un asca. Al madurar, las esporas se oscurecen mucho, lo cual hace difícil ver los detalles en un microscopio óptico. A. Pisi y A. Zambonelli

Tuber indicum

Las comparaciones moleculares de *Tuber indicum, T. himalayense, T. pseudohimalayense, T. sinense,* otras trufas asiáticas y la trufa negra de invierno han sido tratadas en artículos recientes de Li-fang Zhang et al. (2005) y Yongjin Wang et al. (2006a, 2006b). Estos investigadores argumentan poderosas razones para agrupar *T. indicum, T. himalayense, T. pseudohimalayense* y *T. sinense* en una sola especie utilizando el nombre más antiguo, *T. indicum*.

Tuber indicum es la más importante de las trufas chinas porque sus ascocarpos pueden medir más de 10 cm de diámetro y se parecen mucho a los de la trufa negra de invierno. Los carpóforos de *T. indicum* son muy variables, pudiendo presentar la ornamentación de la superficie verrugas desde nodulosas hasta piramidales. El peridio de *T. indicum* mide 500-700 µm de grosor (incluyendo las verrugas) y tiene dos capas. La capa externa está compuesta de una costra de células casi globosas, de un negro rojizo oscuro. La capa interna está sólo ligeramente pigmentada y se compone de células de pared delgada intrincadamente dispuestas. Las células de la capa interna son más claras y alargadas radialmente en la zona más externa (éstas no se encuentran en trufas negras de invierno) y redondeadas hacia el interior. La gleba es oscura, de un negro violáceo, y está entrecruzada con numerosas venas blanquecinas muy delgadas compuestas sólo de células incoloras, de 5-10 µm de diámetro y pared delgada.

Las ascas de *Tuber indicum* contienen de una a seis esporas subglobosas o elípticas adornadas de espinas muy espaciadas, de 3-5 µm de altura y 1-3 µm de anchura en la base. Junto con la ornamentación del exterior, las esporas miden (15-) 22,5-25 µm por 30-35 µm. De jóvenes, las esporas son transparentes; pero, cuando empiezan a madurar, se vuelven de un marrón rojizo y las bases de las espinas se unen, con crestas que forman un retículo incompleto. De maduras, son de color marrón oscuro, opacas y similares a las de la trufa negra de invierno, pero algo más pequeñas, menos elípticas y con espinas alargadas más escasas y de mayor tamaño. *Tuber indicum* puede distinguirse fácilmente de la trufa negra auténtica por las venas del interior de la trufa y por sus esporas.

Tuber indicum se asocia con *Pinus tabulaeformis* var. *yunnanensis* y *Pinus armandii* en pinares mixtos con frondosas que crecen en suelos arcillosos y calcáreos de pH elevado. Esta especie empieza a fructificar cuando las plantas hospedantes tienen entre 10 y 40 años de edad y después de la formación de quemados, que pueden cubrir hasta 200 m^2.

Hay algunas características que distinguen a la trufa negra de invierno de sus sosias asiáticas. El peridio de *Tuber indicum* es de color chocolate acastañado y carece de los tonos rojizos típicos de las trufas negras de invierno inmaduras. Asimismo, las verrugas sobre la superficie de las sosias están aplanadas, con cinco o seis lados y con hendiduras a lo largo de los lados, que están deprimidos en el medio y son bastante distintos de la trufa negra de invierno. A pesar de estas diferencias, camuflarlas con una abundante capa de tierra y colocarlas en un contenedor cerrado para concentrar el poco aroma que tienen suele ser suficiente para confundir a un comprador haciéndole creer que son la auténtica trufa negra. Desgraciadamente, las principales diferencias entre las sosias y la trufa negra de invierno se encuentran en el interior de la trufa, y algunas de ellas requieren un microscopio de buena calidad para verse —tarea imposible en un mercado o cuando las trufas se hallan dentro de una lata o un frasco en una tienda—.

Tuber pseudoexcavatum

Esta trufa se encuentra de agosto a noviembre, a 3-10 cm por debajo de la superficie de suelos calcáreos bajo *Pinus tabulaeformis* var. *yunnanensis* en altitudes que van de los 2.000 a los 2.300 m. Sus carpóforos son macroscópicamente parecidos a los de *T. excavatum*, pero tiene un peridio rojo acastañado con verrugas aplanadas (de 290-500 μm de grosor), que presentan un característico hueco en la base. El peridio tiene dos capas bien diferenciadas: una externa formada por células subglobosas, de marrones a rojizas, con la pared gruesa, y una delgada capa interna compuesta de células hialinas, entretejidas, de pared delgada. Las esporas, entre elípticas y subglobosas, son espinosas y reticuladas. El número de esporas en el interior de cada asca varía de una a ocho, y las esporas miden (23-) 24-28 (-35) μm por 16-19 μm. *Tuber spinoreticulatum*, descrita desde los Estados Unidos, se parece a *T. pseudoexcavatum* en que tiene esporas reticuladas y espinosas, pero posee ascocarpos correosos y ascas pedunculadas.

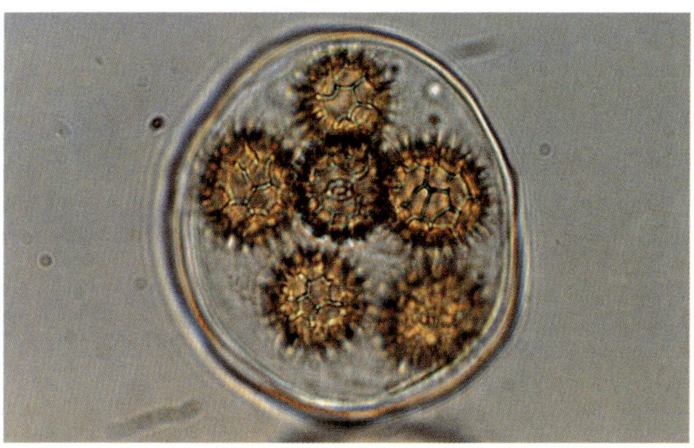

Ejemplares de *Tuber pseudoexcavatum* mostrando el característico hueco en la base. A. Zambonelli

El retículo elevado que une la base de las espinas sobre la superficie de las esporas de *Tuber pseudoexcavatum* se ve también en otras especies asiáticas. A. Zambonelli

Trufa blanca de Italia o de Piamonte *(Tuber magnatum)*

La trufa blanca de Italia alcanza el precio más elevado de todas las trufas: normalmente de dos a cinco veces lo que se paga por la trufa negra de invierno. *Tuber magnatum* puede encontrarse entre agosto y enero; pero, debido a las altas temperaturas estivales y a la presencia de larvas de insectos y bacterias de la putrefacción, las trufas que maduran antes de mediados de septiembre tienen un aroma y un sabor desagradables, casi a podrido.

El excelente aroma acre pero agradable y el peculiar pero soberbio sabor de la trufa blanca de Italia recuerdan los del ajo y el queso, pero con sutiles trasfondos de

Trufa blanca de Italia (*Tuber magnatum*). J. Squires

La trufa blanca de Italia tiene esporas pequeñas con un retículo elevado que no son fáciles de confundir con otras especies. A. Zambonelli

metano. Químicamente, el aroma está dominado por el principal componente volátil, el *bis*-metiltiometano (= 2,4-ditiapentano). Debido a que éste y otros volátiles se pierden con el exceso de calor, la trufa blanca de Italia se emplea sin cocinar o se añade a los platos después de la cocción; por ejemplo, como condimento para pasta o ensaladas. Las trufas blancas también se enlatan y embotellan comercialmente, pero el aroma se altera cuando las trufas se conservan y, por tanto, son inferiores a las frescas. Las latas y frascos de "trufa blanca" pueden también contener especies inferiores, como *Tuber borchii*, *T. maculatum*, *T. oligospermum*, *Choiromyces meandriformis* o *Tirmania*.

Las trufas blancas frescas son fáciles de identificar. Varían de tan sólo unos pocos gramos a más de un kilo y poseen una superficie entre lisa y parecida al ante. El color depende del hábitat y de la planta hospedante y va del marrón amarillento claro al ocre-amarillo, oliváceo, o gris verdoso con manchas negras, de color ladrillo o acastañadas. El peridio se compone de pequeñas células subesféricas, de (3-) 9-15 por (3-) 6-12 (-13) µm, y la gleba está entrecruzada con numerosas venas finas y claras, que pueden ser blancas o amarillo claro cuando son inmaduras y de un avellana claro o marrones en la madurez. Las ascas contienen entre una y tres (raramente cuatro) esporas redondas o aproximadamente elípticas, amarillentas o marrón-amarillo, que miden (20-) 25-32 (-37) por (15-) 20-30 (-35) µm (excluyendo la ornamentación). Las esporas están adornadas con un retículo de 3 a 5 µm de altura con mallas poligonales anchas, habiendo de dos a cuatro a lo largo del diámetro mayor.

Trufa blanquilla o de Borch *(Tuber borchii = Tuber albidum)* y otras especies europeas de color claro

En Italia a la trufa *Tuber borchii* se la llama habitualmente *tartufo bianchetto* ('trufa blanquilla') para distinguirla de la más cara trufa blanca (*T. magnatum*). Otros nombres comunes son trufa de marzo (*marzaiuolo* o *marzuolo*) o trufa de pinar (*tartufo di pineta*), que se refieren, respectivamente, al momento de maduración y al hábitat natural de la especie. Aunque la blanquilla sea una trufa excelente, se ha visto infravalorada y su uso se ha restringido a productos en conserva, tales como el paté o el queso trufado, aunque recientemente ha empezado a aparecer en los menús de restaurantes selectos.

Los ejemplares de trufa de Borch varían de tamaño (entre el de un guisante y el de un huevo) y de color (entre el amarillo claro y el marrón rojizo). El peridio es liso o ligeramente pubescente, especialmente en los huecos. En consecuencia, *Tuber borchii* puede que se parezca a la trufa blanca auténtica (*T. magnatum*), con la cual a veces se confunde accidental o deliberadamente. El olor de la trufa blanquilla es también similar al de la trufa blanca de Italia, aunque algo más aliáceo. Las principales diferencias entre las dos especies son que la trufa blanquilla se recolecta durante el invierno y comienzos de la primavera (en vez de en otoño y comienzos del invierno), tiene una gleba más oscura y las venas más anchas. Sin embargo, *T. borchii* y *T. magnatum* pueden distinguirse también fácilmente basándose en las esporas. Mientras que la trufa blanca de Italia tiene esporas redondas con un retículo de mallas anchas, las esporas de blanquilla son elípticas y tienen 4-6 (-10) delgadas mallas poligonales a lo largo del eje mayor. Se producen de una a cuatro (raramente cinco) esporas en cada asca, y sus dimensiones son (20-) 30-48 (-55) μm por (15-) 18-35 (-42) μm (excluyendo la ornamentación).

De joven, la trufa blanquilla (*Tuber borchii*) se parece a la trufa blanca de Italia, pero se vuelve mucho más oscura al madurar. Posee un excelente sabor, pero se vende tan sólo por una mínima parte de lo que alcanza la trufa blanca auténtica. A. Zambonelli

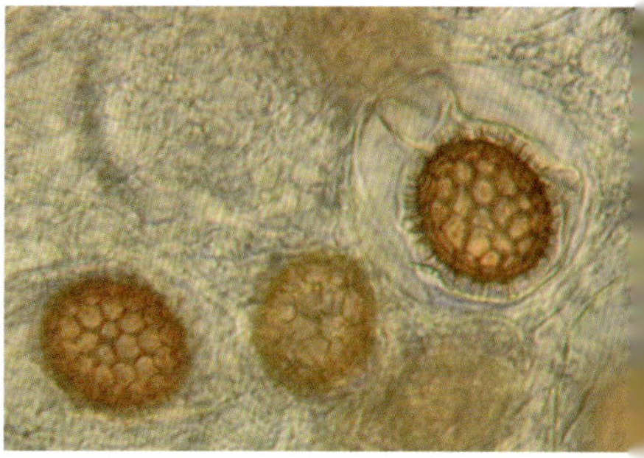

IZQUIERDA Pelos característicos sobre la superficie de los ejemplares de *Tuber borchii*.
I. R. Hall

DERECHA Las esporas de *Tuber borchii* están ornamentadas con un retículo elevado.
A. Zambonelli

ARRIBA IZQUIERDA Los ejemplares de *Tuber maculatum* como éstos, de poco sabor, así como *T. dryophilum* y *T. puberulum*, reducen el valor de las trufas blanquillas cuando se venden mezcladas con ellos.
A. Zambonelli

ARRIBA DERECHA Ejemplares de *Tuber dryophilum*. A. Zambonelli

IZQUIERDA Los ejemplares de *Tuber oligospermum*, como éstos, a veces se venden como trufas blancas auténticas. A. Zambonelli

La trufa de Borch a menudo se confunde con especies de poco sabor, como *Tuber maculatum, T. dryophilum, T. puberulum* y *T. oligospermum,* que son morfológicamente muy parecidas. Las mezclas de estas trufas pueden oler como *T. borchii,* pero el aroma de la comida que las contiene suele ser una decepción. Debido a ello, en algunas zonas de Italia, la trufa blanquilla tiene una mala reputación que no merece. Separar estas especies requiere un cuidadoso examen microscópico de la estructura del peridio, la forma de las esporas, y la ornamentación. Especialmente de joven, la superficie de la trufa de Borch posee pelos prominentes, de (39-) 41-69 (-80) µm de largo. El peridio mide (133-) 263-547 (-713) µm de grosor, se compone predominantemente de una masa de células subesféricas, con una capa más exterior de un grosor de 115-300 (-399) µm, compuesta por grandes células redondas con un diámetro de hasta 50 µm.

Además de las cuatro especies abajo descritas, entre otras especies de trufa de color claro se incluyen *Tuber asa, T. rapaeodorum* y *T. scruposum.* Éstas se encuentran principalmente en Europa y carecen de valor comercial. Es fácil identificar mal las trufas blanquecinas, como evidencia la confusión en las secuencias de ADN de ejemplares claros remitidos a GenBank. La situación se complica aún más debido a que en el mundo hay muchas otras especies cuya validez taxonómica tiene aún que ser sustentada por el empleo de instrumentos morfológicos y moleculares.

Tuber maculatum

En Europa, *Tuber maculatum* se considera generalmente no adecuada para la mesa debido a su ligero olor químico o a petróleo y a su sabor amargo, aunque se vende en pequeñas cantidades en Nueva Zelanda, país tan privado y ansiado de trufas. *Tuber maculatum* posee un peridio liso, de (293-) 383-689 (-851) µm de grosor, compuesto en su mayor parte por una red de hifas entrelazadas, con una delgada capa más externa, de un grosor de 54-120 (-133) µm, formada por hifas paralelas y sólo algunas células externas redondeadas. Las esporas de *Tuber maculatum* son similares a las de *T. borchii,* pero tienen un retículo menos denso, con tan sólo tres a cinco (o seis) mallas a lo largo del eje mayor.

Tuber dryophilum

El sabor de *Tuber dryophilum* es parecido al de *T. borchii,* pero menos intenso. En Italia estas dos especies se venden habitualmente mezcladas. *Tuber dryophilum* posee un peridio muy delgado, de (186-) 216-386 (-452) µm de grosor, con una capa externa compuesta por una masa de células subesféricas, de un grosor de 68-156 (-199) µm. El peridio es tan delgado que pueden verse las venas de la gleba subyacente. La superficie del peridio tiene pelos con los ápices redondeados, que miden 22-40 (-45) µm de largo. Las esporas de *Tuber dryophilum* son subglobosas con nunca más de siete, normalmente cuatro a seis, mallas a lo largo del eje mayor.

Tuber puberulum

El peridio de *Tuber puberulum* es similar al de *T. borchii* en el sentido de tener en la superficie prominentes pelos septados en forma de punzón, de una longitud de 60-110 µm, pero es mucho más delgada (150-200 µm frente a unos 250-550 µm). Las esporas de *T. puberulum* también difieren de las de trufa de Borch, pues son redondas, con un retículo denso con cinco a siete mallas a lo largo del eje mayor.

Tuber oligospermum

En el sur de Europa y el norte de África se da *Tuber oligospermum*, una trufa típica de esas regiones. Esta especie es bastante común en Marruecos y se exporta a Italia,

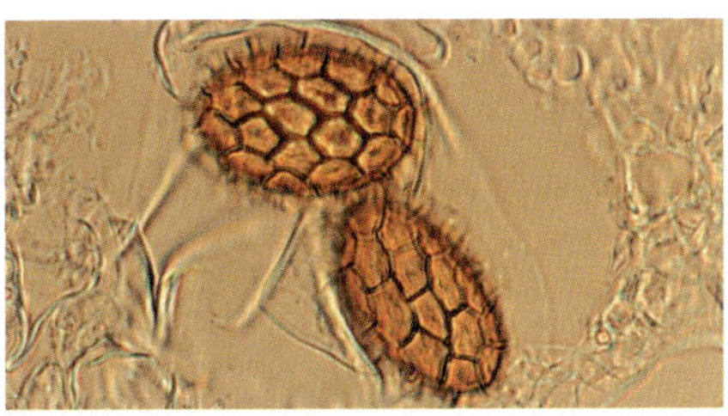

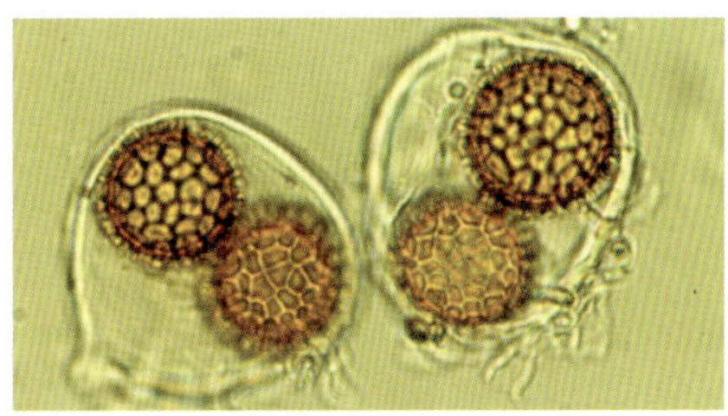

IZQUIERDA Las esporas de *Tuber maculatum*, ornamentadas con un retículo elevado, se parecen vagamente a las de trufa de Borch. A. Zambonelli

DERECHA Las esporas de *Tuber puberulum* son esféricas, lo cual ayuda a separar esta especie de la trufa blanquilla (*Tuber borchii*) y de *Tuber maculatum*. A. Zambonelli

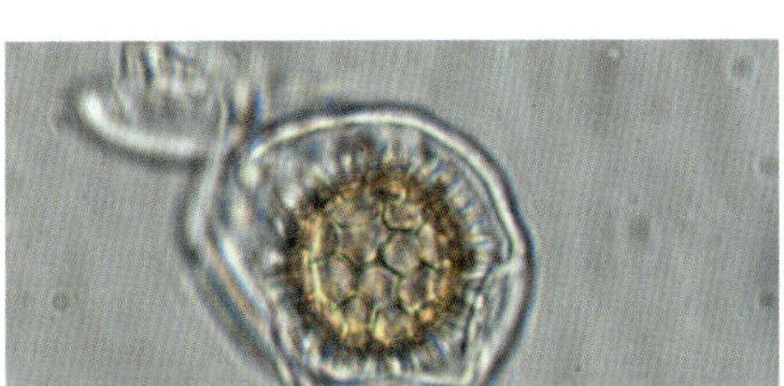

IZQUIERDA Las esporas de *Tuber oligospermum* tienen un retículo elevado menor que el de la trufa blanca auténtica (*Tuber magnatum*). A. Zambonelli

donde se vende como trufa blanca auténtica (*T. magnatum*). *Tuber oligospermum* posee un peridio muy delgado (de 150-250 μm de grosor), compuesto en su mayor parte por una red de hifas entrelazadas. En cada asca hay típicamente de una a tres, raramente cuatro, esporas esféricas que están ornamentadas con un retículo denso.

Trufas norteamericanas de color claro

Aunque no alcancen los altos precios de *Tuber melanosporum* y *T. magnatum*, algunas trufas norteamericanas poseen excelentes atributos culinarios. Se encuentran en muchas zonas distintas y se han establecido industrias basadas en su recogida y venta. Desgraciadamente, las trufas se localizan rastrillando el suelo en zonas productivas, en vez de usando perro, por lo que las recolecciones a menudo contienen trufas inmaduras, lo cual reduce su valor global. Además, las trufas norteamericanas se venden a menudo sin clasificar previamente, por lo que la calidad global es menor de lo que podría ser si no. Además de las descritas en esta sección, diversas webs, como, por ejemplo, Bay Gourmet u Oregon White Truffles, tienen información sobre otras trufas norteamericanas.

Trufas blancas de Oregón *(Tuber oregonense y Tuber gibbosum)*

En Oregón se encuentran al menos dos trufas blancas, *Tuber oregonense* y *T. gibbosum*. La especie recolectada en mayores cantidades es la trufa blanca de invierno de Oregón; aunque esta especie no haya sido aún descrita formalmente, el Dr. Jim Trappe la ha denominado *T. oregonense*. Esta trufa se encuentra desde el norte de California hasta la Columbia Británica y sólo se asocia con el abeto de Douglas (también llamado pino de Oregón).

La lisa superficie de la trufa blanca de invierno de Oregón y su color, que es blanquecino de joven, volviéndose marrón claro y luego marrón rojizo con la edad, la hace parecerse a la trufa blanca de Italia. *Tuber oregonense* posee un atractivo aroma fuerte a ajo o a queso, que se vuelve acre y metálico con la edad, pero las mejores trufas blancas de invierno de Oregón tienen un suave aroma a musgo y a cedro con matices de canela, nuez moscada y vainilla. Los precios típicos son 220 dólares USA el kilo.

La trufa blanca de invierno de Oregón suele ser pequeña en bosques no gestionados, pero puede alcanzar 10 cm de diámetro en los suelos cultivados de viveros de coníferas. La gleba es blanca cuando es inmadura, volviéndose marrón o marrón oscuro con la edad, y veteada de blanco como el mármol. Cada asca contiene entre una y tres esporas elípticas, de 30-43 por 24-32 μm, las cuales están ornamentadas con un doble retículo con una red mayor de mallas hexagonales, de una anchura de 5 μm, y otra delgadísima red en el interior con mallas muy pequeñas.

La trufa blanca de invierno de Oregón no fue la primera especie de trufa encontrada en Norteamérica. Esta distinción se reserva a la trufa blanca de primavera de Oregón (*Tuber gibbosum*), que fue descubierta por el micólogo H. W. Harkness en California a finales de la década de 1890. Esta especie posee buenas propiedades

ARRIBA Trufas blancas de invierno de Oregón (*Tuber oregonense*). C. Lefevre

IZQUIERDA La trufa blanca de invierno de Oregón (*Tuber oregonense*; izquierda) y la trufa blanca de primavera de Oregón (*Tuber gibbosum*; derecha). C. Lefevre

culinarias, con un complejo olor de ajo, especias y queso cuando es madura, pero sólo ahora se está empezando a reconocer que es tan buena, culinariamente hablando, como la trufa blanca de invierno de Oregón. Sorprendentemente, también se ha informado de haber encontrado *T. gibbosum* en los mercados de Reggio Emilia, en Italia. El peridio es de color entre oliva y amarillo acastañado moteado de manchas marrones. La superficie es lisa, pero arrugada, y contiene pelos diminutos. De madura, la gleba es marrón con venas blancas.

Trufa de Texas o de pacana *(Tuber lyoniae = Tuber texense)*

La trufa de Texas o de pacana, que los norteamericanos llaman *pecan*, se recogió por primera vez en ese Estado norteamericano en 1903 y fue descrita como *Tuber texense* por Heimsch en 1958. Actualmente se sabe que se da en un área mucho más amplia: desde el centro de México hasta el este de Nuevo México, el oeste de Texas, y Florida, y desde Minnesota hasta Québec y Connecticut. La trufa de pacana puede encontrarse ya desde junio en México y el sur de Texas hasta nada menos que marzo del año siguiente en Minnesota. Entre las plantas hospedantes de esta trufa se incluyen el tilo americano (*Tilia americana*), el roble escarlata (*Quercus coccinea*), los espinos (*Crataegus*), la caria (*Carya ovata*) y, precisamente, la pacana (*Carya illinoiensis*). Las dos especies de *Carya* parecen ser los hospedantes más productivos. El peridio de *T. lyoniae* es entre rojizo y marrón anaranjado, y liso, pero arrugado por ásperos surcos. De joven, la gleba es blanca, volviéndose marrón con venas blancas en la madurez.

Trufas de Texas o de pacana (*Tuber lyoniae*). C. Lefevre

Debido a que la trufa de pacana tiene buen aroma y sabor, su recogida y venta forman parte de la incipiente industria de la trufa en los Estados Unidos. Las investigaciones sobre el cultivo de *T. lyoniae* comenzaron a finales de la década de 1980. Actualmente, la trufa de pacana se vende al por menor a unos 220 dólares USA el kilo. No obstante, es muy importante señalar que se pueden producir intoxicaciones con estas trufas. No se debe a que las propias trufas de pacana sean venenosas, sino al muy tóxico pesticida aldicarbo que se emplea en los Estados Unidos para controlar los daños por insectos a las pacanas.

Trufas negras de Oregón

(incluye *Leucangium carthusianum* = *Picoa carthusiana*)

Los recolectores de trufas de Oregón dedican más tiempo y energía a encontrar trufas negras que cualquiera de las blancas, probablemente porque aquéllas alcanzan precios más elevados, a veces hasta los 1.000 dólares USA el kilo. Es probable que haya hasta siete especies que se comercializan como trufa negra de Oregón, pero la principal es *Leucangium carthusianum*.

En la región nordeste del Pacífico, las trufas negras de Oregón se encuentran en asociación con abeto de Douglas, principalmente en jóvenes plantaciones densas a altitudes relativamente bajas. Se recolectan desde finales del otoño hasta bien entrada la primavera, aunque existen recogidas de herbario provenientes de casi todos los meses del año. Estas trufas son aproximadamente esféricas, típicamente del ta-

IZQUIERDA Trufa negra de Oregón (*Leucangium carthusianum*). C. Lefevre

DERECHA Trufa marrón de Oregón (*Leucangium*). C. Lefevre

maño de una bola de golf (4 cm), pero que pueden alcanzar hasta las dimensiones de un pomelo (10 cm), tienen superficies cubiertas de diminutas verrugas, y son negras cuando están maduras. En su interior son blanquecinas de jóvenes, volviéndose grises o verde-grisáceas al madurar la trufa. Aunque *Leucangium carthusianum* no sea miembro del género *Tuber*, su aroma posee una cualidad afrutado-almizclada muy atractiva, pero es bastante diferente del de las trufas negras europeas (*Tuber melanosporum*). Los términos que se emplean con mayor frecuencia para describir las notas altas del aroma son piña tropical y manzana verde. La textura de las trufas negras de Oregón ha sido descrita como entre queso parmesano húmedo y almendras molidas, siendo las mejores muy duras y sin signos de esponjosidad.

Además de *Leucangium carthusianum*, hay otras especies, no descritas, de *Leucangium* que aparecen ocasionalmente en el mercado y se venden como trufas marrones de Oregón, pero ninguna es común. Charles Lefevre duda que la recolección total en los años mejores supere los 100 kg.

Criadilla de tierra dulce o turma dulce, trufa húngara de arena *(Mattirolomyces terfezioides)*

La criadilla de tierra *Mattirolomyces terfezioides* se encuentra desde Túnez y Cerdeña en el oeste hasta posiblemente India en el este, pero esta especie parece ser más abundante en la relativamente seca cuenca Panónica delimitada por Croacia, Eslovenia, Austria, la República Checa, Eslovaquia, Ucrania, Rumania, Serbia, Montenegro y Hungría. Así, por ejemplo, en Serbia es común en las Arenas de Deliblatska (Deliblatska Peščara), región situada a 40 km al nordeste de Belgrado. *Mattirolomyces terfezioides* tiene el sabor de un queso dulce y es especialmente popular como alimento en Hungría, donde se recolecta bajo falsa acacia (*Robinia pseudoacacia*), algo extraño, porque este árbol no es autóctono de Hungría. En Italia *M. terfezioides* se encuentra habitualmente en las zonas litorales de Emilia-Romaña y el Véneto en suelo arenoso empleado para cultivar espárragos, pero no se suele recolectar.

Abdulmagid Alsheikh (1994), que estudió el género *Terfezia* para su tesis doctoral dirigida por Jim Trappe, examinó especímenes de India, Pakistán y China. En aquel momento no pudieron encontrar ninguna base morfológica sólida para separar las turmas *Terfezia* de *Mattirolomyces terfezioides*, aunque ahora les gustaría realizar una comparación molecular de las recogidas asiáticas orientales y las europeas.

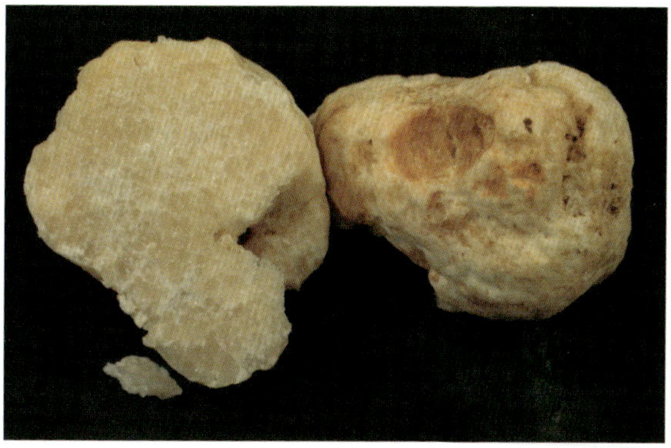

Mattirolomyces terfezioides, una especie popular en Hungría. C. Zambonelli

Mattirolomyces terfezioides produce carpóforos de un color que va del hueso al marrón amarillento claro y de entre 5 y 20 cm de diámetro. Se parecen bastante a la trufa blanca de Italia, aunque la gleba es marmórea y diferente de las especies de *Tuber*. Las ascas miden unos 50 por 125 µm y contienen normalmente ocho esporas que miden 18 µm de diámetro y tienen una ornamentación superficial algo similar a las de *Tuber magnatum*.

La otra única especie actualmente colocada en el género es *Mattirolomyces tiffanyae*. Esta criadilla de tierra se recogió por primera vez en 1998 en Story County (Iowa), en bosques caducifolios mixtos de tierras altas que contenían las especies ectomicorrícicas: roble americano, también llamado encino azul (*Quercus macrocarpa*); guapaque, mora roja o petatillo (*Ostrya virginiana*); tilo americano (*Tilia americana*), y roble blanco (*Quercus alba*). Algunos recientes trabajos moleculares, sin embargo, sugieren que esta especie no está relacionada con *M. terfezioides*. Otra especie que puede pertenecer al género *Mattirolomyces* se encuentra en el sur de África.

Criadillas de tierra, turmas o trufas del desierto
(*Eremiomyces, Kalaharituber, Terfezia, Tirmania*)

Las criadillas de tierra o turmas, llamadas ahora colectivamente trufas del desierto, se comen habitualmente en el Próximo Oriente, la cuenca mediterránea, el Norte de África y hasta tan al sur como el desierto del Kalahari en Botsuana. Se suelen considerar un lujo, pero pueden ser también un alimento de supervivencia para quienes saben dónde encontrarlas, y David Pegler ha presentado argumentos de peso de que

ARRIBA Las criadillas de tierra *Terfezia arenaria* (de color oscuro) y *Tirmania nivea* (de color claro). A. Zambonelli

DERECHA Criadillas del Kalahari (*Kalaharituber pfeilii* = *Terfezia pfeilii*). J. Dames

ABAJO Las criadillas de tierra *Tirmania pinoyi*. A. Zambonelli

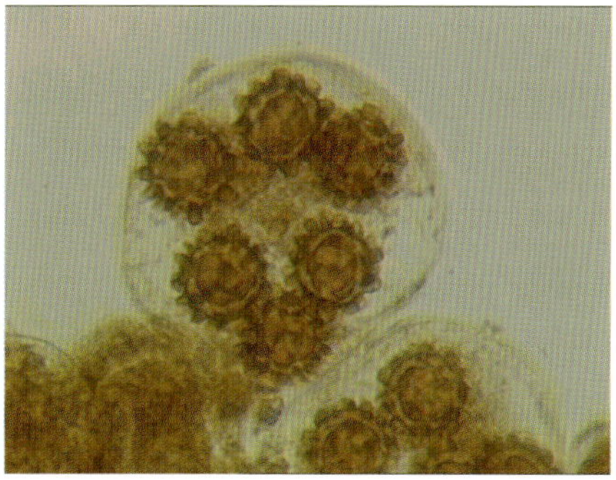

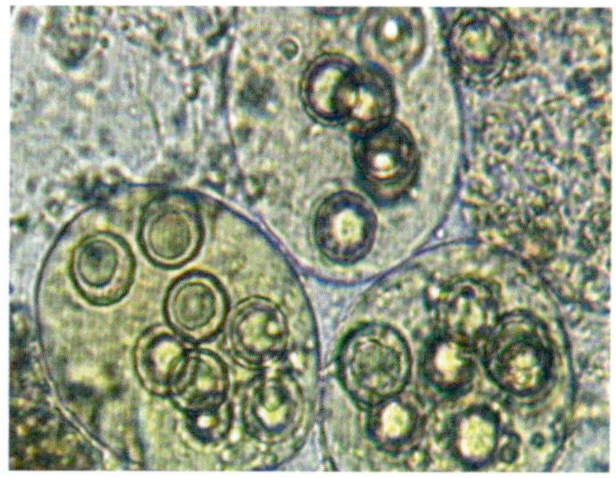

IZQUIERDA Las esporas de *Terfezia arenaria* parecen diminutas minas navales. A. Zambonelli

DERECHA La paredes de las ascas de *Tirmania pinoyi* y otras especies del género azulean al tratarse con tintura de yodo. A. Zambonelli

eran el maná de los israelitas. Aunque ya no sean populares en Italia ni en otras partes de Europa, las especies de *Tirmania* se han exportado ocasionalmente a Europa desde Irán y Siria y se han vendido haciéndolas pasar por trufas blancas auténticas. Los beduinos emplean como medicina tradicional estos hongos, para tratar enfermedades de la piel y la vista, y la diabetes, además de como afrodisíaco, y se sabe que las *Terfezia* producen antibióticos.

Las especies más importantes de criadillas de tierra son *Terfezia arenaria, Terfezia boudieri, Terfezia claveryi, Terfezia leptoderma, Kalaharituber pfeilii, Tirmania nivea, Tirmania pinoyi, Delastria rosea, Picoa lefebvrei, Picoa juniperi, Loculotuber gennadii* y *Tuber oligospermum*. Los nombres comunes, distribuciones geográficas y épocas de recolección de estas especies se enumeran en el Apéndice 6. Otros nombres comunes no incluidos en el apéndice incluyen kholassi, tama, hama y thama.

Las criadillas de tierra suelen medir 10 cm o más de diámetro, llegando la "trufa" del Kalahari (*Kalaharituber pfeilii*) hasta los 40 cm de diámetro y un peso de hasta 1 kg. *Terfezia arenaria, Tirmania nivea* y *Tirmania pinoyi* tienen la superficie lisa, mientras que *Picoa lefebvrei* está ornamentada con pequeñas verrugas. En todas las criadillas de tierra, la gleba es blanquecina u ocre-amarillenta, volviéndose marrón rosáceo en la madurez, y marmolada debido a las numerosas venas delgadas. Las ascas de *Tirmania* y *Picoa* contienen ocho esporas lisas, mientras que las esporas maduras de *Terfezia* están ornamentadas con espinas truncadas, como en *T. arenaria*, o con un retículo, como en *T. claveryi*. Una manera sencilla de distinguir las *Tirmania* de las *Terfezia* es tratar las ascas con una solución de tintura de yodo. Las ascas de *Tirmania* azulean, mientras que las de *Terfezia* se mantienen incoloras. Recientes estudios moleculares han permitido establecer un nuevo género: *Kalaharituber* para la criadilla de tierra antes llamada *Terfezia pfeilii*.

Trufas y criadillas de tierra no comestibles y venenosas

Choiromyces meandriformis (= *C. venosus*) es común en Europa y los Estados Unidos. Aunque esta especie se considere tóxica en Italia y cause problemas gastrointestinales leves, es una criadilla de tierra popular en el norte de Europa. Sin embargo, puede ser una enorme decepción si se esperaba que una costosa comida contuviera trufa blanca auténtica. *Choiromyces meandriformis* produce carpóforos que se parecen mucho a los de *Tuber magnatum*, pero suelen presentar manchas de un marrón rojizo. Cuando son inmaduros, el aroma es débil y puede confundirse con el de la trufa blanca de Italia, especialmente si se han aliñado con aceite artificial de trufa, pero cuando son maduros, el aroma de *C. meandriformis* es muy fuerte y nauseabundo. La gleba tiene una estructura distinta que la de los *Tuber*, pues está compuesta de numerosas areolas fértiles convolutas delimitadas por venas sinuosas estériles. Las globosas esporas marrón-amarillentas son también muy distintas de las de los *Tuber*, porque están ornamentadas con espinas truncadas, que da a las esporas el aspecto de minas navales en miniatura. Además, hay siempre ocho esporas en cada asca de *C. meandriformis*, mientras que las de las trufas blancas de Italia normalmente tienen de una a tres esporas.

Balsamia vulgaris es la otra trufa que se considera ligeramente tóxica y es común en las mismas zonas en las que se encuentra la trufa blanca italiana. Aunque los perros truferos normalmente encuentran esta especie y la comen sin problema, su aroma a grasa rancia hace de ella una improbable adición a una comida. Los carpóforos de *Balsamia vulgaris* son rojo-anaranjados, con la superficie ornamentada con pequeñas papilas, que se eliminan fácilmente cepillando. La gleba es suave, blanquecina, volviéndose después amarillenta con la edad, con numerosas camarillas características. Hay casi siempre ocho esporas elípticas, suaves y hialinas en cada asca, con una gútula central grande y dos laterales pequeñas (las gútulas son sacos redondos transparentes situados dentro de las esporas).

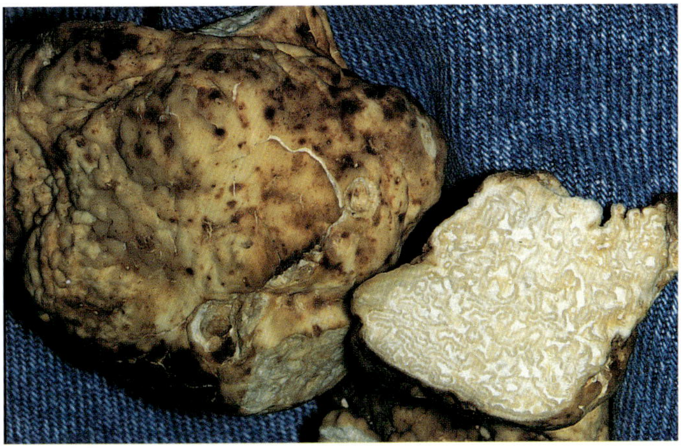

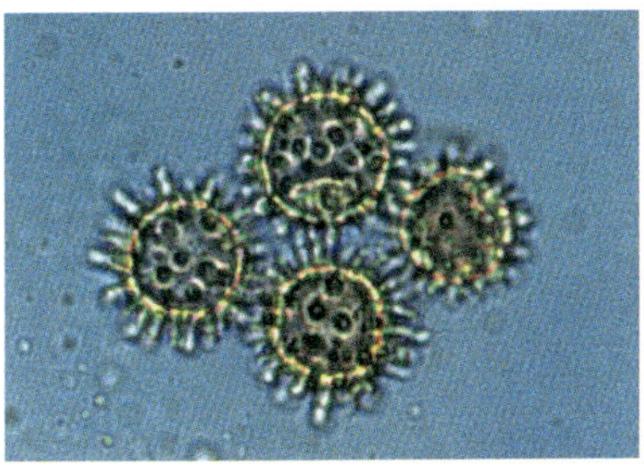

ARRIBA Los carpóforos de *Choiromyces meandriformis* se encuentran a veces mezclados con trufas blancas. A. Zambonelli

IZQUIERDA Las esporas de *Choiromyces meandriformis* son muy distintas de las de la trufa blanca de Italia y ayudan a distinguir las dos especies. A. Zambonelli

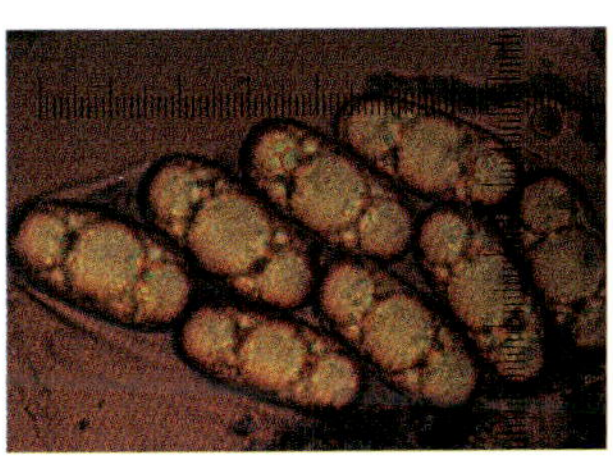

ARRIBA Los ascocarpos de *Balsamia vulgaris* tienen una gleba clara. A. Zambonelli

IZQUIERDA Las esporas de *Balsamia vulgaris* son muy diferentes a las de los *Tuber*. A. Zambonelli

Otras especies de trufa

Existen muchas otras especies de trufa en Europa que no se comen, bien debido a su desagradable aroma o sabor, o bien porque simplemente son demasiado pequeñas para prepararlas para la mesa. Estas trufas suelen encontrarlas perros truferos jóvenes cuando están buscando las trufas más preciadas.

Tuber excavatum (*trifola di legno*, 'trufa de madera', en italiano; "trufa excavada" en español) es muy común en Europa en asociación tanto con coníferas como con frondosas. Aunque el aroma de esta especie es agradable, es muy fuerte, lo cual restringe su uso a unos pocos recios italianos que la rallan sobre la pasta. *Tuber excavatum* se caracteriza por sus ascocarpos casi esféricos con una fosa característica en la base. El peridio va del naranja al ocre, pasando por el marrón, y es liso o con finas papilas. Las esporas son marrón-amarillentas, elípticas y reticuladas con mallas regulares.

Tuber rufum es también muy común en Europa, pero sus desagradables aroma y sabor ácidos lo hacen inadecuado para la mesa. Sus ascocarpos son de un marrón rojizo y normalmente miden sólo 1-3 cm de diámetro. La superficie está cubierta con verrugas muy pequeñas que pueden verse sólo con lupa. La gleba es del mismo color que el peridio y se caracteriza por venas estériles blancuzcas y traslúcidas que convergen en la base. Las esporas están ornamentadas con espinas similares a las de la trufa machenca (*Tuber brumale*).

Las trufas *Genea* son asimismo muy comunes en Europa, especialmente en Italia. Con menos de 1 cm de diámetro y conteniendo una o más cámaras internas, se consideran demasiado pequeñas para merecer la pena el esfuerzo de prepararlas para la mesa. Entre otras trufas y turmas europeas no comestibles, pero no venenosas, se incluyen *Tuber foetidum, Tuber panniferum, Tuber requienii, Tuber melançonii, Loculotuber gennadii, Pachyphloeus* y *Stephensia bombycina.*

Falsas trufas

Aunque las falsas trufas poseen algunos rasgos trufiformes —en el sentido de que se forman a menudo bajo tierra y son aproximadamente esféricas—, en realidad pertenecen a un grupo de hongos completamente distinto, los Basidiomicetos, una clase que incluye lo que generalmente se conoce como "setas". Durante el curso de su evolución desde setas, las falsas trufas han perdido el pie y el sombrero se ha reducido a una masa plegada y sin abrir de tejido esporógeno. Las estructuras internas de las

IZQUIERDA Los ascocarpos de *Tuber excavatum* presentan una característica depresión en la base. A. Zambonelli

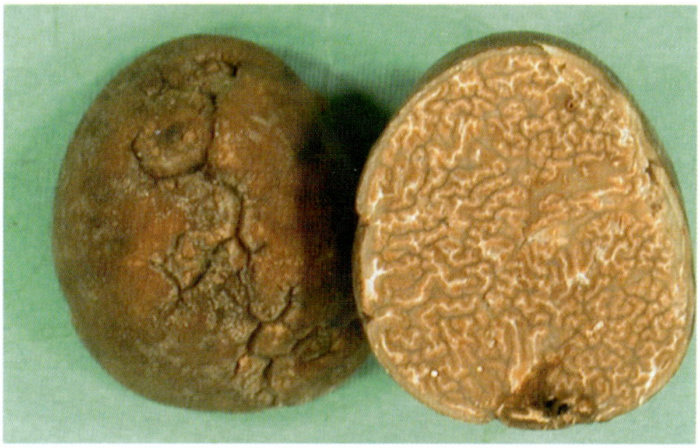

IZQUIERDA ABAJO Ascocarpos de *Tuber rufum*. A. Zambonelli

ABAJO Esporas de *Tuber rufum*, ornamentadas con espinas. A. Zambonelli

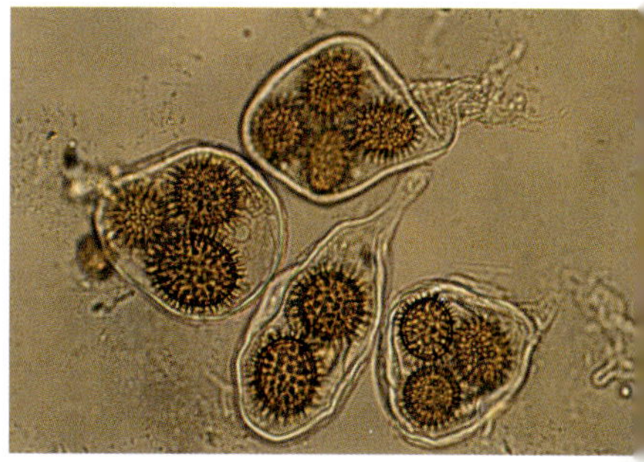

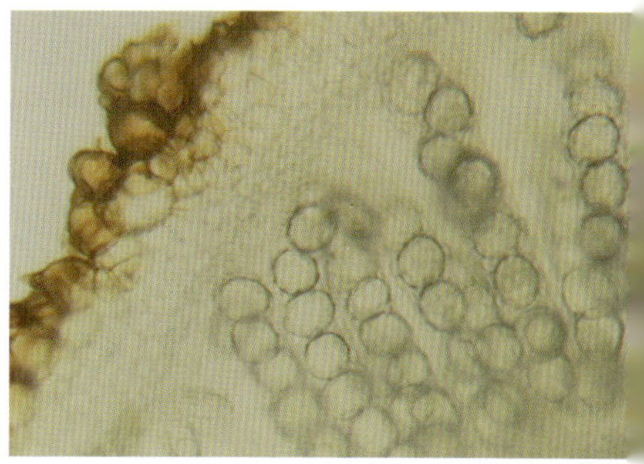

IZQUIERDA Los ascocarpos de *Genea* se llaman *orecchiette* en Italia, por su parecido con orejas en pequeño. A. Zambonelli

ARRIBA Las esporas de *Genea* están dispuestas en fila dentro de cada asca. A. Zambonelli

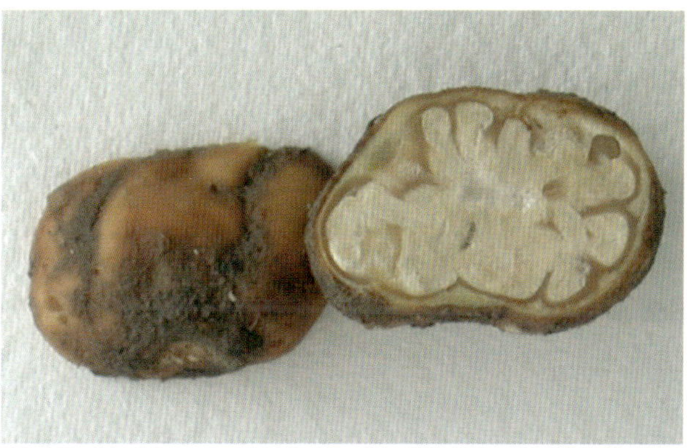

IZQUIERDA El olor nauseabundo y el aspecto de los ascocarpos de *Stephensia bombycina* hacen que sea poco probable confundirlas con otras trufas. A. Zambonelli

falsas trufas son también bastante distintas de las trufas verdaderas, pues carecen de la red interna de líneas blancas tan características de las trufas y, en cambio, tienen un interior algo esponjoso.

Hay muchos géneros de falsas trufas, pero algunos de los más comunes son *Gautieria, Hydnangium, Hymenogaster, Leucogaster, Melanogaster, Octavianina, Rhizopogon* y *Sclerogaster*. Unas cuantas falsas trufas se comen. *Rhizopogon rubescens* (shoro) es apreciada en Japón, y *Mycoclelandia bulundari* es ingerida por los aborígenes de Australia Occidental y los Territorios del Norte, mientras que los arunta del centro de Australia creían que las setas estaban dotadas de magia negra y no las comían en absoluto.

Como todas las falsas trufas, los ascocarpos del género *Gautieria* han evolucionado mediante la modificación gradual de la forma de una seta típica. A. Zambonelli

IZQUIERDA La falsa trufa *Rhizopogon rubescens* (shoro) se considera una exquisitez en Japón. I. R. Hall

DERECHA *Melanogaster ambiguus*, una de las falsas trufas, tiene un olor muy fuerte y a menudo los principiantes las confunden con trufas verdaderas. I. R. Hall

Identificación de especies de trufa por sus micorrizas

A veces es importante saber qué especies de trufa hay en las raíces de una planta hospedante cuando no está produciendo trufas. Un motivo podría ser comprobar si la trufa correcta está realmente sobre las raíces de una planta adquirida en un vivero y otro ver si la trufa correcta ha conseguido sobrevivir contra hongos ectomicorrícicos competidores después de haberse establecido una trufera con plantas inoculadas. Esto puede hacerse tomando primero cuidadosamente muestras de raíz de una planta, mientras nos aseguramos de que las pequeñas y frágiles micorrizas no se pierden en el proceso. La muestra de raíz se lava después cuidadosamente, para eliminar los restos de suelo, y se examina primero en un microscopio de disección de poca potencia y luego en un microscopio de gran potencia. El color de las micorrizas, el tamaño y forma de los largos y delgados cistidios del manto, y la forma en que encajan entre sí las células de la superficie del manto pueden servir para distinguir una infección de trufa de otra, aunque hacerlo exige un especialista.

El color marrón-amarillento de las micorrizas de trufa negra (*Tuber melanosporum*) situadas justo detrás del ápice radicular, sus cistidios simples o divididos, y la forma de puzle en que las células encajan entre sí sobre la superficie del manto son característicos y suficientes para distinguirlas de las micorrizas formadas por otras especies de *Tuber*.

Grandes grupos de micorrizas de trufa blanquilla (*Tuber borchii*) rosadas sobre raíces de *Pinus pinea* recogidas de una trufera de 2,5 años de antigüedad en Nueva Zelanda que produjo a finales de su tercer año.
I. R. Hall

Cuando se han inoculado las plantas con esporas de trufa negra de invierno, no es inusual encontrar que en el inóculo han sido incluidas esporas de trufa machenca (*Tuber brumale*). Las plantas, por tanto, se inspeccionan a veces para determinar si hay presentes infecciones de trufa machenca en las raíces de plantas de vivero —aunque esto sea un ejemplo de a casa quemada, acudir con el agua—. Afortunadamente, las micorrizas de trufa machenca son bastante distintas de las de trufa negra de invierno, ya que tienen cistidios rectos, no ramificados, rígidos y amarillentos, de 58-134 µm de largo y 3,5-6 µm de ancho en la base. Tampoco se dividen ni se ramifican nunca como *Tuber melanosporum*, y el manto está formado por células epidermoides bien diferenciadas, profundamente lobuladas y más grandes que las formadas por la trufa negra.

Las micorrizas de trufa grabada (*Tuber aestivum*) son marrones o marrón claro y normalmente están ornamentadas alrededor de todo el ápice inoculado, o por lo menos de una parte importante del mismo, con largos cistidios ondulados de un ocre amarillento (de 110-600 µm de altura) con los ápices redondeados, algunos de los cuales están hinchados. El manto está compuesto de células poligonales con ángulos redondeados. Como cabría esperar, las micorrizas de trufa de verano son muy similares a las de trufa grabada. Las micorrizas de *T. mesentericum* también se parecen mucho a las de *T. aestivum*. El manto está compuesto de una masa de células poligonales. Los ápices o parte de los ápices de las micorrizas están ornamentados con largos cistidios ocre-amarillentos ceñidamente apiñados, que a veces presentan ramificación dicótoma cerca de la base.

Como muchas otras especies, las micorrizas de *Tuber macrosporum* son marrón-ocre, con un manto compuesto de una masa de células epidermoides. Los cistidios, de un ocre claro y con ramificación dicótoma, son, sin embargo, bastante característicos, ya que están septados, miden 500 µm de largo y se hallan ligeramente agrandados justo debajo de los septos.

Es muy difícil distinguir las micorrizas de *Tuber indicum* de las de trufa negra de invierno, lo cual puede crear enormes problemas para alguien que se enfrente a la tarea de determinar si las plantas con *Tuber melanosporum* han sido contaminadas con esta especie asiática. No obstante, un ojo experto puede distinguir las dos por las células ligeramente menores y menos lobuladas del manto de *T. indicum* y los cistidios dicótomos.

Las micorrizas de trufa blanca italiana no están ramificadas y a menudo presentan forma de porra. De jóvenes son grises o de un gris claro, volviéndose ambarinas

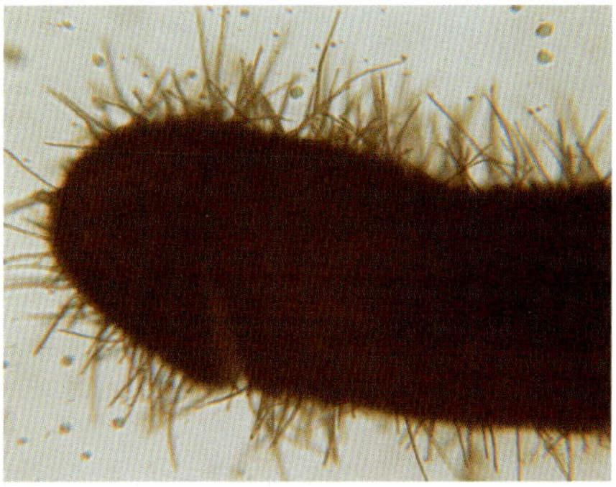

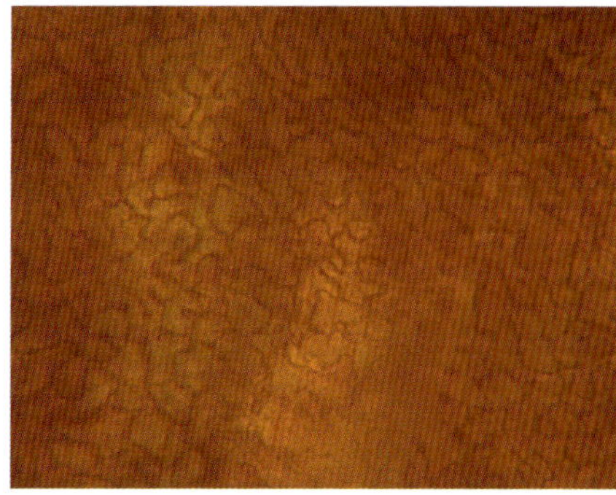

ARRIBA IZQUIERDA Los cistidios cortos son característicos de las micorrizas de trufa machenca (*Tuber brumale*). I. R. Hall

ARRIBA DERECHA Las células profundamente lobuladas de las micorrizas de trufa machenca (*Tuber brumale*) las distinguen de las formadas por la trufa negra de invierno. I. R. Hall

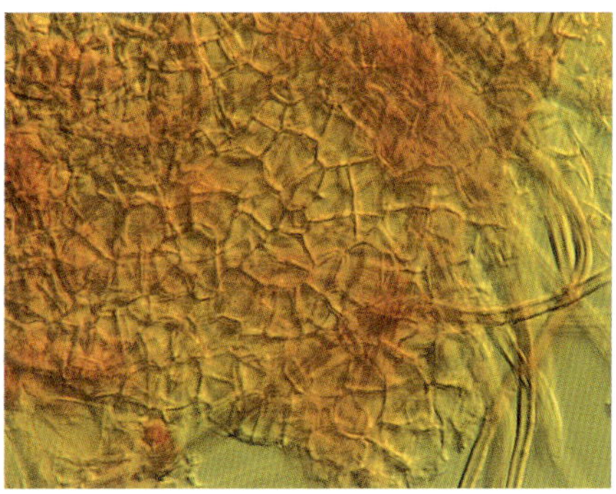

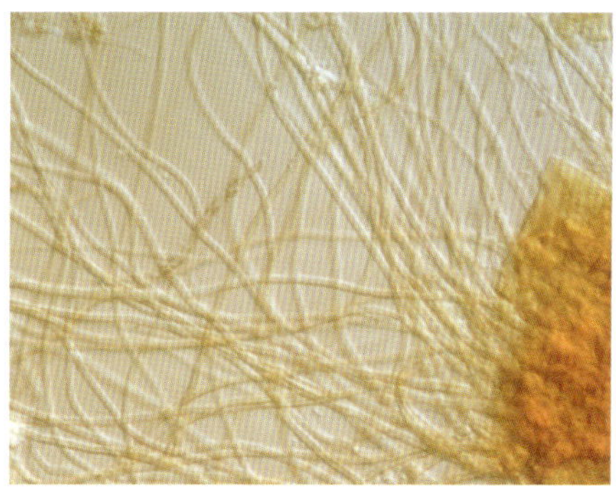

ARRIBA IZQUIERDA Células superficiales de la micorriza de una trufa grabada (*Tuber aestivum*). A. Zambonelli

ARRIBA DERECHA Los largos cistidios micorrícicos ondulados de la trufa grabada (*Tuber aestivum*) son muy distintos de los de trufa negra de invierno. A. Zambonelli

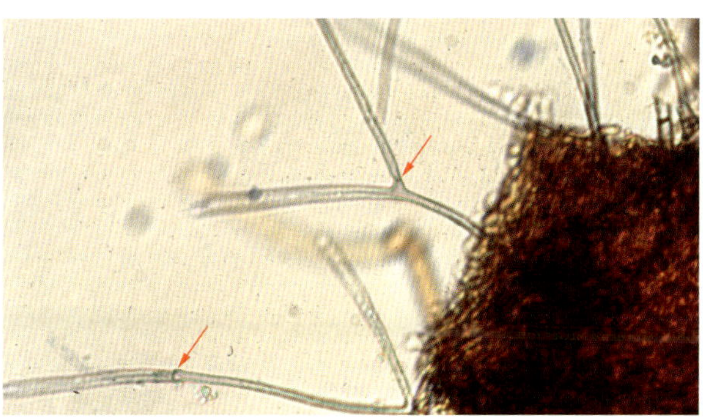

IZQUIERDA En las micorrizas de *Tuber macrosporum* se encuentran cistidios septados (ver flechas rojas). A. Zambonelli

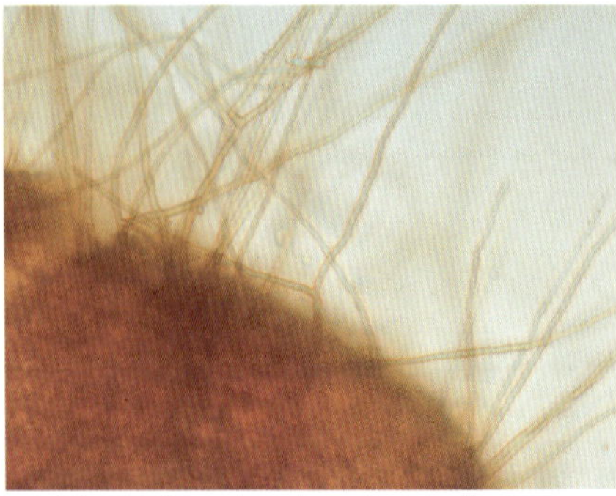

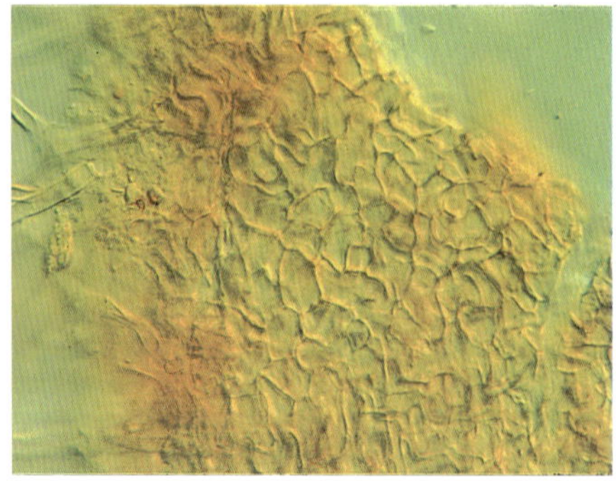

ARRIBA IZQUIERDA La ramificación dicótoma de las micorrizas de *Tuber indicum* puede a veces ser útil para distinguirlas de las producidas por trufa negra de invierno. A. Zambonelli

ARRIBA DERECHA La superficie del manto de una micorriza de *Tuber indicum* sobre roble de Turquía (*Quercus cerris*). A. Zambonelli

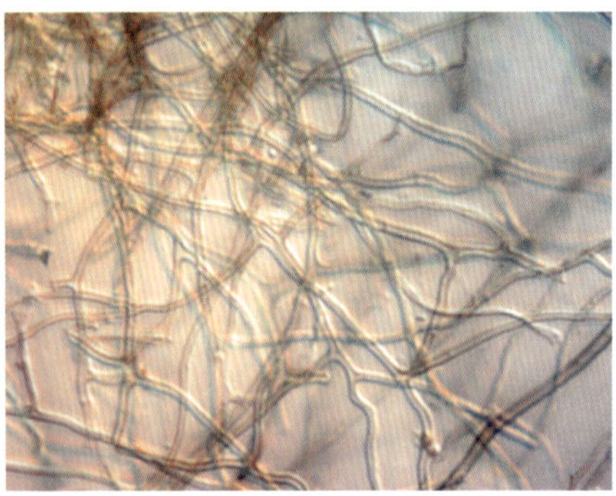

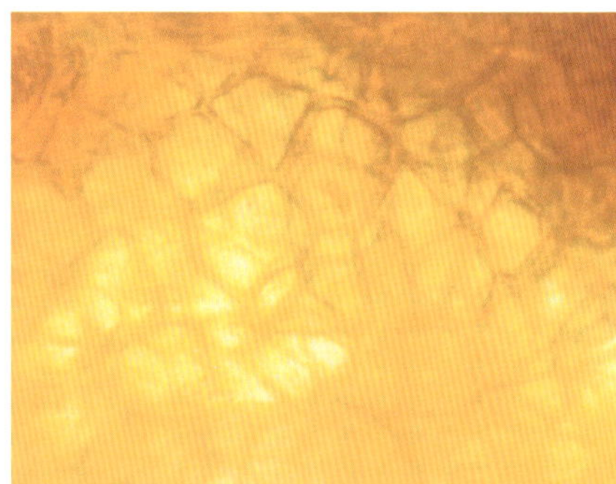

ARRIBA IZQUIERDA Un no especialista puede confundir la estructura de los cistidios de una micorriza AD (*angle droit*) con micorrizas de *Tuber melanosporum*. A. Zambonelli

ARRIBA DERECHA La superficie de una micorriza AD (*angle droit*) es muy distinta de las micorrizas formadas por trufas, pero ligeramente similar a *Tuber aestivum*. A. Zambonelli

DERECHA *Sphaerosporella brunnea* es un contaminante habitual de árboles micorrizados con trufa producidos en invernaderos. La superficie del manto es muy distinta de la de trufa negra (*Tuber melanosporum*). El color azulado es azul de algodón, una tintura empleada a menudo por micólogos para revelar detalles en material fúngico incoloro. A. Zambonelli

o ámbar claro con la edad. Los cistidios no son comunes, pero cuando los hay miden hasta 400 µm de largo y 3-5 µm de ancho en la superficie del manto, poseen ápices redondeados, son sencillos o ramificados, están dispuestos radialmente y tienen múltiples septos. Sobre la superficie del manto hay también cortas hifas emanantes, ramificadas e incoloras. En vista frontal, la superficie del manto tiene un aspecto de puzle. *Tuber maculatum, Tuber borchii*, y especies de trufa parecidas de color claro (a menudo llamadas colectivamente *bianchetti* —"blanquillas"— en Italia) tienen largos y delgados cistidios incoloros y no ramificados que cubren los ápices radiculares.

Algunos hongos micorrícicos muy comunes que se encuentran a menudo como contaminantes en plantones producidos en viveros, como, por ejemplo, *Pulvinula constellatio* o *Sphaerosporella brunnea*, pueden distinguirse de micorrizas de *Tuber* basándose en la estructura del manto. Por ejemplo, *S. brunnea* tiene micorrizas marrones que superficialmente se parecen a las de trufa negra de invierno, pero son más delgadas y tienen un manto compuesto de hifas marrones y anchas, fácilmente reconocibles. Las micorrizas del hongo AD (del francés *angle droit*, refiriéndose a la ramificación de las hifas) son superficialmente similares a las micorrizas de trufa negra de invierno, pero muy distintas al microscopio, y es poco probable que un especialista las confunda. Muchos basidiomicetos pueden distinguirse sencillamente porque las hifas tienen fíbulas (*clamp-connections*). Aunque puedan encontrarse en libros de texto detalladas descripciones de algunas micorrizas de basidiomicetos, los científicos se basan ahora con frecuencia en técnicas moleculares que pueden utilizarse para identificar una especie basándose sólo en una pequeña parte de un solo ápice radical micorrícico.

Identificación de trufas empleando técnicas moleculares

A veces es imposible utilizar las características morfológicas de las trufas o de sus esporas para identificarlas, como ocurre cuando una trufa es inmadura y sus esporas no se han desarrollado plenamente. En otros casos, quizá por razones legales, hay necesidad de identificar la especie de trufa que se haya empleado para hacer paté trufado o la presencia de esporas contaminantes en un inóculo seco de trufa a base de esporas. Es entonces cuando hay que emplear nuevos métodos moleculares de alta tecnología. Las técnicas más frecuentemente utilizadas son parecidas a las empleadas para determinar la paternidad o identificar al propietario de una gota de sangre en la escena de un crimen. Estas técnicas moleculares se basan en las diferencias de ADN entre todas las especies.

El primer paso al identificar una especie usando técnicas moleculares es extraer una pequeña cantidad de ADN. El ADN se calienta entonces para separar la doble cadena y luego, mientras se deja que el ADN se enfríe, se sintetizan nuevas copias de parte de cada cadena, o de toda ella, con la ayuda de un enzima especial y un par complementario de cadenas muy cortas de nucleótidos, llamadas *cebador*. El primer ciclo duplica la cantidad de ADN; el segundo la cuadriplica, etcétera, hasta que se producen ingentes cantidades del ADN en tan sólo una hora aproximadamente. Esta técnica es la reacción en cadena de la polimerasa (RCP o, más habitualmente en inglés, PCR, *polymerase chain reaction*).

Uno de los primeros métodos moleculares utilizados para identificar especies de trufa fue la técnica de ADN polimórfico amplificado al azar (RAPD, *random amplification of polymorphic DNA*). En este método, el cebador es una secuencia arbitraria corta de los cuatro nucleótidos (adenosina, guanina, citosina y timina), los cuales componen la molécula de ADN. El cebador se usa entonces para amplificar fragmentos de ADN. Debido a que estos fragmentos tienen una carga iónica, pueden separarse basándose en su tamaño colocándolos en un gel de agarosa y haciendo pasar a través de él una corriente eléctrica, proceso denominado electroforesis, siendo el patrón resultante una huella específica de una especie. La técnica del RAPD se seleccionó inicialmente para trufas porque no requiere ningún conocimiento de la secuencia de los nucleótidos en el ADN de una especie. Aunque el RAPD sea una herramienta potente, no puede usarse para detectar hongos micorrícicos durante la fase simbiótica, porque los cebadores cortos también se hibridarán al azar con secuencias complementarias de ADN de la planta madre. Para superar esta limitación, pueden diseñarse para los hongos cebadores específicos de la especie partiendo de las secuencias de marcadores RAPD.

Las piezas más útiles del material genético son los espaciadores internos transcritos ITS_1 e ITS_2 (siglas inglesas de *internal transcribed spacer*) entre los genes en el grupo de genes ribosómicos. Esta región evoluciona más rápidamente que los propios genes, de manera que puede usarse de muchas formas para detectar diferencias entre especies y subespecies. Pueden diferenciarse entre algunos pares de especies, como puedan ser *T. brumale-T. melanosporum* o *T. borchii-T. dryophilum*, basándose sencillamente en las longitudes de sus regiones ITS. Otra forma de distinguir especies es determinar la secuencia de nucleótidos para las regiones ITS extraídas de cada especie. Debido a que cada especie de trufa tiene una secuencia de ITS distinta, es posible identificar una especie cotejando su secuencia con secuencias conocidas de ITS. Esta información ha permitido a los científicos desarrollar potentes técnicas más eficientes, como, por ejemplo, la PCR específica o la PCR multiplex, en las que pueden identificarse simultáneamente varias especies distintas en un solo gel electroforético. Pueden utilizarse técnicas similares para determinar la procedencia de una trufa. Es posible emplear después esta información para asegurar que, cuando la etiqueta de un frasco de trufas blancas dice "Alba", las trufas provienen, en efecto, de Alba (Piamonte) y no de otra región de Italia, ni tampoco de otro país.

Estas herramientas moleculares, que están cambiando rápidamente el mundo científico, pueden usarse para buscar parecidos globales entre el ADN de distintos organismos, para desarrollar árboles evolutivos y —algo importante para el especialista en trufas— para identificar micorrizas contaminantes de *Tuber indicum* o *T. brumale* o sus carpóforos en conservas. Pueden encontrarse protocolos para la identificación molecular de trufas en www.truffle.org, página en lengua inglesa albergada en el sitio web de la Universidad de Parma.

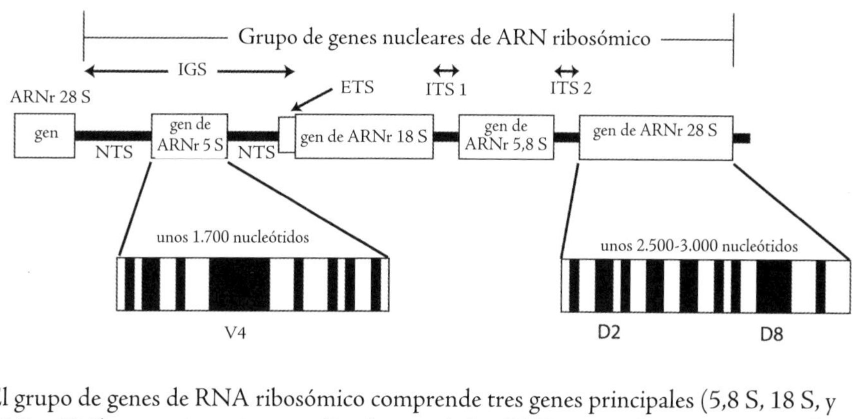

El grupo de genes de RNA ribosómico comprende tres genes principales (5,8 S, 18 S, y 25 S o 28 S) con regiones intermedias de espaciador (IGS, espaciador intergénico; NTS, espaciador no transcrito; ETS, espaciador transcrito externo; ITS, espaciador transcrito interno). Las regiones de espaciador son las menos conservadas y evolucionan a un ritmo más rápido que los genes. Las regiones de ITS evolucionan velozmente y son útiles para distinguir entre especies y subespecies. Tomado de Mitchell y Zuccaro (2006) y modificado

CUATRO

Los hábitats de algunas trufas comerciales

ANTES DE INTENTAR cultivar o criar nada, ya sea animal, vegetal u hongo, es importante saber algo sobre las condiciones de su hábitat natural, así como sobre las condiciones en las que es probable que crezca con fuerza. Para las trufas, esto incluye su distribución, árboles hospedantes, características edafológicas, clima, etcétera. Una vez se comprenden estas cosas, es posible predecir dónde puede cultivarse una especie de trufa en particular fuera de su hábitat natural mediante la manipulación de condiciones tales como el pH o la humedad del suelo. Sorprendentemente, con la excepción de la trufa negra de invierno, la trufa grabada, la trufa blanca de Italia, la trufa blanquilla, y una o dos criadillas de tierra, nuestro conocimiento de las condiciones ecológicas requeridas por todas las demás especies de trufas es, en el mejor de los casos, muy elemental y limitado a poco más que listas de plantas hospedantes (Apéndice 3) y dónde se encuentran.

Trufa negra de invierno o de Périgord
(Tuber melanosporum)

La trufa negra de invierno crece naturalmente entre los 40°N y 47°N de latitud y entre los 100 y 1.000 m sobre el nivel del mar en zonas de clima mediterráneo, oceánico y entre semicontinental y continental de Francia, Italia y España, y menos habitualmente de Bulgaria, Portugal y Croacia. Los hábitats típicos son suelos calcáreos en cálidas pendientes expuestas al sol y mesetas en tierra agrícola marginal. *Tuber melanosporum* se encuentra en Francia en un arco incompleto que va desde el sudoeste hasta el este del Macizo Central, en los Pirineos y por el valle del Loira; en Italia, en los Abruzos, Campania, el Lacio, Liguria, Lombardía, Las Marcas, Piamonte, Trentino-Alto Adigio, Toscana, Umbría y el Véneto; y en España en Álava, Cuenca, Guadalajara, Huesca, Soria, Valencia y Zaragoza.

Entre las décadas de 1920 y 1950, los recolectores franceses cruzaban la frontera hasta Aragón y Cataluña en busca de trufas. Los catalanes supieron pronto del preciado hongo y empezaron a recolectar trufas no sólo en sus propias zonas, sino por toda España. A partir de ellos pronto se corrió la voz al resto de España. Santiago Reyna y sus colegas (2005) relataban las palabras de un viejo recolector español de trufas: "Vimos a unos buscadores de trufas raras con sus perros buscando un tipo de patatas negras con un olor muy fuerte. Tenían en su habitación muchos sacos llenos. No querían decirnos lo que estaban haciendo. Después de dos o tres años buscábamos trufas nosotros". A comienzos de la década de 1970 la mayoría de las zonas truferas naturales de España habían sido identificadas y, provistos con las investigaciones del otro lado de los Pirineos, se establecieron en España las primeras truferas artificiales de *Tuber melanosporum*. Actualmente las trufas se fomentan en España como modo rentable de añadir valor a los bosques y como provechoso cultivo para tierras marginales.

Aunque la trufa negra de invierno se haya recolectado durante cientos de años en Francia e Italia, el primer estudio sistemático de su distribución en Francia no fue realizado hasta las décadas de 1960 y 1970 por Jacques Delmas, quien trabajó en el Institut National de la Recherche Agronomique (Instituto Nacional de Investiga-

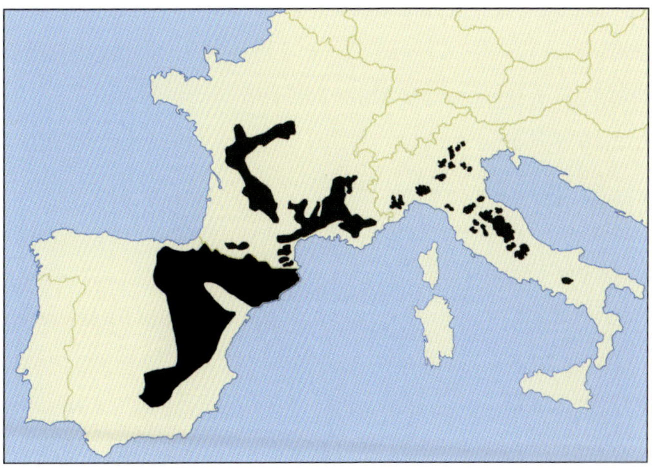

Distribución de la trufa negra de invierno (*Tuber melanosporum*) en España, Francia e Italia. Datos de Delgas (1978), Zambonelli y Di Munno (1992), y Reyna et al. (2005).

ciones Agronómicas). Estableció dónde se encuentra *Tuber melanosporum*, compiló mapas y definió lo que parecían ser las condiciones ideales para su fructificación:

- veranos cálidos e inviernos fríos (Apéndice 7);
- un suelo drenante, bien aireado y de pH elevado (mayor de 7,5, siendo el óptimo 7,9), con una estructura bien definida, de unos 400 mm de profundidad, recubriendo una base de caliza, como puedan ser rendzinas y tierras pardas;
- agua de riego;
- la ausencia de otros árboles que puedan tener hongos competidores en las raíces.

Similar labor fue realizada posteriormente por otros investigadores de Francia, Italia y España. Sin embargo, la trufa negra de invierno no crece igual de bien en todas las áreas cartografiadas. Por ejemplo, en la cálida Provenza costera (el interior de Marsella), *Tuber melanosporum* suele aparecer sobre las pendientes que dan al noroeste, más frías y protegidas de los secos vientos del sur, mientras que en la Alta Provenza (la parte más elevada y septentrional de la región), las trufas negras aparecen en las pendientes que dan al sudoeste, donde están protegidas de los fríos vientos del norte.

La pendiente incide también en la productividad de las truferas de *Tuber melanosporum*, siendo las más productivas de Francia las que se encuentran en tierras llanas u onduladas con una pendiente menor de 5°, donde es menos probable que se produzca erosión y la ulterior exposición de las delicadas micorrizas. Sin embargo, en Umbría, en el centro de Italia, aparecen truferas naturales y se han establecido con éxito truferas artificiales en colinas con pendientes que superan con creces los 20°.

Los parámetros climáticos generales para las zonas donde se encuentra la trufa negra de invierno en Francia e Italia pueden obtenerse con bastante sencillez superponiendo mapas climáticos, como puedan ser los proporcionados por Arléry (1970) para Francia o por Cantù (1977) para Italia, sobre los mapas de distribución de *Tuber melanosporum*. Por ejemplo, superponer el mapa de temperaturas medias diarias de julio de Arléry sobre el mapa de distribución de Delmas para Francia da un intervalo de temperaturas medias en julio de unos 17 a 22 °C y un intervalo en enero de 0 a unos 9 °C para las zonas con trufas negras de invierno. También puede conseguirse datos climáticos detallados de estaciones meteorológicas y en algunos casos pueden bajarse directamente de la Red. Otra forma de conseguir información

ARRIBA Los achaparrados *Quercus rotundifolia* son las principales plantas hospedantes en este bosque natural no gestionado que produce trufa negra (*Tuber melanosporum*) en el sudeste de España. I. R. Hall

ABAJO En esta trufera natural gestionada del sur de Francia, se ha eliminado la maleza y se han recortado los árboles para aumentar la cantidad de luz solar que llega al suelo. I. R. Hall

Trufera de *Tuber melanosporum* en una empinada pendiente de Italia.
I. R. Hall

climática aproximada para una zona productora de trufas es obtener de libros y webs meteorológicas la información para la ciudad más cercana a un área que produzca trufas negras de invierno. Entonces pueden tenerse en cuenta elementos como la altitud, la orientación o la exposición. Para la altitud, esto puede hacerse restando 0,65 °C por cada 100 m de altitud que una trufera se halla por encima de una estación meteorológica cercana, ya que la temperatura desciende 0,65 °C por cada incremento de 100 m de altitud. Por ejemplo, la parte más fría de Francia tanto en verano como en invierno que produzca *Tuber melanosporum* es probablemente Lozère, la cual, aunque más al sur (44°N, 3°E) que muchas truferas productivas, es más fría debido a sus 500 a 2.000 m sobre el nivel del mar. Tener en cuenta la orientación y la exposición es más complicado porque son difíciles de cuantificar.

En zonas de Europa con truferas naturales de *Tuber melanosporum*, llueve principalmente en primavera y finales de otoño, con los veranos salpicados de tormentas, algo que se ha considerado durante mucho tiempo fundamental para una buena producción (Capítulo 1). Un estudio de los mapas climáticos de Cantù para Italia sugiere que las precipitaciones pueden llegar hasta los 1.500 mm en truferas naturales de la Vía Flaminia cerca de Fossombrone —algo más húmedo que el intervalo de 600 a 900 mm dado por Giovannetti et al. (1994)—.

Las trufas negras de invierno se han recolectado en Nueva Zelanda en truferas artificiales cerca de Opotiki en la Bahía de Plenty (38°S), en la Isla Norte, y tan al sur como en Ashburton en la Isla Sur (43°S). En estas zonas, los intervalos de temperatura media en enero (verano) van de los 16,4 a los 20,0 °C y en julio de los 5,2 a los 9,2 °C, las precipitaciones anuales van de los 729 a los 1.443 mm, y el número de horas de sol de 1.892 a 2.397. En los Estados Unidos, hay truferas productivas de *Tuber melanosporum* a 150 km al nordeste de Ukiah en el norte de California (39,5°N) y cerca de Hillsborough (36°N), en Carolina del Norte. Esta especie también se ha cultivado en Tasmania (40-44°S) y en Manjimup (34,5°S), localidad situada en el ángulo sudoeste de Australia Occidental. Se han hecho intentos de cultivar trufas negras de invierno en Chile, otros países del hemisferio sur e Israel.

Partiendo de las diversas fuentes de información climática, hemos compilado los parámetros climáticos aproximados que están presentes en ciudades cerca de las zonas de cultivo de la trufa negra de invierno (Apéndice 7). Sin embargo, tales comparaciones no tienen presente el efecto de las coberturas de copa en las truferas, el efecto de la hierba bien cuidada (requisito alrededor de las estaciones meteorológicas oficiales), la altitud de las truferas respecto a la estación meteorológica cercana, y los efectos refrigerantes del agua de riego en las temperaturas del suelo. En consecuencia, se han realizado diversos intentos de obtener información climática más precisa monitorizando el clima en el interior de truferas productivas de trufa blanca de Italia y negra de invierno. En investigaciones realizadas en Nueva Zelanda iniciadas a finales de la década de 1990, se registraron tanto la temperatura del aire como la temperatura del suelo a 10 cm de profundidad, porque el hongo de la trufa, más que a las del aire, está expuesto a las temperaturas del suelo. Esto proporcionó una medición de temperaturas más precisa y mostró, por ejemplo, que las temperaturas del suelo en truferas jóvenes eran considerablemente más cálidas que el aire, pero descendían bruscamente una vez se había desarrollado una cobertura de copa fundamentalmente completa. Como es lógico, en Nueva Zelanda las temperaturas del suelo más elevadas se registraron en las partes más septentrionales de la Isla Norte y en el centro de Otago, donde las escasas precipitaciones, una limitada cu-

ARRIBA Suelo ideal para el cultivo de la trufa negra (*Tuber melanosporum*) con grandes cantidades de caliza en la tierra vegetal. I. R. Hall

DERECHA Típico perfil edafológico de trufa negra (*Tuber melanosporum*), con hasta 40 cm de suelo de rendzina rico en caliza sobre una base de caliza fracturada. I. R. Hall

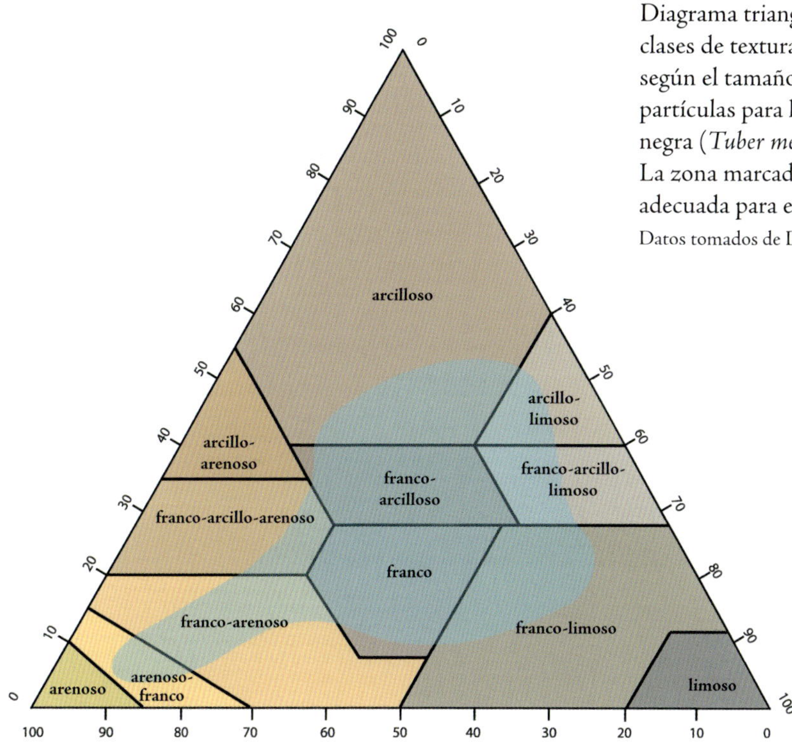

Diagrama triangular de las clases de textura de suelo según el tamaño de las partículas para la trufa negra (*Tuber melanosporum*). La zona marcada en azul es adecuada para esta trufa.
Datos tomados de Delmas (1978)

bierta vegetal y un número elevado de horas de sol en verano potenciaban al máximo el efecto térmico del Sol.

En Europa, las trufas negras de invierno aparecen de manera natural y se cultivan en rendzinas y tierras pardas. La característica principal de estos suelos es su elevado pH, que está causado por su considerable contenido en carbonato cálcico (caliza activa). El pH óptimo para *Tuber melanosporum* es 7,9, pero puede encontrarse en suelos con un pH de hasta 7,2 como mínimo y de 8,3 como máximo. Los suelos de las truferas europeas miden normalmente unos 400 mm de profundidad, se superponen a caliza fisurada y no tienen un exceso de arcilla, limo o arena.

Durante años, se pensó que la fructificación de la trufa negra de invierno comenzaba en primavera, porque los primordios de trufa pueden verse en esta época. *Tuber melanosporum* se recolecta entre noviembre y marzo en Europa, pero las trufas probablemente se inician a finales del verano o en otoño. Prueba de ello fue la producción trufera después del muy cálido y seco verano de 2003, que secó el suelo hasta una profundidad de más de 20 cm. Las lluvias de finales de verano no se produjeron en Francia e Italia, y la temporada 2003-2004 fue un desastre. Sin embargo, en España, donde llovió a finales de verano, la producción fue casi normal. Si la iniciación hubiese ocurrido durante la primavera, los primordios se habrían abrasado casi con toda seguridad y la fructificación no se habría producido.

Trufa de verano y trufa grabada

(Tuber aestivum)

La trufa grabada se encuentra por toda Europa asociada con haya (*Fagus sylvatica*), abedul (*Betula*), carpe blanco (*Carpinus betulus*), carpe negro (*Ostrya carpinifolia*, especialmente importante en Italia), avellano (*Corylus avellana*), roble común (*Quercus robur*) y encina (*Quercus ilex*). *Tuber aestivum* es común desde España hasta la Europa oriental y desde Gotland (Suecia) hasta el norte de África. En Francia la trufa grabada suele darse en el nordeste, aunque también se encuentra en menores cantidades en aquellas zonas en las que domina la trufa negra de invierno. En Italia la trufa grabada también predomina en el norte del país y es menos frecuente en el sur. La isla de Gotland, a poca distancia de la costa este de Suecia, es probablemente la parte más fría de Europa en la que se encuentra la trufa grabada, mientras que centros tales como Clermont-Ferrand, París, Perugia o Sicilia representan las zonas más cálidas (Apéndice 7).

La British Mycological Society (Sociedad Micológica Británica) tiene registros de haberse encontrado trufa grabada en Gwynedd, Gloucestershire, Hampshire, Herefordshire, Hertfordshire, Kent, Nottinghamshire, Oxfordshire, Shropshire, Somerset, Surrey, Sussex, Warwickshire, Wiltshire y Yorkshire. Es interesante observar que los únicos registros de Herefordshire y Shropshire son de finales del siglo XIX. Asimismo, las trufas grabadas fueron abundantes en tiempos en Southampton y su área, Hampshire y Kent, donde hoy día no se encuentran nunca o raramente. Sin embargo, los mapas que muestran la distribución de *Tuber aestivum* en un país deben considerarse con cierta precaución, porque el compilador puede no haber sabido de hallazgos no oficiales. Por ejemplo, el mapa de distribución de la trufa grabada en la web de la British Mycological Society no muestra un registro para las trufas encontradas en Brighton en 1988, ni registra la ubicación de dos grandes recogidas en 2005, de 65 kg en Somerset bajo encina, y otra de 80 kg bajo haya en Wiltshire.

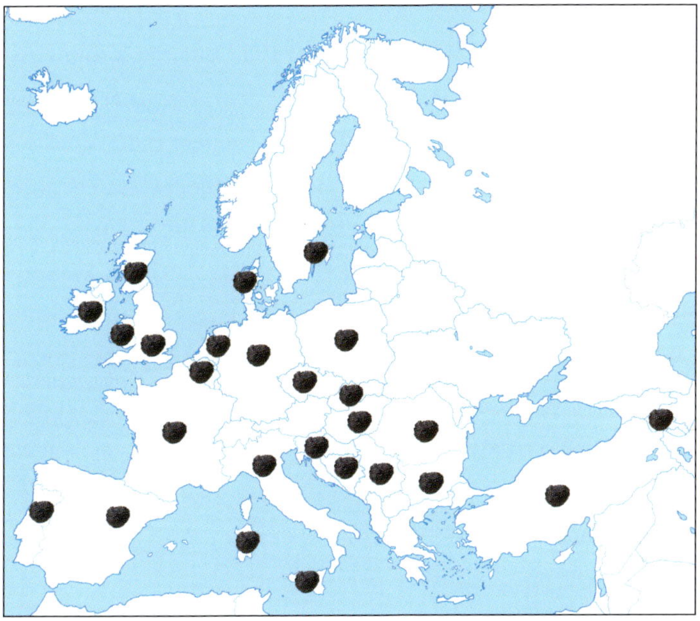

La trufa grabada (*Tuber aestivum*) se ha encontrado en casi todos los países de Europa. Datos tomados de Chevalier y Frochot (1997)

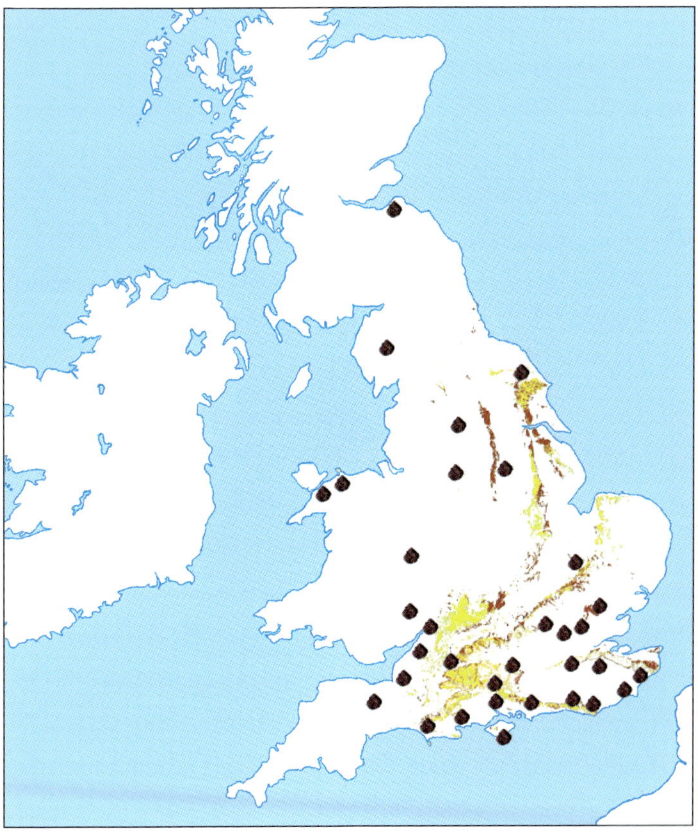

Las recogidas de trufa grabada (*Tuber aestivum*) en Inglaterra, Escocia y Gales superpuestas a mapas de suelos de pH elevado. Las zonas amarillas son suelos poco profundos, ricos en cal sobre caliza, y las zonas marrones son suelos drenantes, ricos en cal. Los hallazgos aislados en Shropshire (Midlands Occidentales, Inglaterra) y en otras partes indican la presencia de pequeños afloramientos de caliza que son demasiado pequeños para figurar en el mapa. I. R. Hall, basándose en mapas edafológicos de Inglaterra y Gales, cortesía del National Soil Resources Institute (Instituto Nacional de Recursos Edafológicos), Universidad de Cranfield, Inglaterra

La trufa grabada se recolectó en el Reino Unido hasta 1937, cuando se jubiló Alfred Collins. Fue el último de los buscadores profesionales de trufas ingleses y vivió en Winterslow, en tiempos centro de una próspera industria trufera en el Wiltshire. Hoy día, la trufa grabada es rara en el Reino Unido y cuando se encuentran grandes cantidades tiene tanto interés periodístico como para que aparezcan artículos en la prensa popular. Esto ha conducido al establecimiento de Truffle UK Ltd., empresa privada que se propone resucitar la industria de la trufa grabada en el Reino Unido.

Aunque *Tuber aestivum* se encuentra probablemente en más países que ninguna otra especie de trufa, los científicos están aún estudiando su distribución y requisitos ecológicos. Por ejemplo, sólo en los últimos años se ha descubierto que la trufa grabada crece con relativa abundancia en la isla de Gotland, lo cual ha llevado a Gérard Chevalier, especialista en esta especie y ardiente defensor de sus atributos culinarios, a especular que puede encontrarse en países europeos más orientales y tal vez tenga una distribución mucho mayor de lo que actualmente se cree. Sin embargo, la reciente noticia de que se ha encontrado *T. aestivum* en China necesitará algo más de trabajo molecular antes de poder confirmarse.

Basándonos en resúmenes climáticos detallados para centros adyacentes a zonas donde se da la trufa grabada, hemos extraído algunos rasgos que ofrecen una guía aproximada de las condiciones climáticas ideales para esta especie (Apéndice 7). Comparados con las zonas donde se halla trufa negra de invierno, los hábitats de *Tuber aestivum* se encuentran en una variedad mucho mayor de condiciones climáticas. Por ejemplo, las zonas donde la trufa grabada se da en el Reino Unido tienen temperaturas otoñales, invernales y primaverales similares a las zonas de trufa grabada en el norte de Francia y el centro de Italia, pero las temperaturas estivales son varios grados más frías que las de los límites meridionales de la distribución de la especie en Francia e Italia (Apéndice 7). Asimismo, aunque la temperatura media a mediados de verano en Gotland sea aproximadamente la misma que donde crece la trufa grabada en el Reino Unido, la temperatura media diaria en invierno es casi bajo cero.

Gérard Chevalier y Henri Frochot (1997) hicieron una lista de las características edafológicas químicas y de textura de 25 suelos franceses y las dispusieron después en un diagrama triangular de las clases de textura edafológica según el tamaño de las partículas, añadiendo análisis de textura de Italia y Suecia. Aunque los triángulos de textura edafológica de la trufa grabada y la trufa negra de invierno parecen

Trufera natural de trufa grabada (*Tuber aestivum*) en Gotland (Suecia), mostrando el alto nivel de umbría, aunque ésta sea la parte más fría de Europa que produzca esta trufa. C. Wedén

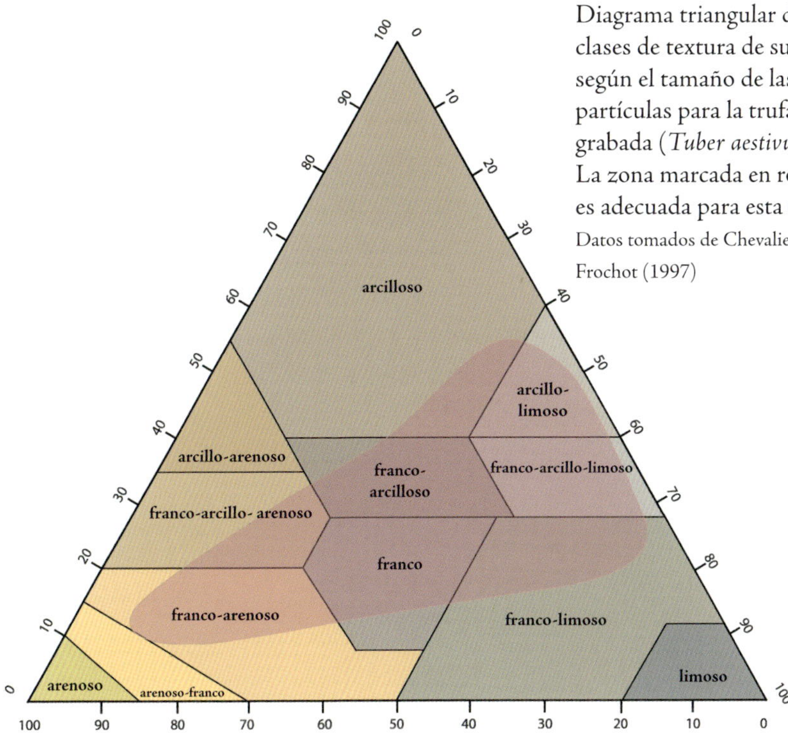

Diagrama triangular de las clases de textura de suelo según el tamaño de las partículas para la trufa grabada (*Tuber aestivum*). La zona marcada en rojo es adecuada para esta trufa. Datos tomados de Chevalier y Frochot (1997)

bastante similares, un examen cuidadoso muestra que la grabada puede encontrarse en suelos que contienen más limo que los de la trufa negra de invierno. Los suelos de trufa grabada pueden ser también bastante poco profundos, muy pedregosos y contener mucha más materia orgánica.

La variedad estival de *Tuber aestivum*, la trufa de verano, se encuentra con mayor frecuencia en zonas de Italia, Francia y España con clima mediterráneo —las partes más meridionales de la distribución de la especie—. La trufa de verano también se encuentra en las zonas más cálidas de trufa negra de invierno, donde es un hongo contaminante significativo en las truferas de *T. melanosporum*.

Trufa blanca de Italia *(Tuber magnatum)*

La trufa blanca se encuentra por debajo de los 600 m de altitud en el norte de Italia y hasta los 900 m tan al sur como en Molise (41ºN). *Tuber magnatum* también se encuentra en Istria (Croacia), Eslovenia, pequeñas zonas del sudeste de Francia, Hungría, Serbia y el cantón del Tesino en Suiza.

La trufa blanca de Italia se encuentra en bosques con coberturas de copa más o menos cerradas, zonas con vegetación relativamente escasa en torno a los lechos de los arroyos, así como hileras o ejemplares aislados de árboles como los encontrados cerca de carreteras o tierra agrícola y en parques. Hay algunos indicios de que la distribución de *Tuber magnatum* fue en otra época más amplia que actualmente. Por ejemplo, una pequeña área de bosque natural cerca de Bolonia (el bosque de la Panfilia), en la fértil Llanura Padana, produce grandes cantidades de trufas blancas, por lo que es posible que muchas de las zonas fértiles del norte de Italia que se han convertido a tierra agrícola hayan sido hace años hábitats de esta especie.

Las plantas hospedantes de la trufa blanca de Italia (Apéndice 3) incluyen el aliso napolitano (*Alnus cordata*), el avellano (*Corylus avellana*), el carpe negro (*Ostrya carpinifolia*), el álamo blanco (*Populus alba*), el álamo temblón (*P. tremula*), el álamo negro (*P. nigra*), el marojo o roble de Turquía (*Quercus cerris*), la encina (*Q. ilex*), el roble pubescente (*Q. pubescens*), el roble común (*Q. robur*), el sauce blanco (*Salix alba*), el sauce cabruno (*S. caprea*), el tilo de hoja pequeña (*Tilia cordata*) y el tilo de hojas grandes (*T. platyphyllos*). Los hospedantes más productivos son los robles, álamos, sauces y tilos.

La trufa blanca de Italia tiene requisitos climáticos amplios. Las temperaturas invernales medias de enero en estaciones meteorológicas adyacentes van de los 2 a

ARRIBA Trufera natural de trufa blanca (*Tuber magnatum*) en Toscana con una cobertura de copa casi cerrada. A. Zambonelli

ABAJO Trufera de *Tuber magnatum* adyacente a tierra agrícola cultivada y a una vía navegable. A. Zambonelli

los 8 °C, y las temperaturas medias de julio, de los 18 a los 26 °C. Las precipitaciones varían de los 500 a los 2.000 mm y se esparcen más o menos uniformemente durante todo el año, aunque en verano suelen ser en forma de tormentas eléctricas. Debido a las altas temperaturas veraniegas y a la insolación en las zonas de *Tuber magnatum*, la evapotranspiración es elevada, provocando climas subhúmedos. En algunas truferas de *T. magnatum* las precipitaciones insuficientes se complementan mediante riegos rudimentarios. En bosques donde penetra poca luz solar hasta el suelo del bosque, las temperaturas del aire y del suelo en verano serán considerablemente más bajas que las que se medirían en estaciones meteorológicas adyacentes. En consecuencia, se ha calculado que las temperaturas medias del suelo a 10 cm de profundidad en zonas donde crecen trufas blancas de Italia probablemente no lleguen muy por encima de los 20 °C.

El rasgo común de los suelos de *Tuber magnatum* es una textura sumamente suave y porosa, constituyendo los poros desde el 50 hasta más del 65 por ciento del volumen de suelo. Estos poros están unidos con el aire existente por encima del suelo, lo cual asegura una estructura muy bien aireada. Además, los suelos son ricos en caliza activa, algo que garantiza un pH superior a 7,5. Aunque pueda haber cortos períodos en verano en los que haya una humedad del suelo insuficiente, generalmente los suelos de trufa blanca de Italia son frescos y húmedos.

En fondos de valle donde se encuentran trufas blancas de Italia, se desarrolla una estructura edafológica de textura abierta a partir de la sedimentación caótica de materiales minerales a lo largo de las orillas de los arroyos durante crecidas frecuentes, especialmente en otoño, pero también en primavera. El continuo movimiento descendente del suelo en las laderas tiene el mismo efecto de generar condiciones ideales. En otros lugares de Italia, son también ideales para la trufa blanca de Italia zonas extensas de suelos de textura abierta y ricos en hierro y manganeso que se han desarrollado a partir de margas del Mioceno mediante laboreo frecuente. *Tuber magnatum* se encuentra a menudo en pequeñas zonas donde estos materiales han sido atrapados, por ejemplo, por ramas y troncos de árboles caídos. En cada una de estas situaciones, la textura abierta de los suelos se ve ayudada por frecuentes ciclos de helada-deshielo en invierno y de humedad-sequedad en verano. Las trufas blancas de Italia sólo se encuentran raramente en lechos de arroyos donde la deposición de material fino ha colmatado los poros del suelo. La naturaleza muy aireada de los suelos

Los valles húmedos, como éste cerca de Savigno (Emilia-Romaña), son hábitats típicos de la trufa blanca (*Tuber magnatum*). Obsérvese el primitivo sistema de riego utilizado para aumentar la producción. A. Zambonelli

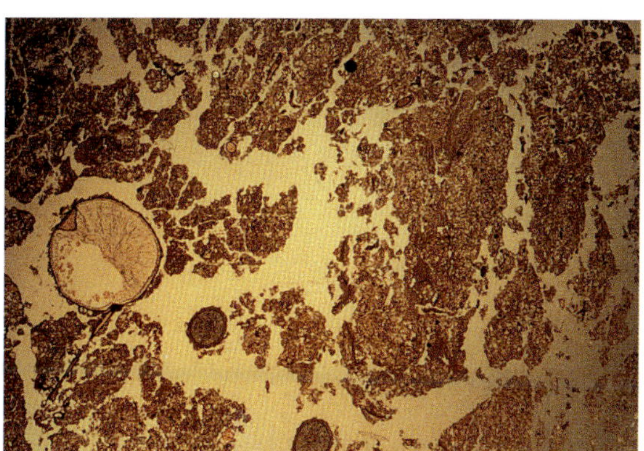

Sección de un suelo de trufa blanca (*Tuber magnatum*) mostrando los grandes espacios de aire (en blanco). M. Pagliai y F. Primavera

de *T. magnatum* asegura también que inmediatamente después de una de las esporádicas pero intensas tormentas eléctricas que salpican el verano en Italia y el sur de Francia, el aire en el interior del suelo sea reemplazado rápidamente por el aire más pesado, fresco y rico en oxígeno de por encima del suelo. Este cambio repentino en la temperatura y la composición de aire del suelo podría ser el desencadenante biológico para la formación de trufas. La producción es más elevada cuando un otoño húmedo se ve seguido por un invierno con muchos ciclos de helada-deshielo y un verano con muchas tormentas eléctricas, con temperaturas del suelo que no superen los 20 °C.

Se han realizado análisis de suelos de trufa blanca de Italia, pero las diferencias en los procedimientos de extracción y la omisión de pruebas de nutrientes hacen difícil equiparar estos análisis con los de otros lugares. Por consiguiente, a mediados de la década de 1990 los autores analizaron muestras recogidas de suelos de trufa blanca de Italia usando técnicas estándares en Nueva Zelanda (Apéndice 8). La alta concentración de caliza activa en estos suelos asegura que el dióxido de carbono producido por la actividad biológica sea eliminado rápidamente por los iones de calcio y asegura que la ratio de oxígeno-dióxido de carbono sea siempre elevada.

Las micorrizaciones, incluso en partes productivas de truferas naturales de *Tuber magnatum*, suelen ser muy escasas, ocupando normalmente más o menos el 3 por ciento de los ápices radiculares —aproximadamente los niveles de micorrización que pueden obtenerse empleando procedimientos estándares de inoculación—. Estas micorrizaciones escasas parece poco probable que sean capaces de sostener las cantidades de trufas que se recolectan, por lo que se ha sugerido que nos falta una pieza esencial del puzle que nos está impidiendo cultivar esta especie, la más preciada del mundo micológico. Una sugerencia es que puede que se necesite un tercer organismo para completar el hábitat de la trufa blanca de Italia y algunos otros hongos ectomicorrícicos comestibles y que les permita crecer y fructificar. Las bacterias parecen ser una posibilidad, como lo son otros hongos ectomicorrícicos.

Como el cultivo de la trufa blanca de Italia todavía no se ha dominado, se está prestando hoy día considerable atención a mantener las condiciones en las truferas naturales en un intento de asegurar una producción continuada o incluso mejorada. Esto ha dado lugar a detallados estudios de la ecología de *Tuber magnatum*, incluyendo el efecto que tiene en la producción la espesura de la cobertura de copa, la aireación del suelo y su humedad. Basándose en conclusiones ecológicas de este tipo, en un pequeño congreso celebrado en Finlandia a finales de 2006, se anunció un aparente adelanto de capital importancia en el cultivo de este apreciadísimo hongo: el descubrimiento de que *T. magnatum* se reproduce sexualmente y que la mayor parte de su ciclo vital lo pasa en estado haploide (es decir, conteniendo la mitad del número normal de cromosomas) puede que tenga importancia práctica en la producción de plantas micorrícicas que emplear en truferas artificiales.

Trufa blanquilla o de Borch (*Tuber borchii*)

La trufa blanquilla, falsa trufa blanca o trufa de Borch, que los italianos llaman *tartufo bianchetto,* se encuentra por toda Europa, desde el sur de Finlandia hasta Sicilia y desde Irlanda hasta Hungría y Polonia. Sin embargo, se dice que esta trufa es rara en Inglaterra, Gales, Irlanda, Dinamarca, Suiza y Alemania. Se encuentra casi por toda Italia, en los Abruzos, Basilicata, Calabria, Campania, Cerdeña, Emilia-Romaña, Friul-Venecia Julia, el Lacio, Liguria, Lombardía, Las Marcas, Molise, Piamonte, Pullia, Sicilia, Toscana, Trentino-Alto Adigio, Umbría, Valle de Aosta y el Véneto. Aunque se ha asegurado haber visto *Tuber borchii* en China, las técnicas moleculares empleadas para confirmar su presencia fueron probablemente inadecuadas para diferenciar la trufa de Borch de otras especies con las que puede confundirse. (Se requiere más trabajo sobre las secuencias de ADN de ejemplares de *Tuber borchii* depositadas en bases de datos públicas, algunas de las cuales son claramente incorrectas y consecuencia de identificaciones morfológicas erróneas antes de su caracterización molecular.)

La trufa de Borch se encuentra habitualmente en suelos calcáreos muy arenosos, como puedan ser los de las zonas costeras de Italia, así como en los mismos suelos alcalinos donde se recolectan *Tuber melanosporum* y *T. magnatum* en los Apeninos. En Italia también se encuentra en suelos neutros y ligeramente ácidos donde el pH va de 6 a 7, aunque ocasionalmente puede ser de tan sólo 5,2. El clima de las zonas donde se encuentra trufa blanquilla va desde templado fresco hasta mediterráneo, con precipitaciones entre los 600 y los 1.600 mm. Los climas de Helsinki (Finlandia); Durham y Yeovilton (Reino Unido); Breslavia (Polonia), y Cervia, Perugia y Palermo (Italia), probablemente abarquen los extremos climáticos donde se encuentra *Tuber borchii* (Apéndice 7). El amplio margen ecológico de *T. borchii* su-

DERECHA Zonas de Europa en las que puede encontrarse trufa de Borch (*Tuber borchii*).
I. R. Hall

ABAJO Típica trufera natural de *tartufo bianchetto* (*Tuber borchii*) en los Apeninos.
I. R. Hall

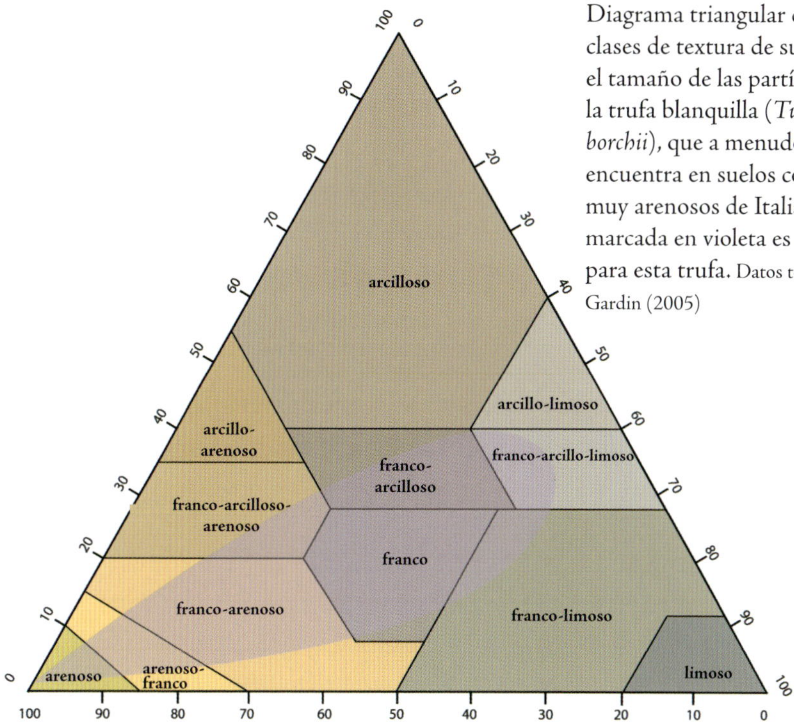

Diagrama triangular de las clases de textura de suelo según el tamaño de las partículas para la trufa blanquilla (*Tuber borchii*), que a menudo se encuentra en suelos costeros muy arenosos de Italia. El área marcada en violeta es adecuada para esta trufa. Datos tomados de Gardin (2005)

La trufa blanquilla (*Tuber borchii*) es común en suelos arenosos costeros bajo pino piñonero (*Pinus pinea*), como en esta trufera natural cerca de Marina di Ravenna (Italia). I. R. Hall

giere que debería ser posible cultivar esta trufa en aquellas zonas con climas y suelos inadecuados al cultivo de *T. melanosporum* y *T. magnatum*.

Aunque las principales plantas hospedantes para el *tartufo bianchetto* en Italia son el pino piñonero (*Pinus pinea*) y el pino marítimo (*Pinus pinaster*), también se encuentra asociado con una amplia variedad de otras especies, incluyendo cedros (*Cedrus*) y numerosas frondosas (Apéndice 3). En Francia la trufa de Borch se encuentra especialmente en asociación con robles (*Quercus*) y pino carrasco (*Pinus halepensis*), y en el Reino Unido con alerce (*Larix*) y haya (*Fagus*).

Criadillas de tierra, turmas o trufas del desierto
(Eremiomyces, Kalaharituber, Terfezia, Tirmania)

Las turmas o criadillas de tierra se encuentran en el Próximo Oriente, por todas las partes más áridas de África, llegando por el sur hasta el desierto del Kalahari, y en las zonas más secas de Francia, Cerdeña, Sicilia y España (Apéndice 6). Como sugiere su nombre común inglés y francés (*desert truffles / truffes du désert*), las criadillas de tierra habitan en regiones áridas con suelos arenosos. Aunque los suelos son muy drenantes, la sequedad excesiva puede dañar la producción de *Terfezia*, al igual que las heladas. *Terfezia boudieri*, *Terfezia claveryi* y *Terfezia olbiensis* habitan suelos alcalinos con un pH de entre 7,4 y 8,5, mientras que *Terfezia arenaria* y *Terfezia leptoderma* se encuentran en suelos levemente ácidos con pH menor de 7,0. En las zonas donde Mario Honrubia y sus colegas están produciendo grandes cantidades de *T. claveryi* en España, la textura del suelo va de un 18 a un 53 por ciento de arena, de un 27 a un 43 por ciento de limo, y de un 28 a un 39 por ciento de arcilla, y hay una proporción muy elevada de caliza activa. La mayoría de las plantas hospedantes de criadillas de tierra se localizan en la familia de la jara y la jarilla (Cistaceae) y los géneros *Cistus* y *Helianthemum*, pero *Acacia erioloba* (espina de camello) es también un hospedante importante en el sur de África (Apéndice 6).

Los hongos de las trufas y sus plantas hospedantes forman ectomicorrizas típicas, pero las micorrizas heliantemoides y terfezoides formadas por *Terfezia* y *Tirmania* son muy diferentes. El manto, cuando se forma, es un envoltorio hifal dispuesto de modo poco compacto; la red de Hartig, si se produce, puede ser rudimentaria; y espirales hifales pueden llenar las células corticales en las capas más externas de las raíces. Cambiando simplemente las condiciones de crecimiento, en particular la

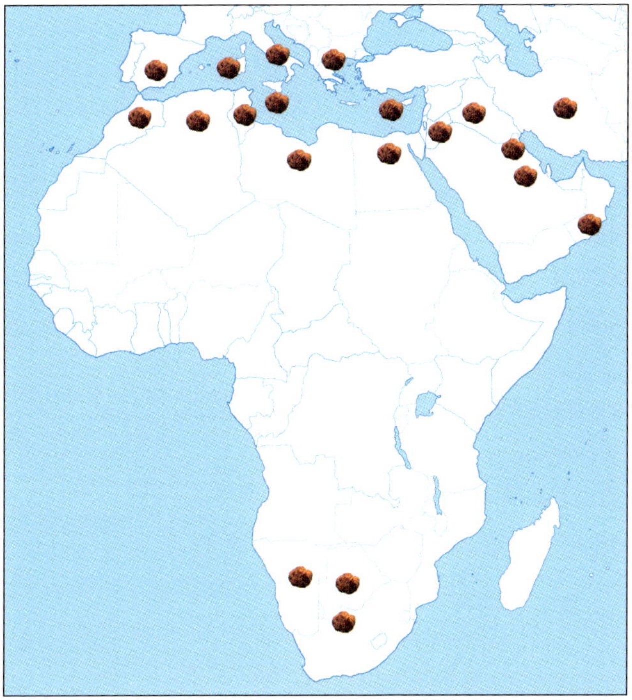

Zonas de Europa, África y el Próximo Oriente donde pueden encontrarse criadillas de tierra *Terfezia* y *Tirmania*.
I. R. Hall

concentración de fósforo de los medios de cultivo, los investigadores han descubierto que pueden cambiar la estructura y el aspecto de las micorrizas de criadillas de tierra. Algunas otras plantas, como, por ejemplo, la sandía (*Citrullus vulgaris*), también pueden ser micorrizadas por criadillas de tierra, pero es debatible si la relación entre la planta y el hongo es micorrícica, beneficiándose de la relación ambos partícipes de la simbiosis. De muchas maneras, las micorrizaciones encontradas en la sandía recuerdan bastante las micorrizaciones anómalas de trufa negra (*Tuber melanosporum*) que Isabel Plattner e Ian Hall (1995) encontraron en raíces de hierbas que crecían en torno a los árboles de una trufera y que consideraron eran patógenos y causa probable del quemado. Curiosamente, la gente del desierto del Kalahari espera encontrar *Kalaharituber pfeillii* bajo herbáceas, especialmente en los lados en sombra que dan al sur de *Acacia erioloba* (espina de camello).

Como otras especies comerciales de trufa, las criadillas de tierra están amenazadas en algunas partes del mundo. En tiempos fueron comunes en las colinas de Muqattam al este del Viejo Cairo, pero el desarrollo urbano prácticamente ha destruido la producción en esta zona. El mismo problema está amenazando también la producción en los Emiratos Árabes Unidos, mientras que en el distrito de Olaya, en Riad, una zona que producía criadillas de tierra en la década de 1970, se halla ahora casi completamente sepultada por el hormigón. Zonas de Kuwait que producían criadillas de tierra también sufrieron durante la guerra del Golfo, casi con toda seguridad debido a que el suelo fue removido por vehículos pesados, la erosión posterior del frágil entorno del desierto y la pérdida de plantas hospedantes. La contaminación química es también una causa probable, al haber sido cubierto al menos un 25 por ciento del desierto de Kuwait con petróleo o pesados depósitos de ácido hollín oleoso durante la guerra. En Marruecos el número de nómadas pastores de Beni Guil que recolectan criadillas de tierra se ha reducido gradualmente a medida que se van apartando de un estilo de vida nómada para vivir en asentamientos permanentes.

Debido al descenso que se aprecia en la producción de criadillas de tierra en Arabia Saudí, la Agencia Saudí de Protección Ambiental ha hecho recomendaciones de que la recogida debe regularse y otorgarse permisos a los recolectores. Sin embargo, estas regulaciones se han debatido acaloradamente, arguyendo algunos que es poco probable que las respeten los beduinos, habituados a actuar sin cortapisas. Las recolecciones de criadillas de tierra también han disminuido en partes del Kalahari, lo cual se ha atribuido a las alteraciones del suelo debidas a la sobrepoblación de ganado vacuno y caprino, aunque esto es algo cuestionado por algunos.

Aunque la creencia tradicional de que el tamaño de las recolecciones de criadillas de tierra está vinculado con los rayos sea bastante poco probable, la fructificación se relaciona con suficientes precipitaciones en el momento adecuado. En el Próximo Oriente tiene que caer un mínimo de 180 mm de lluvia entre octubre y marzo. Las investigaciones sugieren que las condiciones óptimas son de 200 a 250 mm de lluvia entre octubre y diciembre (hemisferio norte), seguida de un período relativamente seco en enero y luego una lluvia ligera entre febrero y abril, durante la recolección. Mientras que el exceso de lluvia puede provocar que las criadillas jóvenes se pudran y un fracaso de la recolección, en las truferas artificiales de *Terfezia claveryi* en España se demostró que aumentar las precipitaciones equivalentes de 250 a 350 mm/año provocaba que los rendimientos se multiplicasen por entre 5 y 10.

CINCO

Establecimiento de una trufera

EN EUROPA, ESPECIALMENTE en Italia, quienes viven en distritos rurales conocen bien las especies de trufa que se encuentran en su zona. Este conocimiento se refuerza con información de libros y páginas web que detallan dónde se encuentra cada trufa, los suelos y plantas hospedantes más adecuados, etc. El suelo puede examinarse para asegurar que su química y textura son adecuadas antes de establecer una trufera, pero generalmente el factor primordial en el proceso de toma de decisiones es que se sepa que la trufa elegida crece o ha crecido en esa zona. La probable presencia de hongos ectomicorrícicos competidores, como pueda ser la trufa machenca en truferas de *Tuber melanosporum* en Francia, trufas de verano en truferas de *T. melanosporum* en Italia, o *T. maculatum* en truferas de *T. magnatum*, se consideran casi como problemas inevitables y lamentables que hay que gestionar para reducir al mínimo su impacto.

Fuera de la zona normal de distribución en que las trufas aparecen de manera natural, y especialmente más allá de los confines de Europa, se ha adoptado un enfoque distinto del cultivo de trufas. En estas zonas no existen conocimientos tradicionales, por lo que ha sido necesario seguir un enfoque más básico. Antes de establecer una trufera, hay que establecer si el clima se halla dentro de los parámetros naturales de la especie; si el suelo es adecuado y, caso de no serlo, si es posible modificarlo; y cómo puede limitarse, en vez de tolerarse, la competición de hongos ectomicorrícicos contaminantes. Responder a tales preguntas requiere un conocimiento exhaustivo de la ecología de cada una de las trufas y turmas comerciales (Capítulo 4). Lamentablemente, dicha información sigue estando bastante fragmentada, pero se conocen algunos principios básicos.

Hongos ectomicorrícicos competidores

Retirar, escarbando, la capa de hojarasca existente bajo un árbol ectomicorrícico pondrá de manifiesto una masa de hebras fúngicas cubriendo las hojas en descomposición. Muchas de éstas serán los hongos ectomicorrícicos de los cuales depende el árbol, y son estos hongos los que, en una planta inoculada con trufa, compiten potencialmente por el espacio. Los estudios han encontrado hasta 600 m de hifas fúngicas ectomicorrícicas en cada gramo de suelo, lo cual podría decirse que constituye la amenaza más importante que debe afrontar un truficultor. Afortunadamente, no todos los 5.000 a 6.000 hongos ectomicorrícicos son un problema, porque son incapaces de infectar plantas hospedantes de trufas. Por ejemplo, un estudio de más de 200 hongos ectomicorrícicos en el Reino Unido mostró que aproximadamente el 40 por ciento estaban asociados únicamente con un solo género hospedante. Asimismo, los hongos ectomicorrícicos compatibles con eucaliptos raramente forman micorrizas con hongos originados fuera de Australia, y en Tasmania muy pocas especies ectomicorrícicas autóctonas infectan a robles truferos.

La especificidad se extiende más allá de la relación hospedante-hongo, teniendo algunos hongos ectomicorrícicos más éxito en un emplazamiento que en otro. La adaptación a las condiciones físicas del suelo, tales como temperatura y humedad, puede ser uno de los factores que afecten al éxito, mientras que otro tal vez sea disponer de un adecuado juego de enzimas capaces de descomponer y acceder a componentes tales como quitinas, celulosa, proteínas y lignina presentes en determinados tipos de suelo. No obstante, hay algunos hongos ectomicorrícicos, entre los que se incluyen *Hebeloma, Inocybe, Scleroderma* y *Tomentella,* que son capaces de crecer con fuerza en suelos de pH elevado y formar micorrizas estables con plantas hospedantes de trufa, teniendo así posibilidades de causar problemas importantes en una trufera.

ARRIBA Las blancas micorrizas algodonosas del género *Scleroderma* poseen un olor característico y son contaminantes micorrícicos comunes en las truferas. I. R. Hall

ABAJO *Scleroderma* fructificando en torno a la base de un árbol inoculado con trufa negra (*Tuber melanosporum*). I. R. Hall

Elección de emplazamiento para la trufera

Seleccionar la ubicación ideal para cultivar una trufa o elegir una trufa para un emplazamiento en particular es cuestión de clima, orientación, cobertura de copa y características edafológicas, entre las que se incluyen humedad, textura, química y pH (Capítulo 4). Con cuidado, la competición de hongos ectomicorrícicos debe reducirse al mínimo y cambiarse a favor de la trufa.

Debido a los peligros que presentan los hongos ectomicorrícicos competidores, el lugar ideal para establecer una trufera es uno en que la tierra esté complemente dominada por plantas micorrícicas arbusculares —la inmensa mayoría de los cultivos, plantas de flor, helechos, cícadas y algunas gimnospermas— y en el que falten plantas ectomicorrícicas. Entre las posibilidades están las zonas que hayan sido utilizadas para cultivos, o para hierba y pastizales de trébol, o viñedos. De hecho, la falta de hongos ectomicorrícicos competidores en viñedos es una probable razón de que las truferas establecidas en los viñedos franceses arrasados por la filoxera en la segunda mitad del siglo XIX tuvieran tanto éxito y condujeran al apogeo de la industria de la trufa (Capítulo 1). Sin embargo, la mera ausencia de un árbol hospedante ectomicorrícico en una zona no basta para concluir que no haya hongos ectomicorrícicos. Es probable que la etapa vegetativa de un hongo ectomicorrícico (las hifas en el suelo y sobre y en la raíz) sobreviva unos cuantos años después de que un árbol haya muerto o sido talado y pueda propagarse sobre las raíces de un árbol inoculado con trufa plantado en ese suelo. Asimismo, las longevas esporas y las resistentes estructuras perennizantes producidas por hongos ectomicorrícicos que ocuparon un suelo en cierta época pueden seguir todavía presentes mucho después de que todo signo del árbol haya desaparecido. Intentar retirar las raíces de árboles ectomicorrícicos después de talarlos es poco probable que tenga éxito, porque es imposible eliminar todos los pequeños fragmentos de raíz inoculada y las diminutas y resistentes esporas fúngicas.

En Europa, las truferas se establecen a menudo donde hay hongos ectomicorrícicos contaminantes o incluso en maleza o bosque recién despejados que habían contenido árboles ectomicorrícicos. En estas situaciones, la única manera de disminuir el negativo impacto de hongos competidores es elegir una zona idealmente adecuada para la trufa en particular que vaya a cultivarse, a fin de que pueda sobrevivir y competir exitosamente con otros hongos de ectomicorriza. Sin embargo, para re-

Pueden verse esclerotios (estructuras vestigiales) de trufa negra (*Tuber melanosporum*) como abultamientos alzados sobre las raíces a 30 cm o más por debajo de la superficie del suelo. I. R. Hall

En Europa, estos suelos rojizos, ricos en hierro, se consideran especialmente adecuados para el cultivo de trufas. I. R. Hall

ducir al mínimo la competencia de otros hongos ectomicorrícicos, la preparación del suelo comienza a menudo varios años antes de plantar, con la supresión de árboles viejos, arrancando los sistemas radiculares con un *bulldozer*, y realizando después cultivos con micorrizas arbusculares en el suelo durante varios años. En Francia, tratar el suelo con bromuro de metilo o con 3,5-dimetil-1,3,5-tiadiazina-2-tiona sólo ha tenido un éxito parcial en la eliminación de hongos competidores. Sin embargo, el uso de bromuro de metilo está ahora restringido porque contribuye a la reducción de la capa de ozono.

Desgraciadamente, incluso en ubicaciones sin ningún hongo competidor, como, por ejemplo, grandes áreas de Nueva Zelanda, tarde o temprano es probable que diminutas esporas de otros hongos ectomicorrícicos transportadas por el aire sean llevadas por el viento hasta una trufera, quizás desde árboles de una propiedad vecina, o esporas de otra trufa puede que sean depositadas en su paquete de escrementos por un cerdo que pasa. Poco puede hacerse para evitarlo, aparte de vallar para impedir el paso de animales deambulantes, incluyendo humanos curiosos que lleven botas embarradas.

Características de textura y drenaje del suelo

Debido a que las trufas pasan casi toda su vida rodeadas de suelo, excepto cuando sus esporas están siendo dispersadas, es importante saber un mínimo de estructura y química del suelo. Los componentes minerales de los suelos son una mezcla de partículas muy finas de arcilla, que miden menos de 0,002 mm de diámetro, partículas de limo, de tamaño medio, entre 0,002 y 0,05 mm de diámetro, y partículas de arena de entre 0,06 y 2 mm de diámetro. Algunos suelos truferos pueden contener también grava, piedras y rocas de caliza que pueden ser muy importantes en amortiguar el pH durante décadas. Las propiedades físicas de un suelo y su adecuación para cultivar trufas están determinadas en gran medida por la proporción de arcilla, limo y arena del suelo; los materiales paternos de los que éstos derivan; y la materia orgánica acumulada. El rasgo común de casi todos los suelos truferos es que, o están naturalmente bien aireados, o son mantenidos en ese estado trabajando el terreno con maquinaria. A las trufas no les gusta nada tener los pies mojados ni sobreviven bien en suelos que se secan rápidamente durante los meses estivales.

De acuerdo con estudios realizados en Francia, Italia y España, la trufa negra de invierno y la trufa grabada se encuentran en suelos permeables y bien aireados con buen drenaje natural en todo el perfil edafológico. Los suelos no tienen un exceso de limos, arenas o arcillas. La trufa grabada tolera suelos con un poco más de arcilla que la trufa negra de invierno, mientras que la trufa blanquilla puede tolerar suelos muy arenosos.

Es posible hacerse idea de la cantidad de arcilla y arena existente en un suelo haciendo rodar en la mano una pequeña cantidad de suelo con un poco de agua —escupir en él es un truco que los edafólogos usan cuando están en el campo muy alejados de un grifo—. Si hay una gran proporción de arcilla en el suelo, es posible hacer una pequeña hebra gomosa que resistirá la ruptura, lo cual no sucederá si hay relativamente poca arcilla en la muestra, y en cambio puede que el suelo se sienta arenoso al frotarse entre los dedos. Para el inexperto, sin embargo, es mejor hacer que se realice un análisis de la textura del suelo que mida las proporciones de arcilla, limo y arena. Esta información puede después disponerse en un diagrama triangular de suelo que tenga marcado el intervalo normal de texturas para una trufa en particular (ver Capítulo 4). Por ejemplo, un suelo que presente un 30 por ciento de arcilla, un 30 por ciento de arena y un 40 por ciento de limo es franco-arcilloso, y debería ser adecuado para la trufa negra de invierno o la trufa grabada.

A menudo nos preguntan si es posible modificar un suelo si la textura no es correcta. Nuestra respuesta suele ser diplomática y del estilo de que todo es posible. Sin embargo, dicha tarea no es nada banal. Por ejemplo, añadir tan sólo un 10 por ciento de arena a los 20 cm superiores de suelo significaría agregar unos 20 kg/m^2 o el equivalente de más de 10 camiones grandes de arena por hectárea. Por tanto, en realidad lo mejor es encontrar un terreno que tenga características edafológicas adecuadas.

Además del contenido mineral de los suelos, también existe materia orgánica proveniente de restos vegetales y animales en putrefacción. Normalmente, los suelos de trufa negra de invierno contendrán hasta un 8 por ciento de materia orgánica, los de trufa grabada algo más, y los de criadillas de tierra a menudo mucho menos. Parte de esta materia orgánica habrá sido bien descompuesta por hongos y bacterias, mientras que otros componentes, tales como hojas recién caídas, no se habrán incorporado al suelo. Los componentes orgánicos del suelo son de fundamental importancia para la constitución de la biota del suelo, incluyendo los hongos ectomicorrícicos, pero lamentablemente nos faltan conocimientos y comprensión de cómo interactúan y tan sólo podemos atenernos a unos pocos estudios científicos.

Nutrientes del suelo

Las plantas no pueden acceder completamente a todos los diversos nutrientes que se encuentran en un suelo. Por ejemplo, la mayor parte del fósforo se halla unido muy fuertemente a las partículas del suelo, e incluso las finas hebras de un hongo micorrícico no pueden acceder a este elemento. Por consiguiente, para calcular la fertilidad de los suelos, los edafólogos han tenido que desarrollar formas de extraer y medir las cantidades aproximadas de elementos de que pueden disponer las plantas. Lamentablemente, los tests realizados en una parte del mundo pueden ser muy distintos de los empleados en otra y no pueden compararse con facilidad. Además del fósforo, otros elementos que son especialmente importantes para el crecimiento de las plantas y en el cultivo de trufas son calcio, magnesio, nitrógeno, potasio, azufre y, lo más importante, oligoelementos tales como boro, cobre, hierro, manganeso y cinc, los cuales se requieren en mínimas cantidades pero pueden influir decisivamente para que una planta esté sana o muy enferma.

Los típicos suelos de trufa negra (*Tuber melanosporum*) son rendzinas y tierras pardas con altas concentraciones de calcio y magnesio disponibles para las plantas, moderados niveles de fósforo y relativamente poco sodio. Los suelos desequilibrados en los cuales las ratios de fósforo-calcio, fósforo-potasio y potasio-magnesio se desvían de lo normal para ese tipo de suelo son raramente productivos para esta especie. Los altos niveles de calcio y un pH elevado pueden también interferir con la absorción de otros nutrientes por las plantas hospedantes, especialmente los oligoelementos boro, cobre, hierro, manganeso y cinc. Dado que esto puede provocar clorosis y falta de crecimiento, especialmente en el roble común (*Quercus robur*), no se recomiendan los suelos con un pH superior a 8,0. En Francia se dice que las mejores trufas provienen de áreas que tienen caliza roja, rica en hierro.

Los tests edafológicos pueden ser un ejercicio caro, por lo que debe procederse con sumo cuidado para asegurar que las muestras de suelo se recojan adecuadamente. No deben tomarse muestras de las pequeñas zonas atípicas dentro de una parcela, tales como las que se encuentran junto a abrevaderos, cancelas, cabeceras, árboles, zonas donde hay estiércol u orina, áreas anormalmente húmedas o secas, u otras zonas con fertilidad anormal, tales como las majadas. Un muestreo juicioso también logrará contener los costes al mínimo. Para obtener las mejores muestras de suelo, han de darse los siguientes pasos:

ARRIBA El amarilleo de las hojas (clorosis) con los nervios medios de un verde más oscuro (clorosis intervenal), en este caso debida a carencia de hierro, es parecido al daño causado por una falta de boro, cobre, manganeso o cinc. I. R. Hall

ABAJO La clorosis generalizada de estos avellanos se debía a carencia de cobre, la cual fue corregida aplicando al suelo una cantidad muy pequeña de sulfato de cobre. J. Weston

- Evitando emplazamientos evidentemente atípicos, seleccionar al azar entre 5 y 20 sitios dentro de la trufera propuesta. Cinco muestras es el mínimo requerido para una plantación que contenga 20 plantas.
- En cada sitio retirar la vegetación y la capa de hojarasca, pero no suelo, usando una pala afilada paralela a la superficie del suelo. Con un desplantador, tomar una muestra de suelo de los primeros 10 cm de profundidad y ponerla en un cubo. Repetir este paso en cada sitio de muestreo.
- Mezclar concienzudamente las 5 a 20 muestras en el cubo y poner la mezcla en una bolsa de muestras edafológicas. Etiquetar esta bolsa "0-10 cm".
- Repetir este proceso en los 5 a 20 sitios, pero retirando esta vez suelo de una profundidad de 10 a 20 cm. Poner el suelo mezclado en una bolsa distinta etiquetada "10-20 cm". No dejar que el suelo de la capa de 0 a 10 cm contamine esta segunda muestra.

Un suelo que haya sido cultivado en los últimos años tenderá a ser razonablemente uniforme en los 20 cm superiores, por lo que no hay por qué tomar muestras por separado en las dos profundidades. A veces resulta útil tomar también una muestra de suelo a 20-30 cm, especialmente donde haya un subsuelo rico en caliza, pues esto podría afectar a los consejos dados por un edafólogo sobre la preparación del terreno. Si la zona a plantar es grande —pongamos de más de una hectárea— o si el suelo es de aspecto desigual, la zona debe dividirse en secciones que parezcan similares y llevarse a cabo para cada sección el procedimiento de muestreo arriba indicado.

Es importante que el suelo sea analizado lo antes posible después de la toma de muestras, porque las características químicas del suelo pueden cambiar bastante notablemente, sobre todo si el suelo está caliente y húmedo y se mantiene en una bolsa de plástico cerrada. Por consiguiente, las muestras deben enviarse inmediatamente a un laboratorio de análisis edafológicos que disponga de servicio de asesoría en truficultura. Las muestras de suelo enviadas al extranjero es probable que requieran un permiso de importación para protegerse contra la entrada de plagas y enfermedades. También es posible que se requiera un empaquetado doble para limitar las probabilidades de que el suelo se salga de las bolsas antes de que la muestra llegue al laboratorio, donde se tomarán precauciones especiales para manejar el suelo posiblemente contaminado. La interpretación de los análisis edafológicos es mejor confiársela a personas con experiencia tanto en análisis de suelos como en truficultura. Al final del libro se enumeran unas cuantas de estas organizaciones en Australia, Europa, Norteamérica y Nueva Zelanda.

Preparación del terreno

Los suelos de pH elevado pueden ser difíciles de cultivar: si son demasiado húmedos, el suelo puede ser como gachas de avena; si están demasiado secos, puede ser como tratar de cultivar hormigón. Por consiguiente, cuando la climatología es demasiado húmeda o demasiado seca, puede perderse mucho tiempo en esperar a que el suelo alcance justo el contenido de humedad correcto para el cultivo. El objetivo de la preparación del suelo es producir un suelo bien aireado con características físicas y químicas parecidas a las de los lugares donde las trufas crecen naturalmente. La preparación del terreno tiene que empezar hasta dos años antes de la fecha de plantación programada, especialmente cuando tenga que modificarse el pH del suelo (ver más abajo). La mayoría de las trufas requieren un suelo de textura abierta y bien aireado, por lo que conviene emplear tractores que no compacten el terreno. Los provistos con neumáticos de balón son especialmente buenos, porque los anchos neumáticos distribuyen el peso del tractor sobre una superficie mayor.

El primer paso en el cultivo debe ser la retirada de la vegetación existente, ya sea viñedo, pasto, maleza o bosque. Retirar tanta materia orgánica no descompuesta como sea posible antes del cultivo tiene la ventaja de reducir al mínimo sus efectos acidificadores cuando se descompone en el suelo y produce ácidos orgánicos. Si hay árboles ectomicorrícicos en la zona, arrancar los árboles junto con sus raíces sencillamente extenderá el material ectomicorrícico contaminante sobre una superficie aún mayor, por más cuidadosamente que se lleve a cabo la operación. Un exceso de dinamita usada para suprimir un sauce resultó ser una manera muy efectiva para propagar *Tuber maculatum* por una trufera de Nueva Zelanda. Aunque a los propietarios esto les pareciera emocionante, no es algo que pueda recomendarse. En una trufera de Texas, llegaron incluso a retirar a mano trozos de raíz de roble en un intento de reducir el nivel de hongos competidores en el suelo. Aunque esto pueda proporcionar una sensación de confianza de haber limitado los hongos ectomicorrícicos, en realidad lo más probable es que hayan quedado en el suelo muchas esporas microscópicas de hongos de ectomicorriza competidores.

Los neumáticos de balón distribuirán el peso del tractor sobre una superficie mayor y prevendrán la compactación del suelo. Cortesía de PowerFarming

Los tractores cortacésped que eliminan la hierba cortada, como este Grillo Bee Fly, reducirán la cantidad de materia orgánica que se pudre sobre la superficie del suelo y tendería a bajar su pH. Cortesía de Agrigarden Distributors

En los Apeninos a menudo se aterrazan las tierras empinadas, plantándose los árboles hospedantes de la trufa en las terrazas y arbustos en los taludes para limitar la erosión del suelo. D. Grammatico

Los árboles ectomicorrícicos pueden talarse casi a ras del suelo y envenenarse las raíces, o bien pueden dejarse las plantas en su sitio y plantarse la trufera a su alrededor, pero lo suficientemente lejos para reducir al mínimo todo riesgo de contaminación —pongamos 50 m—. Por la misma razón, las truferas tienen que establecerse lo bastante apartadas de bosques cercanos que puedan contener, por ejemplo, trufa machenca. La maleza puede retirarse con *bulldozers,* una niveladora o un tractor provisto con una cuchilla montada en la trasera, pero teniendo cuidado de no eliminar la valiosa tierra vegetal. Debido a que vides, frutales, etc. son plantas con micorrizas arbusculares, pueden arrancarse y acarrearse sin problemas de hongos ectomicorrícicos competidores. Los pastos pueden eliminarse haciendo pastar al ganado o mediante siega, y retirarse la hierba cortada, y la vegetación restante puede eliminarse pulverizando sobre ella con un herbicida adecuado, como por ejemplo glifosato. Tal vez haya que eliminar las piedras grandes que puedan dañar la maquinaría agrícola, pero se encuentran algunas máquinas potentes que son capaces de pulverizar incluso rocas de caliza bastante grandes. Esto se hizo en la trufera de Arotz en el centro-norte de España después de suprimir la vegetación autóctona de enebros y encinas.

Aterrazamiento rudimentario producido con motoazada o mula mecánica (azada rotativa de empuje) en la trufera GGC, North Canterbury, Nueva Zelanda. La vegetación autóctona de matas de hierba y las herbáceas introducidas mantienen la integridad de los taludes entre las terrazas. I. R. Hall

Los suelos drenantes y sueltos con precipitaciones relativamente altas, como, por ejemplo, en pendientes escarpadas en los Apeninos italianos, son condiciones ideales para el cultivo de la trufa. En estas zonas, el aterrazamiento, el laboreo en contorno o tomar medidas para controlar la erosión son componentes esenciales del cultivo de trufas. Puede emplearse maquinaria para aterrazar pendientes de más de 15°, y pequeñas motoazadas o mulas mecánicas (azadas rotativas) pueden lograr un buen resultado si se pasan cuidadosamente por una colina. Al mismo tiempo puede ser posible incorporar o exponer parte del subsuelo de pH elevado y evitar la necesidad de aplicar cal para elevar el pH del suelo, aunque es importante no perder demasiada tierra vegetal durante este proceso. Debido a problemas de erosión con suelos en pendientes escarpadas, pueden usarse muros de mampostería seca para aterrazar pendientes, o bien pueden estabilizarse los taludes entre las zonas aplanadas permitiendo que crezca en ellos la vegetación. Donde la tierra no se ha labrado en contorno antes de plantar, a veces se colocan ramas y rocas a lo largo de la curva de nivel de la pendiente para evitar pérdidas de suelo y que las raíces de los árboles hospedantes queden expuestas durante lluvias intensas.

Modificación de suelos

En Francia se aplica cal a los suelos en un intento de elevar el pH del suelo hasta un punto en el que favorezca el crecimiento de trufa negra (*Tuber melanosporum*) y perjudique el de trufa machenca (*T. brumale*). En Nueva Zelanda y otras partes del hemisferio sur, los suelos de pH elevado no son tan comunes como en Europa; por lo tanto, han tenido que desarrollarse técnicas para modificar suelos a fin de adecuarlos al cultivo de trufa negra de invierno. Para suelos con un pH relativamente bajo que recubren subsuelos de pH elevado o caliza muy fragmentada, fue posible elevar el pH simplemente con un laboreo profundo seguido por el empleo de una grada de dientes. Sin embargo, para suelos de pH bajo que recubren subsuelos de pH bajo, la solución fue la incorporación de cantidades muy grandes de fina cal agrícola (caliza activa).

La cantidad de cal aplicada depende del pH natural del suelo y de su capacidad de amortiguación —el potencial intrínseco del suelo para resistir los cambios de pH—. Normalmente, la cantidad de cal fina aplicada a suelos en Nueva Zelanda ha sido de 1,0 a 1,5 toneladas/ha por cada 10 cm de suelo tratado y por cada 0,1 unidades que tuviera que elevarse el pH. Por ejemplo, elevar el pH de un suelo hasta una profundidad de 30 cm desde 5,9 hasta 7,9 requiere de 60 a 90 toneladas/ha. También pueden mezclarse al suelo esquirlas adicionales de caliza de entre 5 y 20 mm de diámetro, para ayudar a amortiguar el pH una vez que se ha elevado hasta el nivel ideal. Aun así, puede que se precise añadir más cal al suelo a medida que el calcio descienda por el perfil con el paso de los años. Ocasionalmente, personas con prisa han aplicado cal hidratada, de acción más rápida, pero más cara y más cáustica, o cal viva, mientras que otras han usado una mezcla de dolomita y cal en zonas donde la concentración de magnesio disponible había sido baja ya de inicio.

Una vez que el pH de un suelo ha permanecido estable durante dos años, parece que se requerirán aplicaciones de mantenimiento de cal una o dos veces por década en vez de anualmente. Generalmente, el ajuste de pH ha llevado de 6 a 18 meses, pero puede tardar dos años o más. A medida que se eleva el pH de los suelos, éstos se desmenuzan con mayor facilidad y se vuelven más drenantes al flocular las partículas de arcilla. No obstante, un pH elevado se ve acompañado a menudo por caídas previsibles en las concentraciones disponibles para las plantas de los oligoelementos boro, cobre, hierro, manganeso y/o cinc. Ocasionalmente, éstas pueden descender por debajo de las concentraciones límite y las plantas muestran síntomas de carencia en las hojas, que amarillean. Por esta razón, debe evitarse aplicar un exceso de cal (o elevar demasiada desde el subsuelo) haciendo con regularidad tests de pH y realizando varias aplicaciones prudentes de cal para elevar el pH paso a paso.

La modificación más ambiciosa de un suelo en Nueva Zelanda ha sido la de un suelo ácido que recubría cenizas volcánicas en la trufera de Don e Isabel Dempsey al sur de Taumarunui, en la Isla Norte, donde el pH se elevó desde 5,3 hasta 7,6. Han producido trufas esta y otras seis truferas de Nueva Zelanda sobre suelos naturalmente ácidos.

Las motoazadas o mulas mecánicas (azadas rotativas) son máquinas muy útiles para incrustar inicialmente la cal en el suelo, pero deben utilizarse sensatamente. Si se emplean más de unas pocas veces, las motoazadas pueden destruir la estructura del suelo y convertirlo en algo con la consistencia de los polvos de talco. También pueden pulir el suelo en el punto más bajo que alcanzan, lo cual puede impedir el drenaje. Un rotocultor tirado por un tractor potente es también una herramienta excelente y en una o dos pasadas puede incorporar la mayor parte de la cal que se necesita para modificar el pH hasta una profundidad de 30 cm o más.

ARRIBA En Nueva Zelanda, los suelos que se han desarrollado sobre cenizas volcánicas recientes son muy drenantes y, después de abonarlos con cal, pueden producir grandes cantidades de trufas. I. R. Hall

ABAJO Este rotocultor puede incrustar grandes cantidades de cal en el suelo hasta una profundidad de 30 cm o más con tan sólo unas cuantas pasadas. I. R. Hall, cortesía de P. Harris

Fertilizantes

Los tests edafológicos pueden identificar deficiencias de nutrientes tales como potasio, azufre u oligoelementos. Sin embargo, en general el único elemento que merece la pena aplicar antes de plantar si escasea es el magnesio, que puede aplicarse como dolomita. Otros elementos pueden aplicarse después de plantar, cuando es posible confirmar cualquier carencia probable después de realizar análisis de nutrientes de las hojas. Estos análisis foliares son más precisos que los edafológicos.

Vallados

El ganado, los conejos, las liebres, los cerdos y las zarigüeyas pueden crear problemas en una trufera, especialmente durante la fase de establecimiento. Equipar las vallas con pastores eléctricos colocados en el exterior de la valla a 75 cm por encima del suelo y a 15 cm de la valla puede ser eficaz para controlar las zarigüeyas y las cabras. En Europa, los jabalíes que hozan en busca de trufas pueden ser un problema importante en las truferas productivas, y por consiguiente se recomiendan vallas resistentes para impedirles el paso. En la trufera de Arotz, en el centro-norte de España, la valla está asentada en el terreno con hormigón para evitar que los jabalíes caven por debajo de ella. Los conejos se ahuyentan con mayor facilidad. Extender cerca de tela metálica contra conejos por el exterior de la valla y hasta 30 cm por encima de la superficie del suelo desde la base de la valla debería bastar para impedirles que entren.

Protecciones y pantallas de árboles

La protección de los efectos secantes y de los daños físicos causados por el viento se sabe que tiene efectos beneficiosos sobre el crecimiento de muchos cultivos forestales. Se emplean mucho en las industrias agrícola y hortícola diversos protectores de árboles. Además de proporcionar resguardo del viento y las fumigaciones con herbicidas, también ofrecen cierta protección frente a la fauna silvestre, como, por ejemplo, conejos y liebres. Los protectores de árboles de la empresa norirlandesa KBC (Killyleagh Box Company Ltd.), de 15 cm cuadrados por 60 cm de altura, son lo bastante amplios para permitir una buena circulación de aire dentro de las cajas, reduciendo así al mínimo la posibilidad de que las plantas se abrasen durante el tiempo seco y caluroso. Asimismo, no fuerzan a los árboles a crecer demasiado rápido y a

ARRIBA Protector de árboles de la empresa norirlandesa KBC (15 × 15 × 60 cm). El acolchado de paja, empleado para conservar la humedad del suelo, se ha cubierto con malla de alambre para evitar que el viento la disperse. I. R. Hall

ABAJO El protector para arbustos de Tubex es una alternativa al protector para árboles de KBC. Tubex

terminar siendo excesivamente altos y débiles, un problema que nos hemos encontrado con robles metidos en tubos de 90 cm de altura por 10 cm de diámetro. Aparte de éstos, existe una selección de protectores de árboles en el mercado hechos de malla fina o gruesa que también permiten una buena circulación del aire.

En la Alta Provenza, las truferas no suelen establecerse en laderas expuestas a los fríos vientos del norte. Asimismo, en el sur de Provenza las truferas no se establecen normalmente en pendientes que den al mediodía, expuestas a secos vientos del sur. No se encuentran pantallas permanentes de árboles en torno a muchas truferas europeas, principalmente por razones económicas, pero también porque son menos importantes en Europa que en ciertas partes de Nueva Zelanda, donde el recorrido del viento o *wind run* es considerablemente más elevado (*wind run* es la distancia que el viento recorre durante un período de tiempo dado). Las pantallas contra el viento también puede elevar las temperaturas del aire unos 0,6 °C por encima de la temperatura ambiente dentro de una zona en el lado de sotavento unas seis veces la altura de la pantalla. Pueden tener un efecto todavía mayor en la temperatura del suelo, y en áreas que son climáticamente poco rentables para las trufas, las pantallas pueden marcar la diferencia entre el éxito y el fracaso.

La protección viva es mucho más económica que la artificial, pero se requiere una considerable planificación por adelantado para asegurar que sea lo bastante alta para ejercer un efecto cuando más se precise, durante los años iniciales de la trufera. Es también importante no usar plantas que puedan albergar hongos competidores. El Apéndice 1 proporciona una lista de algunas plantas que forman micorrizas arbusculares y no presentan problemas; el Apéndice 2 enumera plantas que forman ectomicorrizas y no deben plantarse junto a una trufera. Lamentablemente, muchos de los árboles más útiles y de crecimiento más rápido que se emplean normalmente en cinturones de protección, tales como los álamos o los pinos, son ectomicorrícicos y, por tanto, inadecuados. Dado que a muchas plantas les cuesta crecer en suelos de pH elevado, si va a establecerse una trufera en un suelo naturalmente ácido, no aplicar cal en las zonas destinadas a ser plantadas con una pantalla contra el viento permitirá una selección de árboles más amplia.

Aunque se han empleado pantallas artificiales (de 4 a 6 m de altura) en torno a algunas truferas de Nueva Zelanda, fueron caras de erigir y mantener. Hubo que tener cuidado también para asegurar que se comportarían como se requería y estu-

ARRIBA Los cipreses, que forman micorrizas arbusculares, se emplean habitualmente en Nueva Zelanda para crear pantallas contra el viento eficaces. I. R. Hall

ABAJO El olivo Barnea (variedad de *Olea europaea*) crece rápidamente en emplazamientos cálidos y constituye una eficaz y productiva pantalla contra el viento. I. R. Hall

Una pantalla artificial contra el viento de 4,5 m rodeaba la primera trufera neozelandesa que produjo trufas. El sauce existente en el exterior de la trufera en el límite posterior se cree que fue la fuente del *Tuber maculatum* que compitió con la trufa negra de invierno antes de que empezase a fructificar. I. R. Hall

vieran situadas de modo que no dieran sombra a las zonas de raíces de los árboles truferos durante la temporada vegetativa. Esto es especialmente importante durante la primavera y en ubicaciones más frías, donde las temperaturas del suelo deben maximizarse. Se retiraron unas cuantas pantallas contra el viento una vez que los robles alcanzaron los 5 m de altura, después de unos cinco años. En esta etapa los árboles eran suficientemente robustos para soportar los efectos de fuertes vientos que son característicos de algunas áreas.

Densidad de plantación y disposición de los árboles

La trufa negra (*Tuber melanosporum*) puede crecer con fuerza y fructificar en una amplia gama de condiciones climáticas, desde templadas frescas hasta mediterráneas e incluso subtropicales (Apéndice 7). La capacidad de esta especie para tolerar condiciones extremas y para seguir dominando incluso bajo una cobertura de copa parcial le ha dado acceso a hábitats que otros hongos no serían capaces de tolerar. Pero sería absurdo pensar que únicamente se adecuaría a la trufa negra de invierno una sola densidad y disposición de la plantación, por no hablar de todas las demás especies de trufa. Por ejemplo, la trufa blanca (*Tuber magnatum*), que está adaptada a un suelo relativamente húmedo y condiciones uniformes, sería poco probable que sobreviviera, y mucho menos fructificase, en las rigurosas condiciones proporcionadas por un suelo desnudo bajo un abrasador sol mediterráneo y con irrigación limitada. Asimismo, debido a que las características de humedad, temperatura, fertilidad y drenaje del suelo es probable que cambien a medida que envejezca la trufera, no puede esperarse que una sola densidad de plantación se adecue tanto a truferas jóvenes como antiguas. Por consiguiente, se precisa algo de cuidado y reflexión al planificar la distribución de una trufera, especialmente en aquellas zonas donde no se pueda recurrir a conocimientos locales, porque no los haya.

La temperatura y humedad del suelo se ven afectadas por la temperatura ambiente, el recorrido del viento (*wind run*) y la insolación del terreno. Por lo tanto, unas densidades de plantación menores podrían ser más adecuadas en zonas más frías, especialmente donde haya irrigación y un suelo fértil que estimule el crecimiento. Sin embargo, si la densidad de plantación es sólo de 100 árboles por hectárea —cifra recomendada por algunos para la trufa negra en Francia— se desperdiciará tierra valiosa hasta que las raíces de los árboles y su compañero fúngico colonicen totalmente el suelo —quizá una o dos décadas después de plantar—. En la exitosa trufera de Alain Monnier en Marigny-Marmande cerca de Richelieu (47°N, menos de 200 m de altitud), que está en la punta septentrional de la producción de trufa negra en Francia, los árboles están plantados en hileras muy espaciadas que corren más o menos norte-sur y el sol calienta la mayor parte del suelo entre las hileras durante casi todo el día. Asimismo, en la trufera de 600 ha de Arotz (Soria, centro-norte de España, 42°N, 1.250 m de altitud), con 280 árboles por hectárea y un espaciado de 6 por 6 metros, hay relativamente poca sombra.

En el otro extremo, a finales de la década de 1970 Jean Grente recomendaba una densidad de plantación de 800 árboles por hectárea para la trufa negra. Sin embargo, con este número de árboles por hectárea, las hileras separadas entre sí 4,5 m y orientadas este-oeste, los árboles separados entre sí 2,8 m dentro de las hileras, y a una latitud de 45°N, sería calentada por el sol una parte muy pequeña del terreno, incluso a mediados del verano, una vez que los árboles alcanzasen los 3,5 m de altura. Esta disposición fue empleada en la trufera de Alan y Lynley Halls, en Gisborne, Nueva Zelanda (38°S), e inicialmente resultó muy exitosa. Sin embargo, después del cierre de la cobertura de copa, hongos competidores empezaron a reducir la producción y los rendimientos sólo se recuperaron después de suprimir la mitad de los árboles.

ARRIBA En la trufera de Alain Monnier, en Marigny-Marmande, Francia, se empleó una densidad de plantación baja, con hileras alternas de encinas (*Quercus ilex*) y roble pubescente (*Quercus pubescens*). I. R. Hall

ABAJO En la trufera de 600 ha de Arotz, cerca de Soria, España, se produce poca sombra en cualquier momento del año. Durante la preparación del terreno, se empleó maquinaria pesada para desmenuzar grandes rocas de caliza. I. R. Hall

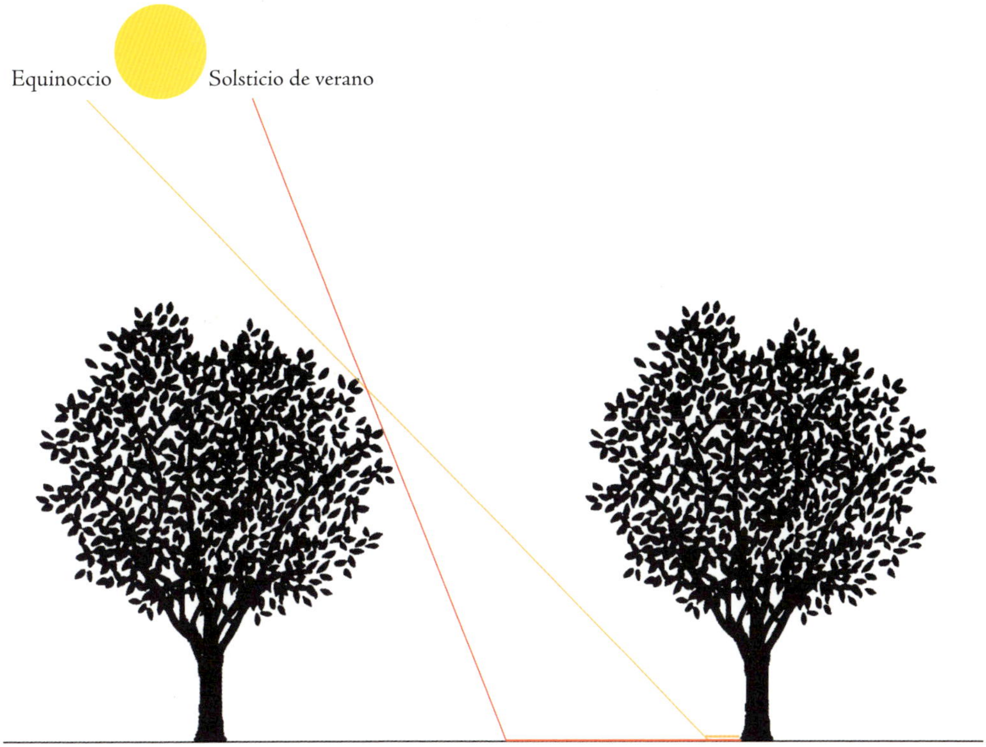

PÁGINA ANTERIOR ARRIBA La trufera de trufa negra (*Tuber melanosporum*) de Alan y Lynley Halls cuando tenía cinco años y se habían formado unas pocas trufas. En aquel momento los quemados casi habían cubierto la trufera. La densidad de plantación era de 800 árboles por hectárea. I. R. Hall

PÁGINA ANTERIOR ABAJO La trufera de trufa negra (*Tuber melanosporum*) de Alan y Lynley Halls cuando tenía once años y dos después del inicio de la producción comercial. Un año más tarde la producción llegó a más de 100 kg/ha, pero luego disminuyó cuando la cobertura de copa se hizo muy densa. La densidad de plantas fue reducida entonces a 400 árboles por hectárea. I. R. Hall

ARRIBA A una latitud de 45°N y durante la parte central del día, poca parte del terreno sería calentada por el sol en pleno verano en truferas con árboles de 3,5 m de altura, las hileras separadas 4,5 m, y las hileras orientadas este-oeste y plantadas lo bastante cerca una de otra para casi formar setos. En el equinoccio, prácticamente nada del terreno vería la luz del sol incluso a mediodía. I. R. Hall

El diseño más sencillo es una sola especie de planta hospedante dispuesta en una cuadrícula. Puede que haya alguna justificación para organizar una trufera de este tipo con una disposición hexagonal cerrada (árboles en cada esquina de un hexágono regular con una planta en el centro) a fin de aumentar el empleo eficiente de la tierra en un 15 por ciento más que una cuadrícula rectangular. Sin embargo, probablemente sea mucho más importante asegurar que la densidad de plantas no supere la disponibilidad de agua en el momento álgido del verano.

Se han sugerido muchos otros diseños para las truferas de *Tuber melanosporum*, como alternar hileras muy espaciadas de encina (*Quercus ilex*) y roble pubescente (*Q. pubescens*), alternar pares de avellanos (*Corylus*) con un roble, y alternar las posiciones de robles entre las hileras, así como diseños bastante complejos en los que se espacian cuidadosamente por la trufera cuatro o más plantas hospedantes. En partes del mundo en las que se carece de toda tradición de cultivo trufero, a los agricultores les falta criterio y tienen dificultades para decidir cuál puede ser la densidad de plantación y la disposición adecuadas. Por consiguiente, en Nueva Zelanda algunos han experimentado con diseños con espaciado irregular dando densidades de plantación de entre 400 y 800 árboles por hectárea. Hay muchas otras posibilidades cuando se trata de ubicar una trufera en un terreno, como, por ejemplo, plantar a cada lado de un camino o avenida, o alrededor del recinto de un campo entre vallas dobles.

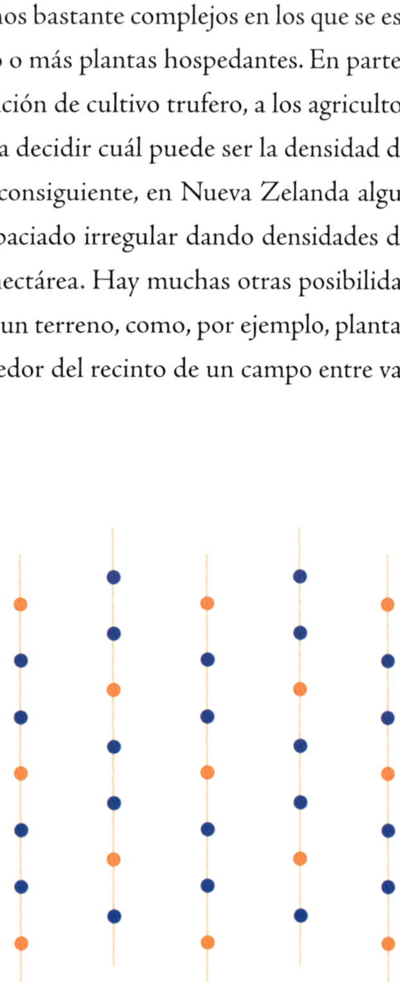

Una disposición de plantación muy empleada con éxito en Nueva Zelanda ha sido alternar cada roble (puntos rojos) con dos avellanos (puntos azules) en las hileras y alternar a su vez la posición de los robles entre las hileras. Para 400 árboles por hectárea, un espaciado adecuado son 6,5 m entre una hilera y otra y 3,8 m en ellas, y para 800 árboles por hectárea, 4,4 m entre hileras y 2,9 m en ellas. I. R. Hall

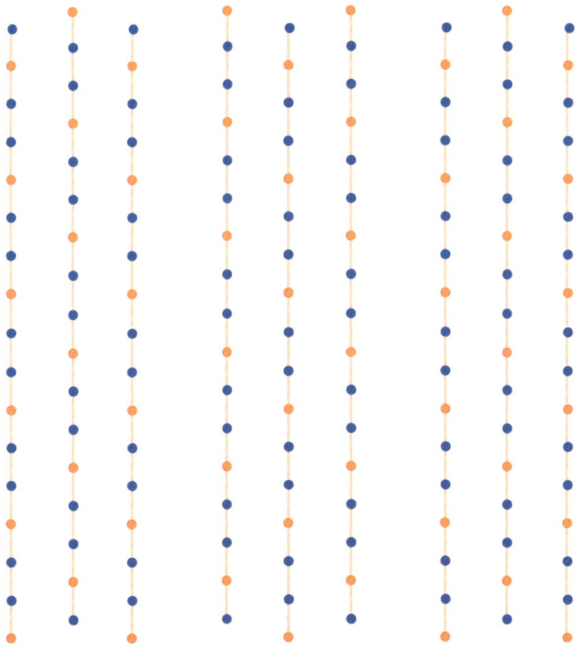

Puede lograrse una densidad de plantación variable plantando bloques de árboles de 800 ejemplares por hectárea y separando los bloques mediante hileras con doble espaciado. I. R. Hall

En el cultivo de trufa grabada (*Tuber aestivum*) se emplean altas densidades de plantación. Ésta es la segunda trufera de trufa grabada que produce en Francia. Se plantó en otoño de 1976, en Mont-Dore (Alto Saona, Francocondado). En 2001 los árboles habían formado galería. G. Chevalier

Nosotros creemos que las densidades de plantación para la trufa de Borch (*Tuber borchii*) deben ser parecidas a las empleadas para la trufa negra. No obstante, dicha recomendación debe tratarse con cierta prevención, porque el cultivo de *tartufo bianchetto* sigue en gran medida en mantillas. Debido a que la trufa grabada (*T. aestivum*) crece bien bajo coberturas de copa casi cerradas en Gotland (Suecia) y en Francia, se emplean densidades de plantación más altas (de hasta 1.250 árboles por hectárea) en comparación con la trufa negra. Densidades aún mayores se utilizan en el cultivo de turmas en el sur de España, donde se plantan en torno a 1.400 ejemplares de jarilla (*Helianthemum almeriense*) por hectárea. Aunque la trufa blanca (*T. magnatum*) no haya logrado aún cultivarse con algún grado de éxito, los investigadores italianos sugieren plantar con una densidad relativamente alta, similar a la empleada para la trufa grabada, para asegurar un cierre precoz de la cobertura de copa y suprimir más adelante el exceso de árboles.

Sistema de riego

En el sur de Europa las cálidas primaveras y los secos y calurosos veranos están salpicados por precipitaciones breves e intensas. En verano esta lluvia parece formar parte del desencadenante para la iniciación de las trufas. Una lluvia adecuada en verano y otoño asegura altos rendimientos, mientras que en años con pocas precipitaciones, las producciones de trufas se ven gravemente reducidas. Esta información se halla incorporada en el folclor francés e italiano (agua en julio, trufas en Navidad), y el buscador de trufas experto de hace 200 años, como ahora, se esmeraba mucho para asegurar que la humedad del suelo se conservase durante períodos de sequía. Eran prácticas populares acolchar con paja o colocar ramas de enebro sobre los quemados. También se han empleado en Europa el plástico negro y otros acolchados, pero con resultados variados (Capítulo 6).

A pesar de saberse que una humedad del suelo adecuada es esencial para la formación de las trufas, los sistemas de riego no son comunes en Francia, Italia ni España. Se debe en parte a que, o no se dispone de agua de riego, o es un recurso escaso y caro. También puede que los truficultores sean algo conservadores, y muchos siguen considerando vanguardistas los sistemas de riego en truficultura. En todas las zonas de Nueva Zelanda donde pueden cultivarse trufas, existe la posibilidad de sequías periódicas. Por consiguiente, alguna forma de equipo de riego se ha instalado

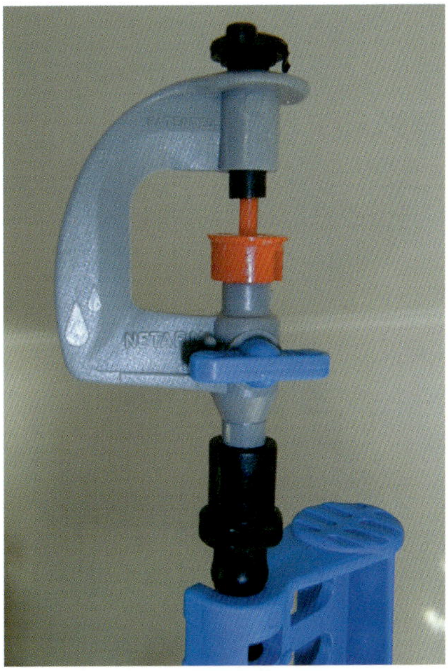

IZQUIERDA Un aspersor con cabezas de riego intercambiables es adecuado para irrigar árboles por separado. I. R. Hall

ABAJO Los aspersores son muy efectivos cuando las plantas son jóvenes, pero con el tiempo se necesitan cañones que lancen más agua. I. R. Hall

en casi todas las 150 truferas del país. Estos sistemas de riego van desde mangueras domésticas para pequeñas truferas hasta sistemas de bombeo o alimentados por gravedad (sin bomba), con control informático y sofisticados sistemas de filtrado para eliminar el exceso de manganeso o hierro que podría, si no, obstruir los aspersores.

Evidentemente, tiene poco sentido regar mucho más que la zona de terreno ocupada por las raíces de la planta hospedante, ya que esto, sencillamente, estimularía el crecimiento de malas hierbas que tendría que ser después controlado. En el primer año la zona radicular sólo raramente se extendería más allá del borde de un círculo de 1 m de diámetro, y por consiguiente aplicar 20 mm de agua de riego a 500 plantas requeriría no más de 8.000 L/ha de agua por riego. Por supuesto, a medida que crezcan las plantas también lo hará su zona radicular, y la cantidad total de agua requerida para irrigación durante una sequía grave se incrementaría hasta por encima de los 100.000 L/ha por riego. En algunas truferas de Europa y Australasia, el problema de regar una zona radicular cada vez más extensa se ha afrontado instalando microsurtidores o microaspersores con cabezas intercambiables. Inicialmente, se instalan cabezas que emiten sólo bajos volúmenes sobre una zona relativamente pequeña, pero a medida que las plantas maduran éstos se reemplazan con cabezas que riegan áreas mayores. Otros sistemas de riego poseen cabezas que rocían agua en el suelo hacia abajo sobre una zona relativamente pequeña, pero pueden fácilmente invertirse de manera que se fuerce al agua a subir y a extenderse, para regar una zona mayor.

No se recomienda el uso de goteros, porque puede provocar el enmarañamiento de las micorrizas, algo a evitar. No obstante, si se emplean goteros, deben instalarse varios por planta y disponerse de manera que distribuyan uniformemente el agua de riego sobre la zona de enraizamiento. Una vez que los árboles alcancen más de unos cuantos metros de altura y sus respectivas zonas radiculares empiecen a tocarse entre sí, pueden instalarse cabezas de riego mucho mayores. Las que puedan dañar el follaje con la fuerza del agua es mejor evitarlas, pues esto podría permitir la penetración de organismos patógenos en las plantas.

Los tubos de riego de plástico negro se calientan al sol hasta tal punto que el agua que contienen puede alcanzar la temperatura de ebullición, lo cual, evidentemente, no beneficiaría a la salud de las plantas regadas con ella. Una forma de evitar este problema es drenar completamente las líneas de riego después de cada irrigación —una tarea sencilla con truferas establecidas en una ladera, pero en absoluto fácil de lograr en tierra llana—. Otra manera es enterrar las líneas de riego principales usando, por ejemplo, una zanjadora o un arado topo. Sin embargo, cuando el pH de la tierra vegetal ha sido elevado mediante la aplicación de cal, la zanjadora levantará hasta la superficie subsuelo de pH relativamente bajo que tendría luego que volverse a abonar con cal después de haberse colocado las cañerías. Entre

Las zanjadoras empleadas para enterrar cañerías pueden usarse también para abrir ranuras a través del terreno a fin de impedir a las raíces de árboles vecinos que entren en la trufera. I. R. Hall, cortesía de Hirepool

Cuando no se disponga de suministro general de red, puede ser útil una válvula solenoide de riego que funcione mediante una batería de 9 voltios. Estas válvulas pueden también ser útiles cuando falte agua de riego para irrigar toda la trufera simultáneamente o cuando tenga que purgarse el agua caliente de las líneas de riego antes de irrigar. I. R. Hall

otros métodos se incluyen usar un sistema de válvulas que permita purgar el agua caliente de las cañerías antes de regar o simplemente regar de noche, después de que el agua de las líneas de riego se haya enfriado. Un sistema de este tipo podría automatizarse con facilidad usando válvulas solenoides que funcionen con baterías. La instalación de sistemas automatizados de dosificación sería útil en grandes truferas, en las que es probable que se requieran aplicaciones de oligoelementos. Asimismo, los filtros serían un útil añadido cuando haya materia orgánica particulada en el agua de riego, mientras que puede que se requieran sistemas especiales de tratamiento de aguas, incluyendo aireación, tratamiento con ozono, o filtración especial, para eliminar altas concentraciones de hierro y manganeso que puedan precipitar en el interior de los surtidores de riego y obstruirlos.

Hongos ectomicorrícicos competidores en plantas de vivero

Pulvinula constellatio y *Sphaerosporella brunnea,* dos especies de Ascomicetos, se encuentran habitualmente en viveros contaminando plantas inoculadas de trufa. Mediante la producción de grandes cantidades de diminutas esporas transportadas por el aire que se originan en pequeños carpóforos en forma de copa sobre la superficie de la mezcla de sustrato, estos hongos pueden colonizar rápidamente todas las plantas de un invernadero e impedir la micorrización por los hongos truferos inoculantes. Afortunadamente, estos hongos suelen morir una vez los plantones se transplantan al campo, y si los plantones conservan todavía las micorrizaciones de trufa, el hongo trufero puede recolonizar raíces recién desinfectadas. Los Basidiomycetes pueden también presentar problemas importantes para el productor de plantas inoculadas con trufa. Los más comunes de ellos son especies de *Thelephora* y *Scleroderma,* que plantean problemas especiales porque no sólo son muy infectivos, sino que es posible que el principiante confunda sus infecciones con las micorrizaciones producidas por una trufa.

En Europa, la poco gustosa trufa machenca (*Tuber brumale*) es uno de los hongos ectomicorrícicos más competidores en truficultura, y su propagación a través de regiones productoras de trufa se considera una catástrofe. Parte de este problema puede achacarse a científicos y viveros. En las décadas de 1980 y 1990, se exhortó a los cultivadores de trufa negra de Francia a plantar avellanos inoculados en vez de robles, porque crecían más rápido y producían antes. Lamentablemente, los científicos no habían realizado investigaciones suficientes. En el libro *From Here You Can't See Paris* ("Desde aquí no se ve París") (Sanders, 2003), se citaba a Jacques Pébeyre, propietario mayoritario de una de las empresas de comercialización de trufas más punteras de Francia: "Ah, *les scientifiques,* pueden hacer un gran bien, pero durante mucho tiempo nos hicieron plantar avellanos en vez de robles truferos. Y ahora todos esos terrenos truferos están infectados con la variedad machenca, de baja ca-

IZQUIERDA Los carpóforos de *Sphaerosporella brunnea* son un contaminante habitual en invernaderos durante la producción de plantas inoculadas con trufa. A. Zambonelli

DERECHA *Thelephora* puede ser un importante contaminante ectomicorrícico en invernaderos en los que se estén produciendo plantas inoculadas con trufa. I. R. Hall

lidad, y no por la trufa negra. ¿Por qué nos dijeron los científicos que plantásemos avellanos? ¡Porque crecen más rápido! Con un roble trufero, se tardan diez años hasta que mide tres metros de altura; con un avellano, dos años. Los científicos no creían que importara la clase de árbol que se plantara, [pero] ¡se equivocaban!".

Parte del problema era que el inóculo que empleaban los viveros estaba contaminado con la muy competidora trufa machenca. Este hongo proliferaba en los avellanos a expensas de la preferida trufa negra y, después del repicado, contaminaba grandes áreas de las truferas francesas. Además, muchas truferas se hallaban establecidas junto a bosques de roble pubescente (*Quercus pubescens*), un buen hospedante para la trufa machenca, que se extendía penetrando en las truferas mediante animales, en las raíces de árboles que se propagaban fuera del bosque, o simplemente en las botas de caminantes que pasaban por el bosque y entraban en la trufera.

Hace una década, la única trufa contaminante de importancia era la machenca, pero en años recientes el mercado europeo se ha visto inundado con las baratas trufas asiáticas, que se venden por tan sólo una mínima parte del precio pagado por la trufa negra auténtica. Estas especies son morfológicamente muy parecidas a *Tuber melanosporum* y han engañado a productores de plantas inoculadas con trufa, así como a *chefs* y a gastrónomos, llevándoles a creer que estaban comprando trufas de origen europeo. Asimismo, en Italia, plantas vendidas como inoculadas con trufa blanca auténtica comúnmente están contaminadas con *Tuber borchii*, *T. maculatum* y/o *T. dryophilum*, probablemente debido a la inclusión accidental en inóculos de ejemplares en putrefacción incorrectamente identificados de estas especies extremadamente infectivas. Parece una broma de la naturaleza que las especies más competitivas sean las menos apreciadas como alimento.

La joven industria trufera de Nueva Zelanda se ha tomado muy en serio la amenaza planteada por la inclusión de las poco gustosas trufas asiáticas. En un intento de impedir la entrada de estos hongos no deseados, el Ministerio neozelandés de Agricultura y Silvicultura ha introducido recientemente normas que exigen que todas las trufas importadas estén etiquetadas y sean inspeccionadas por micólogos taxonomistas antes de liberarse de los contenedores. En el momento de escribir este libro, dichas normas no han sido introducidas por otros países del hemisferio sur, y han aparecido contaminantes evitables en algunas de sus truferas.

Quizá intentando evitarse problemas legales, o incluso engañar al cliente, algunos productores de plantas se esconderán tras la terminología afirmando que sus plantas están "inoculadas con *Tuber melanosporum*", es decir, que se ha puesto en la planta el hongo de la trufa correcta. Sin embargo, hay una importante diferencia entre *inocular* un plantón con un hongo en particular y asegurar que el plantón quede de verdad adecuadamente micorrizado (*infectado*) con la especie correcta de trufa y no se halle contaminado con otros hongos ectomicorrícicos.

Tratando de protegerse contra el empleo de plantas contaminadas y mal inoculadas, o de plantas que sencillamente no estén en absoluto micorrizadas con trufa, varios investigadores han ideado métodos de evaluar los niveles de micorrización en las plantas. Después de ser inspeccionadas por personal cualificado independiente y encontrado que se tienen suficientes ápices radiculares micorrizados por la trufa inoculante y con poca o ninguna contaminación, se emite un certificado. No obstante, sólo es posible en cualquier caso inspeccionar una muestra de plantas, y es muy difícil distinguir algunas micorrizaciones, como, por ejemplo, las de trufa blanca, *Tuber maculatum* y trufa de Borch, por lo que los errores son casi inevitables. Asimismo, el certificado puede referirse tan sólo a un grupo de plantas de la misma edad, producidas con un solo lote de inóculo, usando el mismo método de propagación e inoculadas empleando una técnica estándar en el mismo lugar. Por lo tanto, pueden presentarse problemas cuando el encargado de un vivero, quizá por comodidad o conveniencia, da por supuesto que el certificado cubre muchos miles de plantas en lotes que el inspector no ha visto nunca. En Toscana (Italia), la ley admite en realidad que hasta un 15 por ciento de los ápices radiculares de un árbol inoculado estén micorrizados por otras especies. Esto se debe en parte a las dificultades de producir plantas incontaminadas, pero también a que es probable que los hongos ectomicorrícicos estén presentes en la mayoría de los terrenos donde se plantan los árboles. Sin embargo, no es siempre justificable suponer que todos los contaminantes desaparecerán después de repicar porque no serán capaces de competir en el campo contra la trufa. Aunque puedan usarse técnicas moleculares para revisar las plantas, su costo hace hoy prohibitivo su uso generalizado.

Lamentablemente, la mala calidad de los plantones sigue siendo un grave problema en toda la industria trufera. Grandes cantidades de plantas inoculadas presentes en el mercado, o bien están muy contaminadas con otras especies de trufa u otros hongos ectomicorrícicos o, peor aún, están completamente libres de micorrizas truferas. Esto no supone ningún beneficio para la industria trufera y sugiere que el repertorio de técnicas empleadas por los viveros comerciales es a veces inadecuado para producir plantas con buenas micorrizaciones de trufa y sin contaminantes. Además, cuando se siguen religiosamente los procedimientos, es posible que los costes de producción hagan que sean poco competitivas en el mercado. Puede que un sector de esta industria ignore lo que está haciendo, o quizá sencillamente no le importe. Evidentemente, los futuros truficultores e inversores tienen que ser conscientes de los riesgos de tratar de economizar encontrando lo que parece ser el proveedor más económico de plantas, así como de los beneficios a largo plazo de pagar para hacer que los lotes de trufas destinados a su trufera sean chequeados a fondo por un especialista independiente para asegurar que están libres de contaminación. También tienen que darse cuenta de las promesas de operadores piratas que "garantizan" sus plantas sólo para desaparecer antes de la fecha de la recolección.

Otras especificaciones de las plantas

Los cultivadores también tienen que asegurar que las plantas que obtienen de un vivero están libres de enfermedades más o menos graves, requisito obvio, pero que sorprendentemente puede pasar por alto el encargado del vivero. A diferencia de los países insulares, como Australia o Nueva Zelanda, donde existen normas de importación estrictas, dentro de la Unión Europea hay muy pocas restricciones sobre lo que puede transportarse. Sin embargo, recientemente se ha introducido un sistema de "pasaporte vegetal" que intenta limitar el movimiento de las plagas y enfermedades más graves. Algunos ejemplos de patógenos que son especialmente importantes para el truficultor son *Anisogramma anomala* y *Xanthomonas arboricola* pv. *corylina*, que afectan a los avellanos, y *Phytophthora ramorum* y *Phytophthora kernoviae*, que pueden acabar con diversas especies de *Quercus*, como el roble y la encina. Describimos el control de algunos patógenos potenciales en el Capítulo 6.

Cuando vayan a usarse plantas inoculadas con trufa en proyectos de reforestación, puede que también deban cumplirse ciertas especificaciones mínimas. Entre ellas pueden incluirse la altura de la planta y el diámetro del collar, aunque estas especificaciones sean menos importantes para los truficultores que protegen sus plantas de la fauna silvestre, como, por ejemplo, conejos y liebres, rodeándolas con tubos protectores después de plantar.

Elección de planta hospedante

En el Apéndice 3 se enumeran las plantas hospedantes para cada una de las trufas principales de hospedantes comerciales y bien reconocidos para las diversas especies de trufa, así como otras especies que se han empleado en estudios de laboratorio. Las familias de plantas más importantes son Fagaceae, Pinaceae y Salicaceae, aunque las Cistaceae, Mimosaceae, Betulaceae, Corylaceae, Rosaceae y Tiliaceae también contienen algunas plantas hospedantes importantes. En Europa los hospedantes más comunes son el roble común, la encina, la coscoja, el roble pubescente, el roble de Turquía, el pino laricio, los carrascos, los avellanos, el carpe negro, el carpe blanco y el tilo de hojas grandes. Otros hospedantes experimentales, como el pino de Monterrey (*Pinus radiata*) y el castaño común (*Castanea sativa*), que han sido inoculados con trufa en condiciones experimentales, no se incluyen en el Apéndice 3 porque dieron muestras de poco crecimiento y/o síntomas de carencia de oligoelementos grave cuando se plantaron en suelo de pH elevado.

El avellano común (*Corylus avellana*) es la planta hospedante más frecuentemente usada en truficultura. Su popularidad se debe al vigoroso crecimiento de este árbol, su tendencia a producir un sistema radicular bien desarrollado y su reputación como excelente portador de micorrizas y productor de trufas varios años antes que otras plantas. En Nueva Zelanda se creyó al principio que los avellanos no producirían trufas después de unos 20 años, basándose en información europea y la falsa suposición de que dejarían de crecer bien. Sin embargo, muchos de los avellanos de Inglaterra tienen cientos de años de edad y son restos de antiguos bosques recepados en tiempos para producir, por ejemplo, cabios para techar con paja, carbón vegetal para hacer pólvora, y setos acodados. Por consiguiente, se confía en que, si los avellanos se tratan con cuidado, seguirán produciendo trufas durante muchos más de 20 años.

Por lo menos otros dos avellanos, *Corylus colurna* y *Corylus heterophylla*, han sido inoculados con éxito con trufa negra. En al menos un estudio, se recolectaron más trufas bajo *C. colurna* y varios *Quercus* que bajo avellano común. En 1996 se estableció una gran prueba en Francia para investigar si las variantes de una misma especie y entre especies de plantas hospedantes tenían algún efecto en los rendimientos. Los hallazgos iniciales sugerían que las infecciones eran mejores sobre material clónico, pero a finales de la temporada de 2003 este experimento no había demostrado ninguna diferencia obvia entre clones, salvo que el roble parecía mejor hospedante que el avellano.

Un factor que hay que considerar antes de incluir un hospedante en una trufera es la forma final del árbol. Un hábito extendido, como el del avellano, es probable que requiera podas más frecuentes, aunque pueden emplearse herbicidas de contacto para mantener bajo control los chupones del avellano. Se debe a esto y a problemas con *Tuber brumale* el que cultivadores influyentes como Alain Monnier de Marigny-Marmande, que ha desempeñado un papel importante en la reintroducción de la trufa negra en el Loira, ya no incluya avellano en sus truferas y use principalmente roble pubescente y encina. En Nueva Zelanda el roble común puede crecer hasta 2 m en el segundo año después de plantar y crear problemas de sombra en una trufera, aunque haya sido notablemente productivo. Especies como la encina no tienen un ritmo rápido de crecimiento, pero producen un sistema de raíces extenso. Las condiciones meteorológicas adversas, tales como olas de frío en invierno, pueden también restringir el uso de plantas poco resistentes en zonas donde haya heladas impropias de la estación o temperaturas invernales extremas.

Hay justificación suficiente para usar dos o más plantas hospedantes en una trufera. En países donde no existe tradición de truficultura, se carece de información

Dorking
Pulborough A 29
Bury

suficiente para decidir cuál de los hospedantes posibles se comportará mejor en una ubicación en particular. De mayor importancia, quizás, es que, si un patógeno entra en una trufera, no es probable que afecte a todas las especies. En el Reino Unido y los Estados Unidos, por ejemplo, *Phytophthora ramorum*, causa de muerte repentina del roble, afecta al roble negro de California, el roble pagoda, la encina, el roble albar, el roble de Shreve, el roble de Turquía y el haya. La encina, que es un puntal de la industria trufera en Europa, es especialmente propensa, mientras que el roble común es relativamente resistente. Por desgracia, tanto la encina como el roble común son propensos a *Phytophthora kernoviae*, que se ha encontrado recientemente en Europa y en otras partes del mundo. En contraposición, en una trufera de 60.000 árboles situada al noroeste de Austin (Texas), debido principalmente a temores de que la chalariosis o marchitez del roble o de la encina (*Ceratocystis fagacearum*) pudiera causar problemas importantes, sólo se plantaron avellanos.

Por razones estéticas, es mejor plantar árboles autóctonos en una zona determinada, para mantener el paisaje natural y asegurar que las plantas estén adaptadas a las condiciones climáticas y edafológicas locales. Entre los ejemplos se incluyen la plantación de roble pubescente en los Apeninos, de roble común en suelo fresco profundo de las llanuras del norte de Italia o encina en zonas mediterráneas de Europa. Asimismo, podría ser mejor inocular con cultivos derivados de trufas recogidas de la misma área para la que estuvieran destinadas, o con las trufas mismas, por si hay ecotipos adaptados a zonas específicas. Sin embargo, en Nueva Zelanda y Suecia las trufas negra, grabada y de Borch se han producido en áreas mucho más frías que donde se originó el inóculo.

Por buena que pueda parecer en el campo una especie de árbol hospedante, los viveros no la adoptarán si son incapaces de producir grandes cantidades de plantones bien inoculados, sin contaminación y a un precio competitivo. Los problemas

ARRIBA El antiguo arte de acodar avellano y espino en el Reino Unido ha producido setos impenetrables para el ganado y también para chavales que vayan a robar manzanas. Algunos de los avellanos y espinos de estos setos pueden tener muchos cientos de años de edad. I. R. Hill, cortesía de G. Stephens

ABAJO Estos avellanos eran árboles recepados maduros cuando Ian Hall todavía llevaba pantalones cortos hace 50 años. I. R. Hall

que podrían encontrarse son: dificultades en establecer micorrizaciones, quizá debido a una insuficiencia de raíces laterales de segundo orden que el hongo precisa para establecer micorrizas; una crisis en el ritmo de crecimiento y en el vigor general en el momento en que el hongo está estableciendo micorrizas; o la falta de uniformidad de las micorrizaciones entre las plantas. La última es muy importante en el invernadero, porque la uniformidad de las plantas debe ayudar a reducir al mínimo la necesidad de descartar mediante análisis plantas mal inoculadas antes de la venta —una tarea muy cara—. Asimismo, las plantas no uniformes parecerán un desastre después de repicar y, lo que es más importante, pueden comportarse de manera variable en el campo, como cuando se exponen a hongos competidores.

Cultivos dobles e interplantación

En una trufera donde las hileras puedan estar separadas hasta 10 m, hay una considerable proporción de la tierra que estaría completamente desocupada por los sistemas radicales durante muchos años. En tierras secas y poco rentables, como las empleadas para cultivar criadillas de tierra, parece haber pocas opciones viables para dobles cultivos. La lavanda es una posibilidad, como lo son también otras especies que toleran un suelo de pH elevado, tales como *Gypsophila* y quizá plantas medicinales. En tierras de labranza de alta calidad, que han sido utilizadas para truferas tanto en Australia como en Nueva Zelanda, pueden realizarse cultivos entre las hileras. Por ejemplo, en la trufera de Alan y Lynley Halls, cerca de Gisborne (Nueva Zelanda), que se encuentra en una zona subtropical, había suficiente agua de riego para cultivar guisantes, batatas y melones entre las hileras durante los primeros años. Esto proporcionó algunos ingresos, pero, lo que es más importante, aumentó los niveles de materia orgánica y nitrógeno en el suelo. Otra posibilidad sería dejar la tierra en barbecho o plantarla con especies forrajeras, segarlas y alimentar con la hierba cortada al ganado. Después, a medida que se extendiesen los sistemas radiculares de los árboles inoculados con trufa, la franja de hierba se reduciría gradualmente. Se haga lo que se haga con la tierra situada entre las hileras, es importante que la maquinaria empleada no compacte el suelo, y que la vegetación no afecte significativamente al pH del mismo. Hacia el final de la vida productiva de una trufera, los avellanos, la leña proveniente de entresacas y aclareos y la madera de roble son posibles fuentes de ingresos, pero su valor es nimio comparado con el valor potencial de las trufas producidas durante varias décadas.

Cuándo y cómo plantar

En Europa, la plantación de árboles hospedantes inoculados con trufa se lleva a cabo normalmente a finales del otoño o principios del invierno (octubre y noviembre) o primavera (desde finales de febrero hasta comienzos de abril), tradicionalmente durante la luna menguante en marzo. La experiencia dicta que las plantaciones de comienzos del invierno son superiores si hay sequía durante el año siguiente (algo nada fácil de predecir) y las plantas no se riegan. En Nueva Zelanda, se han establecido con éxito truferas tanto con plantaciones a finales del otoño como en primavera. Con las plantaciones de finales del otoño en áreas cálidas del país, sin embargo, existe el peligro de que las plantas en letargo o dormancia (el estado en que las plantas son normalmente suministradas) podría iniciar parcialmente la brotación antes del invierno y luego ser dañadas por heladas invernales. Aún peor, hongos competidores activos en invierno podrían establecerse en un momento en que la trufa está en letargo.

Pueden cultivarse plantas en diversos contenedores, incluyendo bolsas de celulosa, bolsas de plástico negro, macetas cuadradas de plástico, bandejas con ranuras laterales, y bandejas Lännen. Si las plantas están en bolsas de plástico negro, macetas cuadradas de plástico u otros contenedores de paredes macizas, deben regarse y retirarse de los contenedores; si las raíces han empezado a crecer en espiral, debe emplearse un cuchillo afilado para hacer varios cortes superficiales de arriba abajo en torno al cepellón. Los árboles deben entonces plantarse inmediatamente, cubriendo el cepellón de sustrato con unos 2 cm de tierra del terreno y luego regándolo. Para ayudar a prevenir el encharcamiento alrededor de la planta hospedante cuando llueve, el suelo debe dejarse ligeramente elevado (unos 2 cm) por encima del suelo circundante en un círculo de 0,5 m de diámetro. El suelo no debe compactarse demasiado en torno a la planta —es mucho mejor usar las manos que los pies—. Las plantas suministradas en bolsas de celulosa deben ponerse en remojo en agua unos minutos, cortando la bolsa de arriba abajo en tres lugares, mientras se tiene cuidado de no dañar las raíces por abajo, y luego plantarse sin retirar la funda de papel, que se pudrirá pronto en el suelo.

Algunos productores de plantas etiquetan y numeran cada planta, lo cual proporciona cierto grado de confianza en el comprador de que las plantas son de cierto estándar. Manteniendo un registro de los números de etiqueta junto con detalles de los compradores y diversas informaciones técnicas, el encargado del vivero puede localizar después dónde fueron las plantas si posteriormente descubre que hubo un problema con un lote o para identificar después aquellas plantas que se comportaron mejor de lo esperado. El robo de plantas es siempre una posibilidad, por lo que mantener las etiquetas en lugar seguro podría proporcionar más adelante una prueba de compra.

Criadillas de tierra, turmas o trufas del desierto

Las criadillas de tierra, en especial *Terfezia claveryi*, son los hongos hipogeos más recientemente cultivados. A diferencia de los *Tuber*, *Terfezia claveryi* crece sobre jarillas, herbáceas vivaces del género *Helianthemum* (Cistaceae). En España el cultivo se ha realizado en tierras de poco valor y bajo precio, semiáridas. Los suelos son franco-arcillosos con un pH de alrededor de 8,5, un 0,9-3,9 por ciento de materia orgánica y una ratio carbono-nitrógeno de entre 7 y 10. Los arbustos inoculados se plantan a unas 1.400 plantas por hectárea. El grupo dirigido por Mario Honrubia en la Universidad de Murcia produjo sus primeras criadillas en la primavera de 2001, algo menos de dos años después de la plantación. Desde entonces la mejora de los métodos ha reducido este tiempo a tan sólo 12 meses, principalmente mediante riegos. Aunque el precio de las criadillas de tierra es relativamente bajo (3 a 12 € el kilo), la producción ha llegado hasta los 600 kg/ha, haciendo que los rendimientos a corto plazo sean superiores a las *Tuber*. En 2005, se plantaron en Andalucía 60.000 jarillas inoculadas con *Terfezia claveryi*.

SEIS

Mantenimiento de truferas

EL PRINCIPAL OBJETIVO DE MUCHOS PATÓLOGOS BOTÁNICOS es mantener a las plantas libres de infecciones dañinas o al menos limitarlas de manera que no se descontrolen y afecten a la producción de los cultivos. Con este propósito, los agricultores plantan cultivares resistentes a patógenos y modifican las condiciones ambientales para complicarles la vida a los gérmenes, cambiando, por ejemplo, el pH del suelo o el régimen de riegos. Como último recurso, existe un arsenal de productos químicos que pueden usarse. Para los truficultores, sin embargo, el objetivo principal es justo el contrario: tienen que mantener la planta hospedante inoculada con el hongo elegido y hacer que la trufa fructifique al máximo ritmo, preferiblemente durante 50 años o más, mientras aseguran que el crecimiento de hongos ectomicorrícicos competidores se reduce al mínimo y que la planta está libre de plagas y enfermedades.

Los patólogos botánicos y los agricultores disponen de más de 150 años de innumerables experimentos de campo e ingente inversión de las empresas químicas a los que recurrir. Por el contrario, los truficultores siguen ignorando sorprendentemente cómo deben gestionarse las truferas, la compleja interrelación que cada especie de hongo tiene con sus plantas hospedantes, y los factores ambientales que se precisan para provocar la fructificación. Aunque la ciencia ha intentado rectificar la situación, se han realizado relativamente pocos experimentos a largo plazo sobre el cultivo de trufas. Otras investigaciones se han limitado a seguir truferas de propiedad privada, como las llevadas a cabo en Nueva Zelanda desde 1985 y en Australia desde 1993. Lógicamente, los cultivadores han tratado de llenar estos enormes huecos en nuestros conocimientos científicos con prácticas basadas en creencias tradicionales o en el folclor, derivadas de más de 200 años de experiencia práctica. Cuando éstas también han fallado, los cultivadores y algunos científicos han recurrido a la intuición, la opinión o especulaciones totalmente disparatadas. Aunque bien intencionadas, estas prácticas tradicionales tienen, casi universalmente, poca base científica y en el mejor de los casos sólo se relacionan con truferas de su propia región. Así, por ejemplo, puede que los cultivadores atribuyan el éxito a un tratamiento o práctica en particular (quizás plantar la trufera a la luz de la luna llena —y no lo decimos de broma—), mientras que la verdadera causa puede haber sido la regularidad de las precipitaciones u otro factor que no guarde ninguna relación con el tratamiento o práctica al que se atribuye y en el que el cultivador no ha reparado. Si un truficultor está especialmente convencido de la eficacia de sus prácticas y posee una personalidad convincente, tal vez otros se convenzan de copiar el procedimiento o abogar en su defensa, aunque puedan tener condiciones ambientales bastante distintas en sus truferas.

Es responsabilidad de los truficultores dominar la mejor información disponible y ponerse al corriente con las probables consecuencias de algo que hagan o no hagan a su trufera. Asimismo, es responsabilidad de los asesores científicos sopesar cuidadosamente sus palabras y ayudar a los cultivadores a distinguir entre los hechos científicos sólidos y lo que es probable, debatible, un postulado o una especulación descabellada. Lamentablemente, no ha sido siempre así, al haberse interpuesto a veces el entusiasmo. Lo que hemos tratado de hacer al escribir este capítulo es condensar la literatura existente, separar la realidad de la fantasía, presentar lo que creemos es información concreta e indicar dónde se hallan los límites de esta información.

Cada especie de trufa tiene su propia serie de requisitos ecológicos bien diferenciada. Entre los factores que han de considerarse pueden incluirse pH del suelo, humedad, fertilidad, temperatura, aireación, textura, tipo y contenido de la materia orgánica, así como cobertura de copa, incluyendo la producida por las plantas hospedantes, arbustos y vegetación herbácea. Si una trufa requiere un suelo permeable de pH elevado, no puede esperarse que crezca con fuerza cuando los árboles hospedantes ensombrecen completamente el suelo. El cierre de la cobertura provocará que el nivel de humedad del suelo se eleve, lo cual a su vez puede causar que la abundante hojarasca se pudra y reduzca el pH al incorporarse las hojas al suelo, dando lugar al establecimiento de hongos ectomicorrícicos mejor adaptados a las nuevas condiciones. La ubicación de la trufera también tiene impacto en el mantenimiento. Por ejemplo, en una región fría, una trufa puede requerir una cobertura de copa abierta donde el sol caliente el suelo, mientras que en una región cálida puede requerirse más sombra.

Métodos de mantenimiento

Con el paso de los años se han reconocido varios sistemas de gestión de la trufa negra, especialmente en Francia. El más primitivo es el sistema tradicional, en el cual los árboles, que puede que ni siquiera estén garantizados como inoculados con trufa, se plantan a entre 100 y 150 árboles por hectárea en zonas donde es probable que se hallen en el terreno las esporas de trufa. Después de plantar, el propietario sencillamente se marcha y fundamentalmente deja el resto a los tiernos cuidados de la naturaleza: no se labra el terreno en primavera, ni se riega y, si los árboles se podan, no es intensivamente. Los resultados suelen ser inciertos. El sistema Malaurie es un modelo parecido de bajo presupuesto, pero sólo se plantan de 60 a 80 árboles por hectárea en suelos pobres rejuvenecidos de los Causses (mesetas de caliza con una altitud de 700-1.200 m en torno al Macizo Central Francés), con el fin de producir un entorno atractivo propio de una zona verde. La producción se espera en 15 a 20 años. Como su nombre indica, el sistema de renovación tiene como objetivo resucitar áreas arboladas que producían trufas en el pasado. Implica suprimir árboles, podar donde haya una cobertura de copa cerrada, y labrar el terreno. Este sistema es un ejercicio arriesgado, ya que los resultados son imprevisibles, pero los costos no son excesivos y los rendimientos potenciales pueden ser buenos para algunos.

En el sistema Tanguy, se abandonan los plantones micorrícicos una vez que se han establecido. Se deja que se desarrolle naturalmente la vegetación entre los árboles, principalmente herbáceas, se siega y la hierba cortada se deja en su sitio. Usando este método, el comienzo de la producción suele tardar 10 años y algunos árboles puede que produzcan muy bien mientras que otros no producen nada. En suelos incultos, como en las truferas gestionadas con Tanguy en Francia, las trufas tienden a formarse superficialmente, lo cual también ha ocurrido en una trufera inculta muy productiva de Nueva Zelanda, establecida sobre cenizas volcánicas intensamente abonadas con cal.

El método más intensivo es el sistema Pallier, el cual fue concebido inicialmente por Jean Grente y publicado en 1972, pero posteriormente mejorado con algunos detalles. De los diversos sistemas, es el más caro y el que más tiempo lleva, pero los resultados son más predecibles y la fructificación empieza antes. Por tanto, el sistema Pallier fue el adoptado en Nueva Zelanda en la década de 1980 y en Australia en la de 1990. Originalmente requería plantar 625 a 800 árboles por hectárea, laboreo regular, poda de supresión de los chupones de avellano, poda de formación del árbol para producir una planta en forma de cono de helado (con el vértice en la parte baja), control de malas hierbas con productos químicos o maquinaria, y riegos.

Laboreo del terreno

La trufa negra comparte con las trufas grabada y blanca la necesidad de un suelo bien aireado y de textura abierta. Hay muchas pruebas de que las trufas son mayores, tienen mejor forma y son más numerosas en suelos cultivados que en los incultos. Por consiguiente, suele recomendarse que el suelo de una trufera se labre periódicamente para airear el terreno. Tradicionalmente en Francia y antes de la introducción de maquinaria, esta labor se realizaba usando un instrumento de mano, el *bigos*, que se parece a una horca de dos, tres o cuatro púas, pero con éstas en ángulo recto respecto al mango. Esta herramienta se manejaba como una azuela, pero sólo para aflojar el suelo en vez de cavarlo —tarea de enormes proporciones para una trufera que contuviera más de unas cuantas docenas de árboles—. Actualmente, en Francia, Australia y Nueva Zelanda, son populares las gradas de dientes flexibles montadas en tractor. En Francia a menudo se instalan con un rodillo montado en la trasera para evitar que los dientes se introduzcan más de una profundidad fija de 5-10 cm. Otro método es instalar, a un lado del enganche de tres puntos del tractor, un cilindro de basculación (hidráulico) que permite inclinar las barras que llevan los dientes para poder fijar a 5 cm la profundidad de cultivo junto a los árboles, mientras que al apartarse de éstos el suelo puede labrarse a mayor profundidad, normalmente a 8-10 cm, pero nunca más de 15 cm.

Labrar el terreno parece ser especialmente importante en los primeros años de la trufera, antes de que haya empezado la producción, y también sirve de ayuda controlar las malas hierbas. Sin embargo, labrar con demasiada frecuencia, y sobre todo con motoazadas o mulas mecánicas (azadas rotativas), provocará con el tiempo una pér-

Los dientes flexibles se emplean para incorporar cal o para airear el suelo. El cilindro de basculación situado en la parte izquierda del enganche de tres puntos permite que los dientes se inclinen de manera que no labren tan profundamente junto a los árboles hospedantes. I. R. Hall, cortesía de P. Nelson y G. Nelson

dida de la estructura del suelo, de materia orgánica y, durante las rachas de sequía, del suelo mismo con vientos fuertes. Asimismo, labrar con cultivador el terreno después de principios del verano dañará las raíces superficiales, las micorrizas y el desarrollo del micelio de la trufa en el suelo. Por consiguiente, muchos especialistas en trufas europeos recomiendan ahora que debe haber tan sólo un labrado en primavera (finales de febrero o marzo, en el hemisferio norte), aunque hay algunos que labrarán con cultivador dos o tres veces al año, pero generalmente no más tarde de junio. El suelo no debe labrarse nunca cuando esté demasiado húmedo; en vez de labrar un suelo trufero durante una primavera húmeda, debe dejarse hasta el año siguiente.

Quemados

Las plantas inoculadas con trufa negra o grabada quedan marcadas sobre el terreno por un quemado (también llamado calvero, pelado o trufal), una zona en torno a los árboles con poca vegetación. Cada año el sistema radicular de la planta hospedante de la trufa atraviesa un ciclo de alargamiento de las raíces y exploración de nuevo suelo, formación micorrícica y, hacia el final de la temporada vegetativa, letargo radicular y muerte de las micorrizas viejas. Por consiguiente, los quemados se agrandan de año en año. Los quemados normalmente tardan varios años en desarrollarse, aunque en la trufera de Alan y Lynley Halls, cerca de Gisborne (Nueva Zelanda), a finales del primer verano se habían desarrollado quemados de aproximadamente 50 cm de diámetro. Una vez formados, los quemados normalmente anuncian el inicio de la producción trufera en los primeros años siguientes. Ocasionalmente, puede que un quemado ocurra sólo en un lado de un árbol cuando otros hongos ectomicorrícicos dominan en el otro lado. Los quemados pueden también ser más evidentes en un momento del año que en otro, siendo normalmente más prominentes a finales del verano, en otoño y en invierno. En truferas jóvenes, durante el verano, especialmente después de llover tras un período de sequía, los quemados pueden estar tan poco definidos que pasen desapercibidos. La cañuela de oveja (*Festuca ovina*), los sedum (*Sedum*) y la vellosilla (*Hieracium pilosella*) se encuentran habitualmente en quemados en Europa, y se ha sugerido que la cañuela tiene un efecto beneficioso en la producción, porque a menudo se encuentran debajo de ella trufas de buena calidad.

No está claro cómo se desarrolla el quemado, pero las sustancias fitotóxicas producidas por el hongo, la destrucción de las raíces de malas hierbas realizada por el hongo, cambios de la flora del suelo y aleloquímicos (sustancias que inhiben el crecimiento de competidores) producidos por el micelio, las micorrizas y las trufas probablemente contribuyan, todos ellos, a su formación. Aunque algunos hayan sugerido que la causa del quemado es una falta de luz bajo la cubierta de copa, en muchos casos está claro que esto no tiene nada que ver con su formación. En Nueva Zelanda, también se han encontrado quemados en torno a plantas inoculadas con trufa de Borch (*Tuber borchii*), la cual, como la trufa negra, se ha demostrado que produce aleloquímicos. También producen quemados algunos hongos competidores, incluidos *Scleroderma* y un hongo que no fructifica y que los científicos franceses llaman AD (*angle droit*, refiriéndose a la ramificación perpendicular de sus hifas). Se trata de competidores frecuentes en truferas europeas y pueden generar mucho entusiasmo antes de que se aclare la verdadera razón del quemado. El desconocimiento de cómo produce los quemados la trufa negra hace muy difícil adivinar el beneficio que pueda tener para el hongo. Si el hongo adquiere nutrientes de las raíces moribundas de las malas hierbas, ése sería motivo suficiente para que el hongo re-

ARRIBA Quemado de trufa negra (*Tuber melanosporum*) formado después de ocho meses en la trufera de Alan y Lynley Halls, Gisborne (Nueva Zelanda).
I. R. Hall

IZQUIERDA La trufa negra (*Tuber melanosporum*) puede formar intensos quemados sobre encina (*Quercus ilex*).
I. R. Hall

ARRIBA Evidentemente, la sombra no es la causa del quemado en torno a este roble (en el centro a la izquierda) inoculado con trufa negra (*Tuber melanosporum*), Paso del Furlo, en la Vía Flaminia (Pésaro, Italia). I. R. Hall

DERECHA Se supone que las trufas de Borch (*Tuber borchii*) no producen quemados, pero éstos parecen estarse formando en algunas truferas artificiales de Nueva Zelanda. I. R. Hall

Este quemado creado por el hongo ectomicorrícico contaminante AD nunca producirá trufas. I. R. Hall

corriese ese camino evolutivo en particular. La falta de competencia por parte de especies de malas hierbas sería, sin duda, de ayuda también para la planta hospedante.

Existen opiniones encontradas sobre si debe realizarse el laboreo dentro del quemado después de que la producción haya comenzado. En muchas truferas grandes de Francia, los quemados se labran en primavera (finales de febrero o marzo) con la misma maquinaria que se emplea entre las hileras, pero con los dientes fijados a sólo 5 cm. Los quemados no se labran después de comienzos de abril (hemisferio norte), ya que esto perturbaría el desarrollo del micelio y acabaría con los primordios de trufa.

Herbicidas frente a labrado del suelo con cultivador

En Francia, Australia y Nueva Zelanda a menudo se controlan las malas hierbas en las truferas con herbicidas como el glifosato, un herbicida sistémico que es absorbido fácilmente por las hojas y los tallos y trasladado por toda la planta, o el herbicida desecante no sistémico glufosinato de amonio. (Téngase presente que *no* deben utilizarse los herbicidas desecantes que contienen una mezcla de 2,4-D y diclorprop.) Éstos pueden aplicarse, por ejemplo, con un pulverizador de mochila o con unidades motorizadas montadas en un tractor o en un ATV agrícola. En truferas jóvenes, el uso de protectores rígidos de árboles permite el empleo de herbicidas bastante cerca de ellos, quedando sólo unas pocas malas hierbas en el interior de las protecciones, que se suprimen a mano. El glifosato puede usarse para controlar herbáceas difíciles, como la gramilla (también llamada grama del norte, grama de las boticas y trigo rastrero, *Agropyron repens*), aunque pueden necesitarse tres o cuatro aplicaciones durante una temporada para lograr controlarla finalmente. El glufosinato de amonio puede también pulverizarse sobre los avellanos con tronco leñoso para acabar con los chupones. También es efectivo en el control de tréboles estoloníferos, que pueden colonizar completamente los quemados.

Dado que el uso reiterado de glifosato selecciona contra herbáceas a favor de las dicotiledóneas, Sourzat (1989) advertía contra el abuso de este herbicida. En cambio, sugería labrar el terreno en primavera, cuando ello no tendrá efectos perjudiciales sobre la producción de trufas, y controlar después las malas hierbas mediante siega. Sin embargo, en zonas con precipitaciones relativamente altas, no basta con tan sólo labrar el suelo para controlar las herbáceas y las malas hierbas, que pueden descontrolarse fácilmente. Las continuas siegas también devolverán materia orgánica fresca al suelo y reducirán el pH de éste o al menos expondrán las micorrizas a filtraciones ácidas. Asimismo, dejar una alfombra de hierba en torno a los árboles disminuirá en varios grados la temperatura media del suelo, un problema potencial en zonas que son climáticamente poco rentables para las trufas, y reducirá al mínimo las fluctuaciones en la temperatura del suelo que son normales en quemados naturales y se ha sugerido que son probables desencadenantes de la fructificación. Sería ciertamente poco sensato airear el terreno o incluso segar la hierba cuando puedan estar presentes trufas inmaduras totalmente desarrolladas justo debajo de la superficie del suelo —ya a finales de febrero en Nueva Zelanda (el equivalente de finales de agosto en el hemisferio norte)—.

No está claro si los herbicidas tienen algún efecto directo sobre los hongos ectomicorrícicos. En un experimento, los herbicidas triclopir, imazapir (Clearsol) y sulfometuron metil no tuvieron efecto alguno sobre la capacidad de los hongos ectomicorrícicos para infectar raíces, incluso en concentraciones perjudiciales para

ATV agrícola con unidad pulverizadora trasera que se emplea para el control de malas hierbas y chupones en los avellanos. I. R. Hall

el crecimiento de los plantones, mientras que otros experimentos han demostrado que el glifosato estimulaba incluso la formación micorrícica. Los herbicidas pueden tener efectos adversos en otros hongos ectomicorrícicos comestibles, aunque no se ha determinado si se trata de un efecto directo del producto químico sobre el hongo o del recalentamiento del terreno denudado y el aumento de sequedad del suelo expuesto al sol.

Se han observado recolecciones excepcionales después de aireación a 30 cm en primavera, quizás porque el hongo de la trufa es capaz de aprovechar nutrientes en las raíces que han sido dañadas. No obstante, la aireación profunda del suelo prolongada será perjudicial, ya que dañará las raíces tróficas y las micorrizas que suelen hallarse en los 10 a 20 cm superiores del suelo.

Humedad del suelo

La naturaleza muy aireada de los suelos de trufa negra y blanca asegura que, inmediatamente después de una de las esporádicas e intensas tormentas eléctricas que salpican el verano en el sur de Francia y en Italia, el aire del interior del suelo es reemplazado rápidamente por aire más pesado y más frío, rico en oxígeno, proveniente de por encima del suelo, algo que se ha sugerido como posible desencadenante para la fructificación en la trufa blanca. Los rendimientos son ciertamente más elevados cuando un otoño húmedo se ve seguido por un invierno con muchos ciclos de helada-deshielo y un verano con muchas tormentas eléctricas y temperaturas del suelo que no superen los 20 °C. El repentino descenso de 5 °C en la temperatura de 10 cm de suelo advertido en truferas de *Tuber melanosporum* en Francia también se ha observado en Nueva Zelanda justo unas pocas semanas antes de que las primeras trufas inmaduras puedan desenterrarse; este descenso de temperatura se ha sugerido como posible desencadenante de la fructificación. Asimismo, se ha sugerido que los descensos en la temperatura del suelo y el aumento de humedad de éste están implicados en la fructificación del boleto por antonomasia (*Boletus edulis*), también llamado calabaza, hongo y viriato, otra seta ectomicorrícica comestible. La respuesta a lo que desencadena la fructificación de la trufa se incluyó casi con seguridad en el estudio de Bardet y Fresquet (1995; ver también el Apéndice 9), que examinó la relación entre el momento de producirse ciertas características climáticas y la fructificación. Aunque sigamos teniendo dudas de lo que podríamos hacer para influir en los rendimientos, se ha demostrado que la humedad del suelo y los riegos afectan tanto a la fructificación como a la producción, y algunos probables candidatos adicionales se enumeran en el Apéndice 10.

Aunque la humedad estival sea un requisito de la trufa negra para la fructificación, su capacidad para sobrevivir en suelos secos y bien aireados con un margen de temperaturas del suelo muy amplio bien puede que sea una estrategia ecológica que le permite dominar en un suelo en que otros hongos ectomicorrícicos no pueden. Por lo tanto, existe el peligro de que un exceso de humedad del suelo año tras año reduzca la porosidad, la aireación y las fluctuaciones de temperatura del suelo, mien-

Las trufas negras (*Tuber melanosporum*) muy inmaduras encontradas en marzo (finales del verano) en la trufera de Alan y Lynley Halls en Nueva Zelanda parecen estar asociadas con un descenso de unos 5 °C en la temperatura del suelo.
I. R. Hall

tras que las hojas y otros detritos orgánicos se pudrirán demasiado rápidamente en el suelo y bajarán el pH de éste, y que, juntos, estos factores podrían alterar el equilibrio ecológico y permitir la entrada de hongos ectomicorrícicos competidores, como los *Scleroderma*. En parte por esta razón, hay quienes sostienen que la hojarasca debe retirarse de la trufera antes de que altere las condiciones del suelo, concepto que se remonta a finales del siglo XIX (Baring-Gould 1894): "Deben tener libertad en la que desarrollarse; además, lo que acaba con ellas es la acumulación de hojas muertas, o cualquier sustancia situada encima de ellas que excluya la luz y el aire. Un terreno trufero excelente se ha echado a perder durante años por la acumulación en él de haces de leña que se han dejado allí y no se han retirado de inmediato. Amén de eso, cuando se talan los árboles, arrastrando la madera por el suelo se hacen muchos estragos en un robledal, ya que se arrancan los carpóforos, y se dañan las fibrosas raíces de las que se alimentan".

Es bien sabido que muchos árboles, y en especial los álamos, extienden sus raíces hasta incluso 30 m en busca de agua. Si estos árboles se encuentran junto a una trufera regada, podrían no sólo competir por el agua, sino también introducir en la trufera hongos ectomicorrícicos contaminantes. Una forma de controlar este problema sería talar los árboles, pero esto podría no ser buena idea si están en una propiedad vecina. Una alternativa es pasar una zanjadora por el suelo existente entre la trufera y los árboles vecinos. Normalmente, las zanjadoras abren en el suelo un surco de 10 cm de ancho y hasta 90 cm de profundidad y cortarán con éxito raíces incluso bastante grandes. Esta operación habrá que repetirla regularmente para impedir que las raíces vuelvan a crecer.

Riegos

La producción de trufas se ve gravemente afectada en los años secos y es evidentemente fundamental para la fructificación una humedad del suelo adecuada, como la que proporcionan las tormentas eléctricas estivales en los climas mediterráneos. Los arroyos y ríos no se ven con frecuencia en las regiones del sur de Europa abundantes en caliza; pero, cuando hay agua de riego, los cultivadores pueden adoptar un enfoque intuitivo y regar cuando el suelo parezca necesitarlo. Tomar un puñado de suelo recogido de unos cuantos centímetros por debajo de la superficie y comprimirlo es una manera rápida y fácil de determinar si está seco. Otros siguen más bien las recomendaciones generales para regar: "después de unos 20 días de sequía, han de aplicarse 30 mm de agua" (Sourzat 1981). Algunos truficultores usan tensiómetros (aparatos para medir el estado de humedad del suelo) y riegan cuando el indicador registra más de unos 40 centibares, mientras que unos pocos han instalado sensores electrónicos de humedad que ponen en marcha sofisticados sistemas de riego. El problema con ellos es que dependen de que el bloque de yeso de la parte baja del tensiómetro o el sensor electrónico estén en íntimo contacto con el suelo circundante, algo que requiere un cuidadoso mantenimiento. Se emplee el sistema que se emplee, al regar es importante que el ritmo al que se aplica el agua no exceda la tasa de infiltración, pues esto provocaría estancamientos y, especialmente en suelos con un contenido de arcilla relativamente alto, una pérdida de la porosidad del suelo que se sabe es esencial para las trufas negra, grabada y blanca.

Podría pensarse que nuestra falta de conocimientos de lo que desencadena la fructificación de hongos ectomicorrícicos comestibles y los factores que controlan las dimensiones de la recolección habría generado un rosario de investigaciones de campo, al menos para aquellas especies que pueden cultivarse. Sin embargo, las publicaciones sobre este tema son escasas, por lo que sigue siendo un área fértil de investigación para alguien con 20 años libres —y la consiguiente financiación de las investigaciones—. Es de esperar que, al popularizarse más los riegos en truferas europeas basados en algunos espectaculares resultados experimentales y al ser la irrigación casi obligatoria en las partes más secas de Australia y Nueva Zelanda, se dispondrá durante la próxima década de más información fiable sobre la cantidad de agua que debe aplicarse y cuándo conviene hacerlo.

Acolchado

En las zonas truficultoras de Europa donde no se dispone de agua de riego o en las que, sencillamente, es demasiado cara para usarla, los cultivadores han colocado tradicionalmente acolchados tales como paja, hojas, ramas de enebro o, más recientemente, plásticos sobre los quemados. Entre los efectos a corto plazo del acolchado, se incluyen un aumento de la humedad del suelo y un equilibrado de su temperatura, mientras que las respuestas a largo plazo son incrementos en los nutrientes minerales del suelo, en la agregación de éste, y en la actividad microbiana y enzimática, así como mejoras en las características del drenaje. Por consiguiente, el acolchado puede impedir el desarrollo de enfermedades, insectos, nematodos y hongos transportados por el suelo y, por tanto, tener un efecto positivo en el crecimiento de las plantas y en la producción de trufas. Sin embargo, se ha demostrado que los acolchados reducen la temperatura y los grados-día del suelo, lo cual puede ejercer un efecto perjudicial en las truferas en zonas con climas menos adecuados para la producción de trufas. Asimismo, los acolchados de paja y de tela negra colocados en torno a plantas jóvenes inoculadas con trufa se ha demostrado que reducen las micorrizaciones de trufas y estimulan los hongos ectomicorrícicos competidores, lo cual plantea dudas sobre las consecuencias a largo plazo que podrían resultar del empleo de acolchados en truferas.

Fertilizantes

En Europa se emplean varios fertilizantes orgánicos especializados para truferas, a fin de elevar los niveles de materia orgánica en el suelo o para acolchar los quemados. Son mezclas compuestas de materiales de desecho de origen vegetal y animal ajustadas a un pH superior a 8,0. Uno de estos, Fructitruf®, una mezcla de huesos, pieles, residuos de semillas de aceite de ricino, e hidróxido de potasio, se ha aplicado a dosis de 1 kg/m^2 en torno a árboles jóvenes o a dosis de 500-3.000 kg/ha en truferas más antiguas. Aunque se ha informado de que la incorporación de cascarilla de arroz a dosis de 250 g/m^2 de quemado ha aumentado el número y peso medio de las trufas en Francia, no se ha convertido en práctica estándar.

Los fertilizantes fosfáticos generalmente reducen la cantidad de hongos micorrícicos sobre las raíces de las plantas. Asimismo, la trufera más productiva de Nueva Zelanda tiene una baja concentración de fósforo disponible para las plantas. Por consiguiente, en Nueva Zelanda se ha desaconsejado la aplicación de fertilizantes fosfáticos y de caliza con una elevada concentración de fosfatos (> 0,1 por ciento). Sin embargo, ni siquiera elevadas aplicaciones de fertilizantes fosfáticos en truferas francesas han tenido efecto importante alguno en la trufa negra. Asimismo, en la trufera de Nueva Zelanda propiedad de Don e Isabel Dempsey, se han formado trufas y ha habido buenos niveles de infección incluso con 70-110 mg/ml de fósforo extractable Olsen, un nivel más afín a un suelo hortícola. Evidentemente, nuestra comprensión de lo que realmente ocurre bajo tierra en las truferas deja mucho que desear.

Carencias de nutrientes

Aunque el análisis edafológico sea una herramienta muy útil para medir las cantidades de los diversos elementos presentes, es sólo una aproximación a las cantidades de las que dispone la planta y las que absorberá. Es mejor medir lo que hay en el interior de la planta, especialmente en las hojas, la central energética de las plantas verdes. Debido a que las concentraciones de nutrientes foliares cambian al envejecer las hojas, las muestras del follaje de frondosas se suelen tomar a finales del verano y mucho antes de la caída de la hoja (de finales de agosto a septiembre en el hemisferio norte), mientras que para las coníferas el muestreo debe realizarse después de que los árboles hayan entrado en letargo a finales del otoño. Para reducir los errores al mínimo, hay que tomar muestras de unas 10 plantas. Éstas pueden elegirse al azar, a lo largo de una línea trazada a través de la trufera, o justo de las plantas que parezcan estar afectadas por carencias de nutrientes. Cuando haya varias plantas hospedantes en una trufera, hay que tomar muestras por separado, porque las concentraciones saludables normales de nutrientes varían de una especie a otra. No deben tomarse muestras de las plantas situadas en áreas polvorientas, como puedan ser los bordes de carreteras, porque las cantidades de algunos elementos presentes en el polvo podrían ser mucho más elevadas que las existentes en el interior de las plantas. Si en la trufera hay pocas plantas o éstas son muy pequeñas y la toma de muestras suprimiría una proporción significativa del follaje, es mejor analizar el suelo en vez de estresar las plantas.

Al recoger muestras foliares es importante guardarlas en bolsas de papel nuevas y limpias. Las bolsas de plástico no deben emplearse, pues hacen que las hojas transpiren y respiren, lo cual puede llevar a inexactitudes en los análisis. Es mejor no tocar las hojas con las manos sudadas, ya que esto también puede provocar inexactitudes. Para especies frondosas, sólo deben tomarse muestras de las hojas maduras más altas y totalmente abiertas, y para las coníferas sólo hojas de la temporada vegetativa recién terminada. Suele ser más que suficiente un total de 50 g de peso en fresco (aproximadamente 5 g después del secado, o de 20 a 30 hojas de plantas frondosas), pero es mejor consultar primero al laboratorio que se empleará. Las hojas perderán peso y se deteriorarán en el correo, por lo que, si nos encontramos a más de 24 horas de un laboratorio adecuado, tendremos que secar las hojas a 70 °C durante unas 24 horas, lo cual puede hacerse poniendo las hojas sobre tapaderas limpias, vueltas hacia arriba, de fuentes de vidrio en un horno doméstico con la función ventilador activada. Para asegurarse de que la temperatura del horno se halle dentro de ± 5 °C, puede calibrarse con un económico termómetro digital provisto de una sonda externa adquirida en la tienda de electrónica más cercana. A través de Internet o de la guía telefónica pueden encontrarse laboratorios especializados que realicen análisis foliares. Una selección muy pequeña de ellos puede encontrarse al final del libro. Es posible confrontar después los resultados de los análisis con estándares. Pueden obtenerse de diversas fuentes las concentraciones normales de nutrientes para avellanos cultivados por sus frutos, pero no parece posible conseguir los estándares para especies tales como el carpe negro, la encina o la jarilla.

Potasio, magnesio y azufre

La carencia de potasio puede corregirse mediante la aplicación de sulfato potásico a dosis de 100 kg/ha. Sin embargo, los involucrados en la industria de los frutales advierten contra la aplicación de potasio por sí solo, debido a los riesgos de desequilibrar la ratio potasio-magnesio. La recomendación es, por tanto, aplicar potasio recubierto de azufre a dosis de 1-4 kg/ha por árbol y aproximadamente un tercio (en peso) de sulfato de magnesio de liberación controlada. Después, una vez se haya corregido la deficiencia de potasio, no debe aplicarse más potasio hasta que análisis foliares muestren que vuelve a necesitarse.

Una carencia de magnesio en un suelo es probable que se haya detectado en las pruebas edafológicas preliminares realizadas mucho antes de establecer la trufera y corregido mediante la incorporación de dolomita en el suelo. Sin embargo, si se presenta una deficiencia de magnesio después del establecimiento, puede tratarse mediante la aplicación de sulfato de magnesio de acción rápida a una dosis de aproximadamente 100 kg/ha o mediante la aplicación de dolomita finamente molida. La carencia de azufre puede corregirse mediante la aplicación de azufre elemental fino a una dosis de 30 kg/ha.

Oligoelementos

En suelos de pH elevado, algunos oligoelementos esenciales para el crecimiento de las plantas pueden encerrarse en formas insolubles a las que las plantas no pueden acceder, provocando síntomas de carencia de oligoelementos. Esto también sucede cuando un suelo naturalmente ácido se abona con cal intensamente. El hierro es el elemento que con mayor probabilidad se ve afectado y provoca problemas en suelos de pH elevado, aunque también pueden ocurrir deficiencias de boro, cobre, manganeso y cinc. El principal síntoma de carencia de oligoelementos es el amarilleo (clorosis) de las hojas. Generalmente, los síntomas de deficiencia de cada uno de los oligoelementos son parecidos, especialmente cuando las carencias se hallan justamente en el límite. Incluso el ojo experto, por precaución, será cauto en su diagnóstico hasta que se hayan obtenido análisis foliares.

Hierro

Cuando las concentraciones de hierro disponible en el suelo se hallen por debajo de unas 100 ppm, esto puede provocar problemas de carencia de hierro en las plantas. Lo característico es que estos problemas se manifiesten como hojas amarillas (clorosis) con los nervios verdes o, en casos más graves, poniéndose marrones las hojas y con graves trastornos del crecimiento. En suelos ácidos abonados con cal, los síntomas de deficiencia de hierro pueden desaparecer espontáneamente una vez las raíces de las plantas penetran en el subsuelo, donde la concentración de hierro disponible suele ser mayor. No obstante, en suelos de pH naturalmente elevado, las concentraciones de hierro disponible pueden ser aún más bajas en el subsuelo, debido a la presencia de grandes cantidades de caliza de la roca subyacente.

En la industria del avellano, la carencia de hierro se remedia aplicando 100 g de Fe-EDDHA —ácido etilendiamino-di-(orto-hidroxifenilacético)— al suelo bajo cada árbol al final del invierno. La deficiencia de hierro en plantas truferas jóvenes puede aliviarse mediante la aplicación al suelo, dentro de un círculo de 50 cm de diámetro en torno a cada árbol, de 15-50 g por árbol de un quelato Fe-EDDHA. Debido a que los quelatos de hierro son fotosensibles, es necesario enterrarlos bajo la superficie del suelo para evitar su deterioro, lo cual puede lograrse retirando con rastrillo 1-2 cm de suelo de alrededor de los árboles, pulverizando encima el quelato y volviendo a colocar después el suelo rastrillado. La alternativa es aplicar fumigaciones foliares regulares durante la temporada vegetativa —una alternativa más económica, pero sólo en productos químicos, no si uno tiene presentes su tiempo y su espalda—. Téngase en cuenta que los quelatos de hierro se consideran dañinos si se tragan o inhalan. También pueden causar irritación de los ojos, la nariz, la garganta o la piel, por lo que debe evitarse el contacto. Si se mete alguno de los productos químicos en los ojos, hay que lavárselos inmediatamente con abundante agua limpia y consultar después a un médico.

Manganeso

Bajos niveles de manganeso extraíble son comunes en suelos de pH elevado y donde se han aplicado grandes cantidades de cal, como se encuentra en muchas truferas de Nueva Zelanda. Los síntomas de carencia de manganeso son a menudo similares a los de deficiencia de hierro, pero con nervaduras verdes más oscuras separadas por áreas amarillentas (clorosis intervenal). Aunque la carencia de hierro suele afectar a las hojas más jóvenes y la deficiencia de manganeso sea más pronunciada en hojas de edad intermedia, ésta no es una característica fácil o fiable que usar como instrumento diagnóstico. Es mejor hacer que, en cambio, se realicen análisis foliares y que los interprete un especialista. Los síntomas de carencia de manganeso en la mayoría de especies están asociados con niveles foliares menores de 20 ppm, con síntomas especialmente graves en menos de 10 ppm. Las plantas sanas normalmente contienen de 50 a 200 ppm de manganeso, aunque se ha informado de niveles de hasta 1.500 ppm cuando se han aplicado fungicidas que lo contenían.

La deficiencia de manganeso puede tratarse fumigando el follaje con sulfato de manganeso a dosis de 5-30 kg/ha, o en una concentración de 1-5 kg de manganeso en 200 L de agua. Sin embargo, con cítricos deficientes en manganeso, las plantas tienen que fumigarse cada semana. En vez de fumigaciones foliares, puede aplicarse al suelo óxido de manganeso, quelato de manganeso u oxisulfato de manganeso en polvo (Apéndice 11). Para un tratamiento masivo, el oxisulfato de manganeso debe aplicarse a dosis de 50 kg/ha; si se aplica en un surco o franja de terreno, debería bastar con 10-20 kg/ha. Asimismo, si hay que fumigar el manganeso en torno a cada árbol, la cantidad aplicada no debe ser mayor de 2 g/m^2. Dado que el manganeso masivo no tendrá que aplicarse más que una vez al año, el pequeño costo adicional en productos químicos sería, desde luego, más económico que el costo de fumigar el follaje cada semana.

Cuando se aplican simultáneamente manganeso y hierro, cada uno puede interferir con la asimilación del otro. Si uno se encuentra en la desdichada situación de necesitar ambos, recomendamos consultar a un profesional.

Cobre

En los avellanos, robles y encinas, el principal rasgo de carencia grave de cobre se ha denominado "muerte regresiva" o "escoba de bruja", debido al precoz cese del crecimiento de la yema terminal y la parcial muerte regresiva de las yemas apicales. Como con los demás oligoelementos, el principal síntoma de deficiencia leve de cobre es la clorosis. Elevadas concentraciones de hierro, fósforo o cinc en la solución del suelo pueden reducir la absorción de cobre por las plantas y provocar una carencia de este metal.

Debido a que muchos compuestos de cobre son fungicidas, hay que tomar considerables precauciones al aplicarlo a una trufera: ha de aplicarse suficiente cantidad para cubrir las necesidades de la planta, pero sin que tenga un efecto perjudicial sobre el hongo. Las altas concentraciones de cobre pueden incidir negativamente en el crecimiento radicular. Un enfoque conservador sería aplicar sulfato de cobre a dosis de 1 kg/ha en el agua de riego, con una concentración no mayor de 0,25 kg por 1.000 L de agua. Esta operación podría repetirse cada riego hasta que las concentraciones foliares de cobre se acerquen al margen normal. Una alternativa es diseminar el producto químico en seco directamente en la superficie del suelo y luego introducirlo en éste mediante riegos. Sin embargo, es difícil aplicar cantidades muy pequeñas de fertilizantes sobre grandes áreas, por lo que los fertilizantes de oligoelementos se mezclan a menudo con arena seca fina y se extiende la mezcla. Una forma de asegurar una distribución uniforme de esta mezcla es combinar 1 kg de sulfato de cobre con 20 kg de arena seca fina para cada hectárea que haya que tratar. Esta mezcla se divide después en 16 partes, y 1 parte de mezcla de arena/sulfato de cobre se distribuye entonces sobre $^1/_{16}$ de la trufera.

En Europa las truferas a menudo se establecen en zonas que han sido empleadas con antelación para cultivos, en especial viñedos. En estas áreas, para controlar hongos patógenos, se han empleado generalmente en el pasado grandes cantidades de caldo bordelés, que contiene cobre. Por consiguiente, las concentraciones de cobre en los suelos pueden elevarse hasta tal punto que sean tóxicas para las plantas y el cobre pueda acumularse en las trufas.

Boro

Entre los síntomas de carencia de boro, se incluyen: un amarilleo general de las hojas, que afecta más a las hojas jóvenes que a las viejas; pequeñas plantas atrofiadas con rosetas de gruesas hojuelas deformes en los ápices de las ramas, y muerte de éstos. La deficiencia de boro suele acentuarla la sequía.

En la industria norteamericana del avellano, una única aplicación a cada árbol de 125 g de arena fina que contenga un 0,1 por ciento de ácido bórico o bórax (es decir, 0,125 g/m^2 mezclados con 125 g de arena) reduce la proporción de avellanas vacías, aumenta el tamaño de las mismas y los rendimientos totales, y estimula el crecimiento de raíces primarias y laterales. La carencia de boro en bosques de *Pinus radiata* de Nueva Zelanda se controla normalmente diseminando, a dosis de 60 kg/ha (8 kg/ha de boro), ulexita granulada finamente molida uno o dos años después de plantar. El borato de sodio aplicado a dosis de 2 kg de boro por hectárea proporcionará una rápida recuperación de la muerte regresiva si ya está ocurriendo (Apéndice 12).

La cantidad de boro que necesitan las plantas es muy pequeña, y resulta relativamente fácil aplicar demasiado, provocando toxicidad por boro. Por consiguiente, para los cultivos suelen recomendarse tasas de boro no mayores de 0,5 a 1,5 kg/ha. En la industria del avellano, se recomienda que no se aplique boro adicional si las concentraciones foliares de este oligoelemento superan las 200 ppm.

Cinc

No hemos identificado todavía carencia de cinc en truferas, pero estamos seguros de que debe existir. La deficiencia de cinc es común cuando los cultivos se realizan en suelos arenosos, calcáreos o abundantes en sodio, en los cuales generalmente existen bajos niveles de cinc. La carencia también ocurre cuando hay altos niveles de fosfato y nitrógeno en el suelo, las raíces están restringidas por compactación del suelo o existe una capa freática elevada. Los síntomas de deficiencia de cinc en cultivos y frutales son el amarilleo de las partes de las hojas situadas entre las nervaduras y la formación de rosetas de hojas en los ápices de cada tallo.

Para tratar la carencia de cinc se emplean comúnmente aplicaciones de sulfato de cinc, ya sea aplicándolo al suelo o como pulverización foliar, aunque parece aceptable incluirlo en el agua de riego. Las aplicaciones masivas de 11 a 100 kg/ha de hidrosulfato de cinc o 0,3 a 6 kg/ha de cinc quelado son típicas *en agricultura*. Sin embargo, como el cobre, el cinc es fungicida y por eso recomendamos emplear 1 kg/ha en el agua de riego, con una concentración no mayor de 0,25 kg por 1.000 L de agua. El efecto residual de los tratamientos de cinc puede durar varios años.

Enfermedades de las plantas

Los hongos ectomicorrícicos son capaces de acceder a algunos nutrientes directamente del suelo, pero son en buena parte dependientes de la planta hospedante para obtener los hidratos de carbono y disponer de un lugar para vivir. Las enfermedades de las plantas causadas por hongos, bacterias o virus y las plagas de invertebrados privan a la planta de sus recursos, pueden perturbar la fotosíntesis e interfieren con la capacidad de la planta para trasladar nutrientes de las raíces a los brotes y viceversa. Por consiguiente, es lógico que los truficultores hagan lo que puedan para mantener la salud de sus árboles hospedantes.

Muchas enfermedades y plagas pueden afectar a los hospedantes de las trufas. Por ejemplo, los robles de los Estados Unidos albergan más de 90 enfermedades bacterianas y fúngicas y más de 100 plagas, todas ellas capaces de nutrirse directamente de los árboles. Algunas de ellas tienen la capacidad de amenazar gravemente la salud o incluso la supervivencia misma de los árboles y, por tanto, la productividad de la trufera. Por consiguiente, existen bastantes posibilidades de que el propietario de una trufera sufra algunos problemas de una o más enfermedades o plagas.

En algunos casos la causa de la enfermedad no se debe a otro organismo, sino a factores abióticos, tales como heladas, temperaturas excesivamente altas del suelo o el aire, sequía, contaminación o herbicidas. Es a menudo sencillo conseguir prevenirlos evitando la sequía o el riego en exceso, el empleo cuidadoso de herbicidas, y medidas tales como mantener las condiciones de cultivo en un estado que no favorezca los organismos patógenos. Asimismo, prevenir que ocurran enfermedades es mejor que tratar de curarlas o impedirles que se propaguen una vez han entrado en la trufera. Por ejemplo, plantar sólo plantas hospedantes con certificado de estar libres de enfermedades, utilizar herramientas que hayan sido lavadas a fondo y puestas en remojo durante un par de minutos en una solución al 5 por ciento de lejía doméstica, y pintar las superficies cortadas con pasta de poda o incluso pintura acrílica puede que sea todo lo que se requiera para prevenir la entrada y propagación de una enfermedad.

Se encuentran muchos libros especializados en patología vegetal, como *El manual de enfermedades de las plantas,* de Ian M. Smith y otros, y la excelente serie de libros y páginas web publicadas por la American Phytopathological Society (Sociedad Estadounidense de Fitopatología). Por lo tanto, describimos aquí tan sólo unos cuantos ejemplos de los problemas que un truficultor podría encontrarse.

Enfermedades fúngicas

Diversas enfermedades fúngicas pueden infectar a plantas inoculadas con trufa, incluyendo manchas foliares, royas, chancros, podredumbres de las raíces y basales, así como necrosis del cuello y del leño. Si se toman medidas preventivas, la mayoría no provocan graves problemas en el campo, pero algunas son problemáticas —especialmente en el interior de invernaderos, donde las temperaturas y la humedad elevadas favorecen el crecimiento y propagación de enfermedades fúngicas—. En truferas, evitar regar durante las horas más calurosas del día y dejar mucho espacio para que el aire circule entre los árboles son medidas que limitarán la propagación de los hongos.

Los fungicidas pueden usarse para tratar de controlar estas enfermedades, pero hay que tener cuidado de asegurar que el fungicida no penetre en el suelo y dañe posiblemente al hongo de la trufa. Muchos fungicidas son activos contra Ascomicetos, los hongos patógenos más comunes, y por consiguiente también inhiben al micelio de la trufa más que a los hongos ectomicorrícicos competidores, que son en su mayor parte Basidiomycetes. Pueden emplearse muchas webs para seleccionar el mejor fungicida que emplear según su actividad, formulación y aplicación (por ejemplo, el sitio web italiano http://fitogest.imagelinenetwork.com). Sin embargo, a menudo pueden encontrarse consejos prácticos introduciendo, por ejemplo, "fungicidas" y "roble" o "avellano" en un buscador de Internet.

El empleo de fungicidas y otros compuestos potencialmente tóxicos en el cultivo de un producto de gastronomía de precio muy elevado, como las trufas, tiene evidentemente que considerarse cuidadosamente. Desde luego que no pueden utilizarse fungicidas si es nuestra intención producir trufas libres de productos químicos agrícolas, pero su empleo prudente cuando la supervivencia de la planta hospedante pueda hallarse en peligro está, por supuesto, justificado. Aunque algunos investigadores han descubierto que los fungicidas iprodiona y maneb no tenían efectos depresivos en la formación micorrícica, e incluso la estimulaban, otros han demostrado que la iprodiona suprimía la trufa de Borch en favor de *Hebeloma*, un hongo Basidiomycete ectomicorrícico.

Los oídios, cenizos o cenizas (Erysiphales) son enfermedades fúngicas muy comunes de una amplia gama de plantas. Entre estos hongos se incluyen *Microsphaera alphitoides* (= *Oidium quercinum*, la etapa asexual), *Microsphaera alni*, *Erysiphe trina*,

Phyllactinia corylea y *Sphaerotheca lanestris* sobre robles y *Phyllactinia guttata* en avellanos. La enfermedad se reconoce fácilmente por las manchas pulverulentas blancas a grisáceas en las hojas, los tallos jóvenes, las yemas, las flores y los frutos verdes, especialmente cuando el tiempo es caluroso y húmedo. En casos graves, es posible que las hojas y los ápices de los brotes estén cubiertos por el hongo, lo cual puede provocar necrosis y defoliación parcial o total.

Los inhibidores de la biosíntesis del ergosterol (IBE) o el azufre elemental se recomiendan para el control del oídio. Afortunadamente, los IBE y el azufre se ha demostrado que no tienen ningún efecto observable sobre las ectomicorrizas de trufa de Borch y de trufa grabada, incluso a dosis altas de aplicación. Existe también un agente biológico de control que es efectivo contra el oídio, *Ampelomyces quisqualis*, un hongo hiperparásito de aparición natural. Infecta las hifas del oídio, las conidióforas (hifas especializadas en producir esporas) y los cleistotecios (cuerpos fructíferos esféricos y cerrados) y reduce el crecimiento de la colonia de mildiu. Se encuentran polvos que contienen *A. quisqualis* con el nombre comercial AQ_{10}.

Una medida no tóxica para prevenir el oídio es mezclar 1 cucharada de bicarbonato de sodio, 2,5 cucharadas de aceite de oliva y unas cuantas gotas de lavavajillas con 5 L de agua, agitarlo bien y pulverizarlo sobre las hojas. El bicarbonato de sodio es fungicida y el aceite de oliva crea una película grasa sobre la superficie de las hojas e impide que las esporas fúngicas germinen y penetren en las hojas a través de la superficie oleosa.

La marchitez del avellano que en inglés se denomina *Eastern filbert blight* (EFB), causada por el Ascomiceto *Anisogramma anomala*, es una de las principales enfermedades que afectan al avellano común (*Corylus avellana*) en Norteamérica. Este hongo causa problemas menores en el avellano americano (*Corylus americana*), pero es una enfermedad potencialmente fatal en el avellano común. La región nordeste del Pacífico estaba libre de esta enfermedad hasta 1973, pero la EFB se halla actualmente extendida por toda Norteamérica. El primer síntoma de la enfermedad es la aparición de chancros negros elevados (estromas) aproximadamente 12 meses después de la infección, los cuales se extienden rápidamente por todo el árbol hasta a un ritmo de 1 m al año. Las hojas marchitas permanecen sujetas a las ramas moribundas y son características de la enfermedad. Sin tratamiento, árboles bien establecidos morirán en 5 a 10 años. En la industria norteamericana del avellano, las medidas de control implican suprimir las ramas infectadas 0,5 a 1 m por debajo de donde aparezcan los síntomas, quemarlas y pulverizar después los árboles con compuestos que contengan hidróxido de cobre. En la industria del avellano también se recomiendan cultivares y polinizadores resistentes, para limitar la propagación de la enfermedad.

Phytophthora es un género de organismos fúngicos acuáticos, anfibios y terrestres con esporas motiles, pertenecientes a la gran familia primitiva Pythiaceae, que causan graves enfermedades de cultivos y plantas económicamente importantes (por ejemplo, árboles madereros y ornamentales). *Phytophthora infestans* fue el responsable de la hambruna de la patata en Irlanda que empezó en 1845, y en Australia *P. cinnamomi* ha causado muerte regresiva grave en diversos árboles de bosques autóctonos. *Phytophthora ramorum* es la causa de muerte repentina del roble en los Estados Unidos y se ha propagado a Europa. *Phytophthora ramorum* y *P. kernoviae*, otra especie recientemente encontrada en Europa, no son aún un problema en la industria trufera de Europa y Norteamérica, pero tienen posibilidades de llegar a serlo: entre los árboles especialmente propensos, se incluyen el roble de Turquía (*Quercus cerris*), la encina (*Q. ilex*), el haya (*Fagus sylvatica*) y el abeto de Douglas (*Pseudotsuga menziesii*), que son, todos ellos, plantas hospedantes importantes para las trufas (Apéndice 3). Como con otras enfermedades, las truferas que contienen plantaciones mixtas de varias especies de planta hospedante no relacionadas entre sí es probable que salgan mejor paradas que aquellas que contienen tan sólo una especie propensa a esta enfermedad. Por ejemplo, la encina es más propensa a la infección por *P. ramorum* que el roble común (*Q. robur*).

Un buen drenaje del suelo puede prevenir o limitar la propagación de necrosis de las raíces y del collar, chancros y la decadencia y muerte de plantas causados por especies de *Phytophthora*. Servirá de ayuda suprimir los árboles infectados, o podar las ramas infectadas y luego quemarlas, seguido por pulverizaciones de las heridas de poda y de los árboles circundantes con formulaciones de cobre. Sin embargo, es mejor prevenir estas enfermedades que tratar de curarlas o de limitar su propagación después de que hayan entrado en la trufera.

En España e Italia *Cytospora corylicola*, *Nectria ditissima* y *Sphaceloma coryli* causan chancro en los avellanos, lo cual provoca la muerte de las ramas más viejas. Entre otras especies comunes que pueden causar chancros en *Quercus* de Europa, se incluyen *Nectria galligena, Nectria cinnabarina, Hypoxylon mediterraneum* y *Botryosphaeria*. Su tratamiento y control son similares a los empleados para la EFB (*Anisogramma anomala*).

Las necrosis o podredumbres de las raíces por especies de *Armillaria* y por *Rosellinia necatrix* son comunes en Europa y en otras partes del mundo y son capaces de acabar con árboles o arbustos, especialmente cuando las plantas están sometidas a estrés. Debido a que estos hongos se desarrollan en las raíces, a menudo pasan desapercibidos hasta que se producen sus setas características en torno a la base del tronco. Las plantas infectadas tienen un aspecto enfermizo, con follaje escaso y descolorido, que amarillea y luego se pone marrón, y dan muestras de muerte regresiva de las ramas. Estas enfermedades, muy peligrosas, es mejor evitarlas no plantando truferas en bosques recientemente talados. Además, las *Armillaria* pueden propagarse rápidamente por el suelo en cordones gruesos de hifas fúngicas (rizomorfas), que pueden medir varios metros de largo, por lo que es fundamental evitar plantar cerca de plantas infectadas con este hongo. Es también mejor evitar los suelos mal drenados faltos de oxígeno, porque estas condiciones pueden debilitar las plantas y hacerlas más propensas a necrosis de las raíces.

Las royas son hongos patógenos que crecen principalmente sobre los tallos y las hojas de las plantas y producen manchas de esporas de color ladrillo. Durante la producción de pinos inoculados con trufa, a veces es preciso aplicar fungicidas sistémicos para controlar las royas, pero existe el riesgo de que afecten al desarrollo de las trufas sobre las raíces. Se conocen varios hongos antagonistas de las royas o que las parasitan, pero aún no se han desarrollado como agentes biológicos de control.

Enfermedades bacterianas

Las truferas no suelen verse afectadas por enfermedades bacterianas, aunque en las industrias del avellano de Francia, el sur de Italia, el este de Europa y Oregón, *Xanthomonas campestris* pv. *corylina* puede causar daños graves. Esta bacteria causa manchas necróticas aproximadamente circulares, a veces rodeadas por un halo amarillento, primero en yemas y luego en las ramas y las hojas que salen de la yema. La enfermedad puede a veces avanzar hasta producir oscuros chancros húmedos en los brotes y es posible que rodee por completo los árboles jóvenes y acabe con ellos.

Las lesiones sobre los tallos pueden supurar células bacterianas en un líquido pegajoso, que es capaz de infectar a otras plantas que presenten heridas abiertas.

Otra enfermedad bacteriana que produce marchitez grave en el avellano está causada por *Pseudomonas syringae* pv. *avellana*. Actualmente afecta aproximadamente a 1.000 ha de avellanares tan sólo en el centro de Italia. La enfermedad puede detectarse en primavera, cuando las plantas infectadas muestran un rápido marchitamiento porque las bacterias interfieren con el traslado de agua en el interior de la planta.

Suprimir y quemar las ramas muertas y los árboles gravemente afectados y emplear productos químicos a base de cobre son medidas parcialmente exitosas para controlar la propagación de enfermedades bacterianas, especialmente cuando hay heridas de poda o daños causados por heladas de primavera, granizo o viento y al comienzo y mediada la época de la caída de la hoja.

Virosis

La virosis más significativa es el mosaico del avellano, causada por el virus del mosaico del manzano (ApMV, *apple mosaic virus*). El ApMV se ha encontrado en un gran número de cultivares de avellano de España, sur de Italia y Turquía. Entre los síntomas se incluyen manchas cloróticas, estrías y moteado en hojas viejas. El virus puede detectarse fácilmente en hojas jóvenes con un test ELISA. Esencialmente nada puede hacerse para tratar las enfermedades víricas, salvo empezar plantando árboles libres de virus —otro problema del que han de ser conscientes los encargados de viveros—.

Plagas de invertebrados

Los árboles hospedantes en truferas pueden ser dañados por una amplia variedad de insectos que atacan las hojas, las raíces y la madera. Las larvas de los barrenadores taladro rojo (*Cossus cossus*) y taladro amarillo (*Zeuzera pyrina*) de la madera pueden escarbar en el leño y son especialmente problemáticos en el sur de Europa. El taladro amarillo es el más peligroso, porque las larvas pueden acabar con las plantas jóvenes. La forma más eficaz de controlar esta plaga es usar trampas semioquímicas. Aunque puede aplicarse el insecticida teflubenzuron a los troncos para impedir la puesta de huevos de los adultos (de primavera a verano para el taladro amarillo y en verano para el taladro rojo), tienen que utilizarse concentraciones bastante elevadas y es tóxico. Otro pesticida muy tóxico, el aldicarb, se emplea mucho en los huertos de pacanas en Norteamérica; por consiguiente, se advierte a las personas contra la recolección de trufas de pacana (*Tuber lyoniae*) en estas zonas. Aunque parezca mentira, el insecto *Cerambyx cerdo* (capricornio de las encinas), que puede causar graves daños a los robles adultos, especialmente en Las Marcas y en la Toscana (Italia), está protegida en toda la Unión Europea.

Moscas del mantillo *(Sciaridae)*

Las moscas del mantillo, que se reproducen en lugares húmedos y cálidos en los que hay materia orgánica en descomposición, pueden ser un problema importante en invernaderos de propagación. Los adultos ponen sus huevos justo debajo de la superficie del sustrato, y las diminutas larvas se alimentan de las raíces en desarrollo. Las moscas adultas son atraídas hacia ciertos colores, por lo que colgar papel atrapamoscas de color amarillo o azul por el invernadero puede proporcionar un control eficaz sin recurrir al uso de pesticidas tales como el diflubenzuron. Una mezcla de 1 cucharada de bicarbonato de sodio, 2,5 cucharadas de aceite de oliva y unas cuantas gotas de lavavajillas en 5 L de agua pulverizada sobre las hojas parece ayudar a controlar las moscas del mantillo en invernaderos donde se producen plantas inoculadas con trufas. Las moscas adultas se quedan pegadas a las superficies oleosas, lo cual ayuda a romper el ciclo reproductor. También pueden emplearse nematodos parásitos. Si las infestaciones de mosca del mantillo empeoran de verdad, pueden emplearse los insecticidas pirimicarb y diflubenzuron. Como con todos los productos químicos agrícolas, hay que aplicarlos con prudencia.

Escarabajo negro

En Nueva Zelanda, los escarabajos negros africanos (*Heteronychus arator*) adultos han causado graves problemas en truferas recién plantadas. En la región de Northland, los escarabajos adultos escarbaron hasta llegar al cepellón, que se hallaba aún dentro de la bolsa de celulosa, de robles y avellanos recién plantados y procedieron entonces a quitar las capas externas de la sección inferior del tallo, hasta llegar al floema —el tejido vascular que transporta productos de la fotosíntesis (fotosintatos) por la planta—. Acabaron rápidamente con la mayor parte de los avellanos afectados más pequeños (de unos 25 cm de altura), mientras que los avellanos más grandes, con corteza de mayor grosor en la parte inferior del tallo, y la mayoría de los robles, que presumiblemente no cuadraban al paladar de los escarabajos, no fueron dañados tan gravemente. Aunque estos daños es probable que sean esporádicos, relacionados con la estación y restringidos a la parte superior de la Isla Norte (34°S a 39°S) en suelos francos arenosos, turbosos y drenantes, ello no sirve de consuelo para los propietarios de una trufera afectada que puede que perdieran un tercio de sus plantas.

Debido a que los escarabajos negros adultos viven sólo unos pocos meses, entre la primavera y comienzos del verano, retrasar sencillamente la plantación hasta mediados del verano puede evitar los daños que causan. Sin embargo, plantar en el momento álgido del verano puede tener sus propios problemas, y es fundamental un sistema de riego eficiente. Otra opción es limitar el número de larvas de escarabajo negro labrando con frecuencia el suelo en otoño e invierno antes de plantar, lo cual puede dañar físicamente a las larvas o sacarlas a la superficie del suelo, donde pueden morir de frío. Sin embargo, ésta no parece ser una medida fiable de control. También pueden usarse pulverizaciones químicas para controlar tanto las larvas

Las larvas de sirice de la madera o avispa barrenadora de los pinos (*Sirex noctilio*), uno de los muchos insectos que pueden causar graves daños a los *Quercus*, casi han circundado el tronco de este árbol. Los únicos signos de su presencia son unos pocos agujeros y áreas hundidas en torno a ellos. I. R. Hall

El eriófido del avellano, aborto de las yemas o badoc (*Phytoptus avellanae*) produce estas yemas hinchadas sobre los avellanos, lo cual a veces puede alcanzar proporciones epidémicas y perturbar el desarrollo del crecimiento del árbol. I. R. Hall

como los escarabajos negros adultos. Puede usarse el insecticida sistémico imidocloprid para proteger los árboles hospedantes durante la fase de establecimiento o bien aplicarse por irrigación al suelo en el momento de la plantación, repitiendo las aplicaciones cada 12-14 semanas cuando el riesgo sea más elevado.

Otras plagas

Entre otras plagas importantes de insectos en avellanos, se incluyen los áfidos, en especial *Myzocallis coryli* y *Corylobium avellanae*; la polilla americana de las avellanas (*Melissopus latiferreanus*), que es un problema en Oregón; la cochinilla marrón del grosellero espinoso (*Eulecanium tiliae*); el arrollador, cacoecia de los frutales o minador de brotes (*Archips rosanus*), que también puede infectar álamos y sauces; la chinche verde, chinche de algodón hedionda o chinche hedionda verde (*Nezara viridula*); y el casi omnipresente eriófido del avellano, aborto de las yemas o badoc (*Phytoptus avellanae*). En Europa más de 100 plagas de insectos pueden encontrarse en las hojas de *Quercus*, tales como el brugo, lagarta pequeña, palomilla o tortrix de la encina (*Tortrix viridana*); la lagarta peluda de los encinares (*Lymantria dispar*), que puede defoliar enormes áreas de bosque; la procesionaria de la encina (*Thaumetopoea processionea*); la oruga de librea o mariposa de Neustria (*Malacosoma neustria*); la blanquilla del chopo (*Leucoma salicis*), aunque ésta, como su nombre indica, se encuentra principalmente sobre chopos y sauces; el gusano de los penachos (*Orgya antiqua*), que también se encuentra sobre sauces y diversos arbustos; y varias avispas o sirices de la madera, como *Sirex noctilio* (avispa barrenadora de los pinos). En los Estados Unidos existen muchas más plagas de insectos, todas las cuales pueden causar problemas de vez en cuando y para las que tal vez se precise asesoramiento local sobre su control. Una buena medida general de control contra muchas orugas folívoras es una pulverización que contenga la bacteria insecticida *Bacillus thuringensis*, que es activa contra la lagarta peluda de los encinares (*Lymantria dispar*), el gusano occidental o tortrix de los brotes de pícea (*Choristoneura occidentalis*), el gusano del pino de Banks (*Choristoneura pinus pinus*), la oruga de la cicuta (*Lambdina fiscellaria fiscellaria*), *Orgyia thyellina*, la oruga de primavera del Este (*Malacosoma americanum*), la procesionaria del pino (*Thaumetopoea pityocampa*), y otros.

Debido al aislamiento y a atentos controles de fronteras, existen muchas menos plagas y enfermedades de plantas hospedantes del hemisferio norte en países del hemisferio sur, incluidos Australia, Chile, Nueva Zelanda y Sudáfrica. Los principales problemas de insectos en las truferas neozelandesas han sido las orugas cigarreras o enrolladoras de hojas y los áfidos, que han sido controlados con insecticidas de contacto, como malatión, o, para infestaciones ligeras, simplemente con los dedos, retirando oruga por oruga. Los escarabajos plaga de los pastos (*Costelytra zealandica*) también han causado algunos daños a plantas en noviembre y diciembre. Pueden controlarse pulverizando los árboles con insecticidas tales como piretroides sintéticos u organofosfatos —no obstante, estos últimos son muy tóxicos para los humanos—.

Para árboles jóvenes metidos en protectores estrechos, es muy importante la cantidad de insecticida volátil aplicada, ya que la concentración en el interior será más elevada de la que normalmente se encontraría en plantas al aire libre, especialmente en días calurosos cuando la concentración del insecticida podría volverse fitotóxica además de insecticida. La regla general es aplicar el producto químico a la dosis recomendada, pero sólo a unas pocas plantas, esperar unos cuantos días para ver si se produce marchitamiento del follaje u otros daños, y entonces, si todo va bien, pulverizar el resto de los árboles.

Plagas y enfermedades de las trufas y daños ocasionados por la fauna silvestre

Las trufas pueden verse también afectadas por plagas, enfermedades y daños ocasionados por grandes y pequeños animales silvestres. Los daños por insectos son comunes en Europa durante la primavera, el verano y el otoño, cuando las altas temperaturas favorecen la actividad de estos animales. El pequeño escarabajo de la trufa (*Liodes cinnamomea*) y las moscas de la trufa (como, por ejemplo, *Suillia fuscicornis* o *Suillia gigantea*) son atraídos por el olor del hongo y depositan sus huevos sobre o en el interior de los carpóforos. Es posible que, al mismo tiempo, penetren bacterias, que pueden provocar

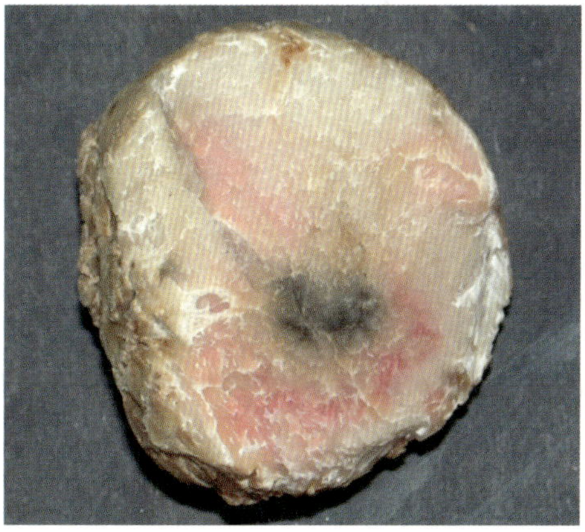

Las trufas pueden verse afectadas por diversas enfermedades. Esta enfermedad fúngica provoca que se ponga marrón el interior de las trufas blancas (*Tuber magnatum*).
A. Zambonelli

rápidamente la pudrición de las trufas y que emitan un olor repugnante. Las trufas también pueden enmohecerse, en especial durante el almacenamiento, o pudrirse en un terreno húmedo. Las bacterias también pueden volver marrón el interior de las trufas blancas. Las trufas que se hielan en la tierra y después se deshielan también se pudrirán en el terreno, lo cual puede ocasionar importantes pérdidas algunos años.

Las babosas han sido problemáticas en una trufera neozelandesa en años en que el suelo estaba húmedo. Estos gasterópodos escarban en las trufas y se comen el tejido interior. Las medidas de control han sido colocar cebos para babosas por toda la trufera; subsolar para drenar y airear el suelo, si bien es cierto que a expensas de considerables daños a los sistemas radicales; y suprimir árboles para asegurar una buena circulación del aire y ayudar a mantener más seco el suelo. Las ratas, ratones y topos pueden, todos ellos, causar también problemas, no sólo porque comen trufas, sino también porque su excremento con aroma de trufa puede confundir a los perros y cerdos truferos. Los truficultores franceses sugieren que las avellanas caídas deben retirarse para evitar atraer roedores.

Poda

Pierre Sourzat sugiere que, para limitar el impacto del trasplante, los árboles recién plantados deben podarse inicialmente hasta 5 ó 10 cm por encima del suelo poco después de la plantación y antes de que haya ocurrido la brotación. Sin embargo, en la mayoría de las truferas neozelandesas, las plantas transplantadas pueden medir hasta 1 m de altura, pero los índices de supervivencia y de establecimiento fueron buenos. Este éxito fue, al menos en parte, un reflejo de riegos cuidadosos y frecuentes durante los primeros meses después de plantar.

Si se llevan a cabo, o no, más podas después de haberse corregido la forma de los árboles depende del clima y de la especie de árbol hospedante y de trufa, y es tema de intensos debates. Las trufas blanca y grabada fructifican bien bajo una cubierta de copa cerrada, por lo que podar no es especialmente importante. Sin embargo, en las truferas de *Tuber melanosporum*, especialmente las situadas en zonas frías, la supresión de las ramas más bajas y los chupones que sombrean el terreno es probablemente importante. Los *Quercus* suelen tener una fuerte dominancia apical y necesitan poca poda, excepto cuando se vean afectados por carencias de oligoelementos, en cuyo caso la pérdida de yema apical requerirá considerable atención para

La pérdida de la yema apical, por daños físicos y/o por la carencia de un oligoelemento, puede provocar problemas con la forma del árbol que deben corregirse mediante poda. I. R. Hall

impedir que los árboles adopten una forma que recuerde la del olmo péndulo. En las truferas europeas, a veces se desmochan y podan intensamente los *Quercus*. Los árboles que echan vástagos, como los avellanos, pueden también necesitar considerable atención para suprimir los rebrotes con podadoras de dos manos o con glufosinato de amonio. Es mejor realizar esta labor a finales del invierno o comienzos de la primavera y antes de que haya ocurrido la brotación de las yemas.

Cuando se cultiva trufa negra, el objetivo es producir árboles preferiblemente con un solo tronco, de 0,5 a 1 m de altura, y con follaje escaso y extendido en forma de cono invertido. Esta forma se elige para que los rayos oblicuos del sol calienten el suelo en la zona de arraigo en primavera y otoño y al comienzo y final del día en verano, mientras que el follaje protege el suelo del sobrecalentamiento durante el mediodía estival. El efecto principal de esto es elevar las temperaturas del suelo en primavera para asegurar una reanudación precoz de la actividad micorrícica, mientras que se previene una pérdida excesiva de humedad del suelo durante los meses de verano. Los europeos tienen opiniones encontradas sobre si las podas deben continuarse una vez iniciada la producción. En aquellas truferas neozelandesas con densidad de plantación y tasa de crecimiento elevadas, como por ejemplo la trufera de Alan y Lynley Halls en Gisborne (Nueva Zelanda), no cabe duda de que seguir po-

Una elevada densidad de plantación en una trufera experimental de blanquilla (*Tuber borchii*) en Marina di Ravenna provocó una clausura precoz de la cubierta de copa, seguida por el reemplazamiento de la trufa por hongos contaminantes y una pérdida de producción. I. R. Hall

dando fue absolutamente fundamental para contrarrestar la disminución en las temperaturas del suelo, el aumento de humedad del mismo y la reducción en la aireación asociados con el desarrollo de cubierta de copa —situación que en otras circunstancias podría también haber favorecido el crecimiento de patógenos de las raíces tales como *Armillaria*—.

Aclareo y rejuvenecimiento de truferas

En las truferas europeas mixtas de avellano y *Quercus*, los avellanos producen hasta que tienen unos 25 años de edad, momento en que se considera necesario suprimir los árboles para dejar sólo *Quercus*. Una vez las copas de los *Quercus* restantes empiezan a incidir una en otra, es preciso suprimir también algunos de ellos, hasta que con el tiempo haya tal vez tan sólo 50 árboles por hectárea. Mientras se aclarean los *Quercus*, a los árboles restantes a menudo se les somete a una poda muy intensa suprimiendo las ramas inclinadas y horizontales y mochando la guía central. De este modo, puede hacerse que las truferas sigan produciendo durante más de 50 años. No obstante, debido a que el avellano puede seguir desmochándose durante varios cientos de años, no parece haber ninguna razón por la que estos árboles no puedan gestionarse también en vez de suprimirse.

En la trufera de trufa negra de Alan y Lynley Halls en Gisborne (Nueva Zelanda), la espectacular caída en la producción que acompañó el cierre de la cubierta de copa sólo se invirtió cuando se redujo a la mitad la densidad de plantación inicial de 800 árboles por hectárea. Suprimir los árboles permitió que se recuperasen las condiciones edafológicas, volviendo éstas a ser más parecidas a como habían sido en la primera década de la vida de la trufera. La respuesta a si plantar 400 árboles por hectárea en vez de 800 habría dado como resultado una trufera igualmente productiva tendrá que esperar a los resultados de plantaciones posteriores.

En 1990, Alessandra Zambonelli y sus colaboradores establecieron un experimento de campo en Marina di Ravenna (Italia), para estudiar la interacción de trufa blanquilla y hongos competidores. Se empleó una densidad de plantación muy elevada (2.500 árboles por hectárea). La producción de blanquilla empezó después de tan sólo cuatro años, pero se redujo y se trasladó al límite de la trufera a medida que la cobertura de copa se acercaba al cien por cien. La producción se recuperó algo tras aclarear, pero después volvió a desplomarse. Estos resultados podrían sugerir que *Tuber borchii* es un hongo ectomicorrícico de etapa consecutiva precoz, que suele aparecer en suelos en la primera fase del desarrollo de un ecosistema bosque. Sin embargo, experimentos de campo posteriores y el cultivo comercial de blanquilla con densidades de plantación menores no mostraron caídas similares en la producción. Por consiguiente, para potenciar al máximo la producción de trufa blanquilla parece mejor usar una densidad baja de plantación, aclarear los árboles y mantener un nivel reducido de maleza para atajar el reemplazo de blanquilla por hongos ectomicorrícicos de etapa tardía.

SIETE

Las recompensas

Enclavados en las estribaciones de los Apeninos, Acqualagna y las pequeñas ciudades y pueblos vecinos están rodeados de colinas, montañas, arroyos y fondos de valle con una amplia gama de hábitats donde las trufas crecen con fuerza. Por lo tanto, ésta es una de las pocas zonas del mundo donde las mesas de los restaurantes como La Ginestra en el Paso del Furlo se adornan con trufas casi todo el año. Se encuentra trufa blanca desde octubre hasta quizá mediados de enero, trufas negras desde finales de noviembre hasta finales de febrero, en un buen año trufa blanquilla entre enero y finales de marzo y trufas de verano y grabada desde mayo hasta finales de diciembre (Apéndice 13). Sin embargo, en la mayoría de las zonas productoras de trufa del mundo, tan sólo se recolectan una o dos especies de trufa y el inicio de la temporada se espera con entusiasmo. Pero debe refrenarse toda impaciencia. Las trufas recolectadas demasiado pronto puede que no hayan tenido tiempo de madurar plenamente y tengan poco o ningún sabor o valor culinario. El momento justo de la recolección de trufas está consagrado en leyes nacionales y locales para asegurar que se encuentre la trufa de mejor calidad para el mercado y no sea malgastada por recolectores excesivamente entusiastas deseosos de vender las primeras trufas, estén maduras o no.

Le cavage: la caza o recolección

Tradicionalmente, el momento y manera de recolectar trufas han sido secretos celosamente guardados, y los conocimientos de dónde encontrarlas se han transmitido de padres a hijos, de generación en generación. La caza de trufas suele ser una tarea solitaria desde la madrugada hasta media mañana, realizada discretamente cuando el aire es frío, limpio y vigorizante y el característico olor de una trufa madura suspendido en el aire no se ve camuflado ni por los persistentes aromas de los animales nocturnos ni por los olores que despierta el calor del día. El cazador de trufas se desplaza lentamente por terreno pedregoso, de aspecto yermo, bajo la esquelética cobertura invernal de las copas de un bosque o una plantación, en silencio, con los sentidos afilados, pues encontrar la trufa en su hábitat subterráneo es empresa delicada y siempre incierta.

Un cazador de trufas experto puede a menudo deducir la posición de una trufa en desarrollo a finales del verano y comienzos del otoño a partir de una protuberancia de tierra en el suelo y por reveladoras grietas que irradian del centro. Como las grietas acabarán rellenándose cuando llueva, el cazador de trufas puede marcar el sitio con el caparazón de un caracol o con una pila de piedras, o plantando cerca unas cuantas semillas de cebada, que al germinar se convertirán en indicadores botánicos. El cazador volverá después meses más tarde para desenterrar la trufa madura.

En Italia, en tiempos, la gente cavaba en busca de trufas igual que se hace para recolectar patatas, pero esta práctica cesó hace mucho, pues ahora se sabe que tiene

Unas grietas reveladoras en la superficie de una protuberancia de tierra pueden indicar la presencia debajo de una trufa en desarrollo. Éstas condujeron hasta una trufa de 200 g. I. R. Hall

Después de que un perro trufero haya marcado dónde podría encontrarse una trufa, puede que su propietario olisquee el suelo antes de cavar, para confirmar la presencia o la madurez de la trufa. A. Zambonelli

un efecto perjudicial en las micorrizas y puede reducir gravemente los rendimientos en años posteriores. Asimismo, en China se emplean pequeñas azuelas para desenterrar trufas, con el resultado de que se recolectan trufas tanto maduras como inmaduras sin apenas aroma. Lamentablemente, debido a que un recolector chino puede ganar más en un día recogiendo trufas de lo que podría ganar en un mes con su empleo habitual, parece poco probable que cesen en China los daños a los bosques causados por cavar en busca de trufas. En Norteamérica y el norte de África, es también normal rastrillar para buscarlas en zonas probables, como, por ejemplo, donde hayan estado escarbando roedores. Siempre se recolectan trufas inmaduras junto con otras maduras y pasadas. Las trufas se venden después sin clasificar, lo cual ha llevado a que las trufas norteamericanas autóctonas se tachen de inferiores; sin embargo, esto no es necesariamente cierto, ya que las trufas blancas de Oregón plenamente maduras tienen un sabor excelente que algunos alegan es tan bueno como el de la trufa blanca de Italia.

En Marruecos las terfezes se recolectan en arena suave usando un rastrillo pequeño.
A. Zambonelli

Los recolectores de turmas las buscan después de las lluvias primaverales, siendo su hábitat común depresiones de la superficie del suelo. Pequeñas protuberancias en el terreno y grietas en la superficie del suelo que parecen patas de gallo significan que debajo hay una trufa hinchada. Los bosquimanos del Kalahari buscan en lugares donde la mangosta o el zorro orejudo hayan estado cavando, mientras que en partes del norte de África se introduce en el terreno una varilla acabada en punta para detectar la presencia de las terfezes.

Algunos cazadores de trufas tienen buen olfato y pueden detectar el tesoro enterrado simplemente oliendo el terreno. Pero los cazadores de trufas hace mucho que confían en la ayuda de animales y de su olfato más desarrollado para detectar el revelador aroma de la trufa madura. Probablemente el método de buscar trufas practicado de más antiguo, y del que muchos aún son partidarios, es *avec la mouche* (con mosca). Las larvas de ciertas moscas se alimentan de trufas, siendo las más comunes *Suillia fuscicornis*, *Suillia gigantea* y *Suillia hispanica*. Cuando las trufas están ma-

Algunas personas, como Juliet Fowler, son capaces de encontrar trufas maduras tan sólo oliendo el terreno. Ésta era la única manera en que podían encontrarse algunas de las primeras trufas neozelandesas. Gérard Chevalier y Chantal Dupré (detrás) apenas podían contener la risa. I. R. Hall

duras, pueden verse nubes de estas moscas posadas en la vegetación o revoloteando sobre la zona donde las trufas están creciendo.

Cazar trufas *avec la mouche* consiste en recorrer una zona donde se espera poder encontrar trufas, mover ligeramente la vegetación que se tiene ante sí con un palo largo y buscar entonces las moscas de la trufa que saltan de pronto de donde una trufa madura está enterrada. Aunque pueda parecer algo que deja mucho al azar, pueden mejorarse las probabilidades de encontrar trufas buscando sólo bajo los tipos correctos de árboles, en quemados, y caminando hacia el sol para evitar proyectar sombra —así pueden verse los brillos que despiden las moscas a la luz del sol cuando levantan el vuelo—. Una vívida descripción de la caza de trufas *avec la mouche* puede encontrarse en *The Fly-Truffler* ('El trufero con mosca') (1999), novela de Gustaf Sobin que narra la historia de una obsesión:

> Siguiendo el borde de los robledales, iba tanteando la maleza con una curiosa ramita que había tallado para la ocasión. Había pelado por

Cazar trufas *avec la mouche* (con mosca) consiste en recorrer una trufera, tanteando el follaje con un palo largo y esperar a ver dónde saltan las moscas de la trufa.
A. Zambonelli

La diminuta mosca de la trufa (*Suillia* sp.) puede causar problemas de una envergadura que su tamaño no hace presagiar, pero también puede usarse para encontrar trufas. P. Sourzat

completo la rama misma, dejando tan sólo una estrecha palmeta de agujas de pino en su extremidad. Tanteando, dando palmaditas a la maleza, podía confundírsele fácilmente con un ciego (...). Cabassac mantuvo fijo el sol como un punto cardinal directamente ante sí. Sabía que de ese modo no proyectaría su sombra sobre las quebradizas hierbas invernales: el sitio

> predilecto de aquellos diminutos insectos parecidos a pajitas. Se trataba de no molestar a esos dípteros hasta el último segundo. Porque era su repentino, espasmódico vuelo lo que revelaba su secreto. Más que volar, saltaban, descubriendo al hacerlo el punto exacto (...) en la tierra intensamente perfumada situada justo en la vertical de las moscas donde ponían sus huevos (...), donde —por un milagro de pura simbiosis— podía encontrarse uno de aquellos negros y fragantes hongos.

Cazar con mosca probablemente date de antes de la historia documentada. Se tiene constancia del uso de cabras en Cerdeña, y en tiempos se emplearon oseznos para encontrar *Choiromyces* cerca del convento de Sergiensky (Rusia). La imagen clásica de la caza de trufas, sin embargo, es un cerdo atado con una correa en la campiña francesa. Este método es probable que se remonte a tiempos de los romanos, aunque Platina (m. 1481), historiador del papado, fue el primero en documentar su uso. El naturalista inglés John Ray, en un relato de sus viajes entre 1663 y 1665, también alude al uso de cerdos para la caza de la trufa en Italia.

Hace mucho que la gente se apercibió de que los cerdos, y más especialmente las hembras, tienen una afición natural por las trufas. Las investigaciones científicas han demostrado que ello se debe al menos en parte a que los hongos producen un esteroide idéntico a una feromona segregada por los jabalíes durante el ritual previo al apareamiento. La hormona identificada, androstenol, también es segregada por el ser humano, pero en concentraciones mucho menores que en los cerdos, dato que podría citarse en apoyo de las afirmaciones sobre el carácter afrodisíaco de las trufas.

A pesar de su afición natural por la trufa, algunos cerdos son mejores que otros y la mayoría requieren cierto adiestramiento. Según Sourzat (1981), un cerdo de tres meses de edad puede adiestrarse en dos o tres semanas. Cuando va a comprarse el cerdo, el comprador se esconde una trufa en la mano y elige al primer cerdo que se acerque atraído por el olor. Se enseña al cerdo a caminar adecuadamente atado con la correa, al menos una hora al día, durante la semana anterior a comenzar el adiestramiento de verdad. Si el cerdo está más interesado en buscar lombrices en la trufera, se le castiga dándole un golpecito con un palo. El cerdo busca la trufa más para sí mismo que por complacer a su amo. El adiestramiento se basa en un principio similar al empleado con los perros truferos, aunque todo comienza con el gusto de la

ARRIBA Aunque muchas personas asocian la caza de trufas con los cerdos, hoy día han sido reemplazados en buena medida por perros adiestrados. Cortesía del Hall Family Trust

IZQUIERDA Cazar con cerdo o jabalí puede ser arriesgado cuando el animal prefiere la preciada trufa a un trozo de nabo. J. Parker y J. Parker

trufa. Una vez acostumbrado a su sabor, el objeto del deseo del cerdo es reemplazado por otra exquisitez. Tirando fuerte de la correa o cuerda, el cerdo abandonará la trufa en favor de unos pocos granos de maíz o un trozo de patata cocida, y el amo recogerá entonces la trufa.

Aunque los cerdos y jabalíes suelen considerarse cazadores de trufas superiores, los perros se han hecho poco a poco más populares, en gran medida porque son más fáciles de manejar. Rescatar una trufa de una cerda movida por el deseo tiene sus riesgos, y la pérdida de un dedo puede considerarse como riesgo laboral del cazador de trufas. Además, los perros tienen más energía que los cerdos, caben mejor en el asiento trasero del coche, y son menos llamativos —consideración importante para el cazador furtivo de trufas tentado por la promesa de elevados rendimientos—. Llevar un cerdo a dar un paseo es algo que te delata.

A diferencia de los cerdos, los perros no están naturalmente interesados en las trufas, pero pueden adiestrarse para indicar dónde huelen una. Ninguna raza de perro busca trufas instintivamente, pero hay una gran cantidad de excelentes perros truferos que entran en una categoría que algunos italianos llaman *bastardino* ('bastardillo'), mientras que otros usan la expresión más cortés *meticcio* ('mestizo'). Sin embargo, los perros de caza son muy difíciles de adiestrar, pues están más inclinados a oler posibles presas que trufas. Muchos cazadores de trufas tienen su raza favorita de perros. El Lagotto Romagnolo se ha hecho muy popular en Italia, ya que su piel gruesa y lanuda le protege del frío en las montañas mientras caza trufas durante el invierno y su fuerte constitución le mantiene en danza durante horas. Pierre Sourzat tiene una fe ciega en los Labrador Retriever, mientras que Diane Baker tiene pasión por los Dobermann. Unas fauces que van de oreja a oreja también dan al propietario de un Dobermann y a una trufera otra clara ventaja sobre los partidarios de los Chihuahuas.

El método para adiestrar perros, empleando una asociación entre el hallazgo de una trufa y la recompensa de un bocado de comida, parece haberse originado en Italia y sigue usándose hoy día. Ramsbottom (1953) escribía: "A comienzos del siglo XVIII hay varios documentos de perros que habían sido exportados desde allí a Alemania, donde, durante un período, la posesión de un 'Truffelhund' parece haber sido considerada casi como símbolo de nobleza". Y sigue diciendo: "Federico Guillermo de Prusia importó perros adiestrados de Lombardía, cuya raza líder era una clase de

El Lagotto Romagnolo es una raza de perros que goza de popularidad entre los cazadores de trufas, porque su piel gruesa y cálida le permite seguir trabajando cuando hace frío. Dino Grammatico sostiene un desplantador de mango largo usado para encontrar trufas blancas, que pueden hallarse hasta a 50 cm bajo tierra. A. Zambonelli

Caniche", y especula que los perros truferos fueron probablemente introducidos en Francia alrededor de la misma época. También se hace referencia a los caniches como perros truferos en *Der Deutsch Pudel* (1907) ('El Caniche Alemán'):

> Otro uso del Caniche, debido a su excelente nariz, es el de perro trufero. Ya en 1746, Döbel en su Jägerpractica ['La práctica de la caza'] dice que en esto es superior a todas las demás razas, y se emplea actualmente para este fin en Italia, España y Francia y aquellas zonas de Alemania donde existen trufas (...).
>
> El adiestramiento debe comenzar en verano (...). Al principio, se practica "cobrando" en casa; para ello se introducen trufas de fuerte olor en un pequeño morral de cuero, se esconde en diversas partes de la habitación y se hace al perro que lo busque para cobrarlo. Cuando el perro llega a hacerlo de buen grado y sin mordisquearlo, se le esconde en arbustos o bajo musgo u hojas. (...) Después el morral se esconde debajo de capas más profundas de musgo u hojarasca. Una vez que el perro lo encuentra

rápidamente y con seguridad, se le lleva a partes del bosque donde se sabe que crecen trufas, y se le hace que las busque y cobre en condiciones cada vez más duras. Durante el adiestramiento, hay que hablar al perro lo menos posible, sin usar más palabras que las órdenes elegidas para la caza de trufas. Cuando el perro ha encontrado las trufas, hay que elogiarle, acariciarle y hacer que se siente, y entonces recompensarle con un "premio" de comida.

No se quita la correa hasta mediados de septiembre, después de haber llovido (...). [En] zonas en las que se sospecha la presencia de trufas, se esconde una trufa fresca (no en un morral) en diversas ocasiones bajo cinco centímetros de tierra y hojas. Si el perro huele la trufa y empieza a escarbar para recuperarla, hay que acercarse rápidamente hasta el lugar y recuperar la pieza uno mismo, mostrándosela al perro y metiéndosela uno en el bolsillo. A partir de entonces no debe permitirse al perro cobrar la trufa, sino meramente indicar su ubicación. Cuando lo haga, debe hacerse que se siente, elogiarle y recompensarle.

Cuando el perro descubra las trufas incluso bajo tierra, sáquesele a una región trufera y hágasele que se sitúe contra el viento, ya que esto provocará que el aroma se localice más rápida y fácilmente. Un perro experto y entusiasta puede oler trufas a veinte pasos, y a seis pulgadas [15 cm] bajo tierra (...).

Después de volver de la caza, al perro hay que darle su comida normal, nunca antes de la caza, cuando no hay que darle más que agua fresca. Durante la caza deben dársele premios de comida sólo cuando haya encontrado realmente trufas. Si no encuentra nada, lo cual puede suceder cuando haga un tiempo seco y caluroso, no debe dársele más que su comida al volver a casa.

En *A History and Description of the Modern Dogs of Great Britain and Ireland* ('Historia y descripción de los perros modernos de Gran Bretaña e Irlanda') (1894), de Rawdon B. Lee, también se menciona el adiestramiento de caniches para la caza de trufas, detallándose un tratamiento del tema más reciente y menos específico para una raza en concreto en *Des truffes en général et de la rabasse en particulier*

('De las trufas en general y de la trufa negra en particular'), de Jean-Marie Rocchia (1992). En otro método que goza de popularidad entre los neozelandeses que adiestran perros para encontrar drogas o fruta ilegalmente importada se emplea el juego como recompensa por encontrar la presa en vez de comida —importante consideración para alguien que confía en encontrar grandes cantidades de trufas y con la pesadilla de un perro ya repleto de premios de comida, tumbado en el santo suelo, con media trufera aún por recorrer—.

El costo de un perro adiestrado, incluyendo el precio de compra y el adiestramiento, puede ascender a varios miles de euros. Igual que la presa para la que son adiestrados, los perros truferos son muy buscados por las buenas o por las malas. Según informaba el *Guardian* en enero de 2003, Michel Tournayre oyó un automóvil que subía a su trufera en las colinas que dominan Uzès, una ciudad en la región del Gard en Francia. Salió a tiempo de ver un vehículo que se alejaba con su perra, heredera de un linaje de perros cazadores de trufas y valía unos 5.000 dólares estadounidenses. Tournayre decía que era poco probable que la banda la hubiera vendido, afirmando en cambio que estaba siendo usada para robar trufas a personas como él mismo. La suya era uno de al menos ocho perros truferos que habían desaparecido durante al año anterior en el sur de Francia.

Los problemas asociados con el adiestramiento y el mantenimiento de animales para la caza de trufas han estimulado la búsqueda de una "nariz electrónica", como la desarrollada a mediados de la década de 1990 en un proyecto conjunto de investigación entre las universidades de Toulouse y Manchester. Aunque no necesariamente diseñada como reemplazo de perros o incluso cerdos, se creía que el detector tendría la ventaja de no cansarse durante una caza de trufas prolongada. Como el detector puede distinguir entre distintos compuestos volátiles y usar esta información para identificar sólo trufas lo bastante maduras para tener el mejor sabor, también debe ser más preciso. Aunque el detector demostró ser más exacto en ensayos, era mucho más lento que un perro.

Si bien tales desarrollos se basan en principios científicos sólidos, hay también personas en Italia y Francia convencidas de que la actividad de la trufa bajo tierra puede localizarse o identificarse con el uso de varitas de zahorí o péndulos. Esta idea se la ha tomado con tanta seriedad una sección de la industria trufera, que se han publicado artículos sobre el tema.

Normativa y realidad

Se ha dicho que por cada trufa legalmente recolectada, otra lo es furtivamente. Las leyes promulgadas para proteger esta industria pueden respaldarse en las zonas de crecimiento o cultivo de trufas mediante señales que adviertan de las consecuencias de la recolección ilegal. Algunas de las señales prometen castigos que superan con creces los límites de la ley, como ilustra el siguiente ejemplo citado por Peter Mayle (1999, p. 5): "*Tout contrevenant sera abattu, les survivants poursuivis*" ('Se disparará contra los intrusos, los supervivientes serán perseguidos').

Ian Hall se dio cuenta cabal de lo delicado de la situación y de su peligro en una visita a Francia poco después de empezar sus indagaciones para producir trufas en Nueva Zelanda. Habiendo entrado atrevidamente a pie en una trufera para sacar fotografías, su guía, lívido, le advirtió: "No lo vuelva a hacer. Si lo hace, probablemente le disparen confundiéndole con una torcaz". Además de señales, se tienen perros grandes como elemento disuasorio. Sin embargo, el premio por la innovación debe concederse a un extravagante francés que afirmaba que protegía su preciada trufera con minas (explosivas). ¡Y a ver quién se atreve a dejarle por mentiroso!

Aunque muchas historias relacionadas con las trufas sean anecdóticas, la amenaza del furtivismo es muy real. En enero de 2003, apareció una historia en los periódicos informando de que los productores de trufa de la región del Var, en el sur de Francia, se habían hecho con armas de fuego para proteger sus plantaciones de

Señal francesa advirtiendo de que la trufera está protegida, de que se prohíbe la entrada, e indicando la legislación pertinente.
I. R. Hall

robles y encinas, en las que se afirmaba que bandas de ladrones organizadas habían estado desenterrando trufas de noche y vendiéndolas en los mercados locales. La situación alcanzó un punto culminante el día de Navidad, cuando hubo un intercambio de disparos entre los productores y una de las bandas. Aunque estaba demasiado oscuro para que cualquiera de los bandos viera con claridad y nadie resultó herido, el incidente movió al jefe de la asociación local de truficultores, Francis Gillet, a pedir calma. No obstante, los productores afirmaron que seguirían montando guardia armada alrededor de sus robles y encinas hasta el final de la temporada trufera.

Ni que decir tiene, se han promulgado en Europa normas y reglamentos más razonados y formalizados. En Italia existe una ley nacional que contempla las normas más importantes para la recolección, el cultivo, la conservación y la comercialización de trufas. Por ejemplo, las trufas inmaduras están protegidas, deben emplearse perros para localizar las trufas, ha de utilizarse un pequeño desplantador especial para excavar las trufas y los pozos u hoyos han de rellenarse inmediatamente después de recolectar una trufa, para evitar daños a las micorrizas. Además de leyes nacionales, existen también normativas locales que definen en qué medida se aplicará la ley nacional en las regiones, como, por ejemplo, los momentos oficiales de recolección para cada especie de trufa (Apéndice 13), el costo de los permisos o las normas relativas al acceso a truferas controladas y cultivadas. Por ejemplo, todos los recolectores de trufa tienen acceso libre a los extensos robledales y encinares, y a los bosques y otras tierras no sometidas a cultivo, pero deben superar un examen y estar autorizados antes de poder recoger trufas legalmente. Las trufas bajo producción gestionada son propiedad del hacendado y están sujetas a una normativa aparte. Sin embargo, para vallar una trufera natural, el terrateniente debe pedir antes permiso a las autoridades locales y las normativas que controlan esta materia difieren algo de región a región. Asimismo, en la mayoría de las regiones de Italia la caza de trufas está permitida sólo durante el día, pero en Liguria, Lombardía y Piamonte las incursiones en los bosques están también permitidas de noche. Existen asimismo estrictas normas que regulan los estándares de calidad para trufas frescas y en conserva. Se enumeran detalles de estas leyes en diversas páginas web, y Naciones Unidas tiene recomendaciones para la comercialización y el control de calidad de las trufas frescas.

Un ritual de larga tradición

Durante *le cavage* (la caza o recolección), los *rabassiers* del sur de Francia y los *tartufai* italianos y los compradores se encuentran a diario en los cafés y *bistros* de ciudades y pueblos, donde las conversaciones, animadas y furtivas, pueden tratar desde preocupaciones inmediatas por los rendimientos y los precios hasta temas más amplios que afronta la industria, incluyendo su continua decadencia en Europa, el éxito o no del cultivo y, en los últimos años, la amenaza planteada por las económicas importaciones de Asia.

Para estos recolectores, una cosecha de trufas copiosa depende por completo de las condiciones de crecimiento y meteorológicas adecuadas, y una recolección extraordinaria significa mucho dinero. El suyo es el rostro tradicional de una industria que se ha hecho global, en la que una clamorosa demanda mundial por lo mejor de la pequeña oferta que Europa puede producir ha hecho que se disparen los precios a niveles extraordinariamente altos, estimulado la investigación y la inversión, y ha avivado los esfuerzos tanto burdos como innovadores de elementos ilegales que durante mucho tiempo han ensombrecido el mundo de la trufa. Lamentablemente, a pesar del aumento de normas y reglamentos, ninguna sección de la industria trufera es inmune a la ilegalidad, ya sean incursiones en las plantaciones y robos de perros a primeras horas de la mañana, fraudes en la comercialización y la inversión, o distorsiones en los restaurantes.

Los avances científicos sobre las trufas y en los conocimientos del proceso de crecimiento han tenido todavía poco impacto en la decadencia europea. Los estragos de la guerra, tanto en los seres humanos como en el campo, la urbanización, las claras y/o la degradación de los bosques, la contaminación, la adopción de prácticas agrícolas intensivas y a gran escala, y las condiciones climáticas adversas han contribuido, todos ellos, a esta decadencia.

Los esfuerzos para cultivar *Tuber magnatum* no han tenido aún un éxito completo. Aunque puede decirse que se han descifrado los códigos de especies como la trufa negra de invierno o la trufa grabada, el cultivo sigue siendo precario y requiere mucha mano de obra. A pesar de la posibilidad de elevadas recompensas, el tiempo implicado y las posibilidades de fracaso pueden ser consideraciones que desmoralicen a los aspirantes a truficultores en Europa.

Falta de producción

A pesar de factores históricos y de los caprichos del clima, el fracaso en detener el declive de la producción trufera aún deja motivos para maravillarse, al considerar los avances científicos; los esfuerzos cooperativos que Italia, Francia y España llevan a cabo para dar la vuelta a la situación en Europa; y la plantación mundial de miles de plantones inoculados con trufa —tan sólo Francia planta una media de 400.000 plantones micorrizados cada año—. Una consideración más atenta de las precisas razones por las que la gente planta plantones inoculados con trufa sugiere algunas razones subyacentes. En algunos casos la producción de trufas puede ser una motivación secundaria, un beneficio adicional, y en otros el entusiasmo inicial para hacerlo puede decaer cuando los costes de inversión que se siguen realizando se sopesan con la incertidumbre de las futuras recompensas, y los distorsionan otras consideraciones. Por ejemplo, según la política gubernamental de la Unión Europea, la plantación de árboles se ve recompensada con subvenciones en metálico, de modo que se gana dinero se produzcan trufas o no. En Nueva Zelanda y Australia se han empleado plantaciones para justificar la subdivisión de tierras de labranza en unidades residenciales de precio muy alto donde las normas del uso del suelo y las leyes de zonificación urbana pensadas para asegurar el uso productivo de la tierra impedirían, si no, dicha actividad. En los Estados Unidos, el atractivo de exenciones fiscales puede ser un factor a tener muy en cuenta.

Tales situaciones sugieren que muchas plantaciones puede que no se cuiden lo necesario para asegurar el desarrollo fúngico, aunque las condiciones climáticas y edafológicas sean propicias. Si se añade a ello la posibilidad de que algunos de los muchos plantones plantados por truficultores en ciernes han sido inoculados con poca pericia, inadecuada y/o fraudulentamente (Capítulo 2) o se han plantado en o cerca de terreno donde hay presentes hongos competidores, lo que en apariencia parece una enorme inversión en el futuro de la industria trufera puede estar en realidad considerablemente viciado.

Quizá el peor caso de fraude absoluto en inoculación que conocemos ocurrió en Italia hace algunos años. Una empresa publicó anuncios de prensa a toda página de plantas inoculadas con trufa en venta. Aunque el precio de las plantas era muy alto, la producción de trufas estaba garantizada en pocos años y la empresa prometía comprar las trufas a un precio elevado. Después de un año o así la empresa inspeccionó las raíces de las plantas en las truferas de los inversores y descubrió que muchas plantas no estaban micorrizadas con trufa. La empresa ofreció entonces proporcionar un tratamiento correctivo por "sólo" 25 € por planta, que consistía en poner un líquido amarillo alrededor de la base de los árboles inoculados —tratamiento que posteriormente se descubrió que ni siquiera contenía esporas de trufa—. Cuando llegó el momento de que los perros salieran a buscar las primeras trufas, no quedaba ni rastro de la empresa.

Muchos casos de falta de honradez son más inocuos que los ejemplos anteriores, pero el resultado final puede ser exactamente el mismo. Por ejemplo, las plantas truferas siguen comercializándose mucho como "inoculadas" en vez de "con garantía de haber sido infectadas con una especie en particular de trufa con un *x* por ciento de los ápices radicales convertidos en micorrizas", es decir, bien micorrizadas. Asimismo, los encargados de viveros no revelarían nunca a sus clientes que las plantas que estaban vendiendo pueden haber sido inoculadas con un serio competidor micorrícico, como, por ejemplo, *Tuber indicum*, o que estaban contaminadas con uno de los muchos otros contaminantes ectomicorrícicos no truferos.

La truficultura fuera de Europa

Las primeras trufas negras de invierno que se recolectaron fuera de Europa vinieron de una trufera del norte de California propiedad de Bruce Hatch, la cual empezó a producir en 1991, nueve años y medio después de ser plantada con árboles obtenidos de Agri-Truffe en Francia. Una segunda trufera de Carolina del Norte, también establecida con avellanos de Agri-Truffe, empezó a producir en 1993, 12 años después de la plantación y sólo después de que el propietario hubiera aplicado grandes cantidades de caliza y cal hidratada para elevar el pH del suelo. En contraste, una trufera cerca de Gisborne (Nueva Zelanda) produjo sus primeras trufas en 1993, sólo cinco años después de la plantación, quizás debido al rapidísimo crecimiento de los árboles, una adecuada humedad del suelo o la ausencia de hongos competidores.

La posibilidad de elevados rendimientos ha avivado el interés en cultivar trufas en todo el mundo, pero el desarrollo de la truficultura en zonas y países no tradicionales —los Estados Unidos, Nueva Zelanda y Australia— no ha ejercido todavía un impacto significativo en el déficit de oferta y en la siempre creciente demanda. Por ejemplo, antes de mediados de la década de 1990, Nueva Zelanda no tenía industria trufera en absoluto y la demanda de trufas era casi inexistente. Posteriormente, la producción de trufa negra de invierno en Nueva Zelanda y Australia se ha incrementado anualmente, pero también lo ha hecho la demanda local, alimentada por la publicidad y una mayor conciencia culinaria, hasta tal extremo que la producción doméstica no da abasto y se vende muy poco de la recolección en mercados de exportación.

Más de 300 truferas, la mayoría de trufa negra de invierno, están actualmente establecidas fuera de Europa, con más de 100 en Nueva Zelanda, un número similar en Australia, aproximadamente 120 truferas en su mayoría pequeñas en los Estados Unidos, y varias en Argentina, Chile, Israel y Sudáfrica. La mayoría de estas truferas son demasiado jóvenes para producir o demasiado pequeñas para rendir grandes cantidades, pero se han obtenido algunos resultados espectaculares.

Rendimientos

Es muy difícil obtener información fiable sobre rendimientos y producción trufera, debido principalmente a que los informes no declaran las cantidades reales recolectadas, a prácticas comerciales ilícitas y a la falta de datos oficiales. La producción trufera, como sucede con otros hongos, también varía espectacularmente de un año a otro dependiendo de las condiciones meteorológicas. Por tanto, incluso con datos fiables, establecer valores medios de productividad requeriría muchos años, mientras que la medición de tendencias probablemente exigiría décadas. Sin embargo, es indiscutible que ha habido un declive catastrófico en la producción de trufa negra de invierno durante los últimos 100 años, desde más de 1.000 toneladas a comienzos del siglo XX hasta tan sólo 40 a 150 toneladas en la actualidad. En años en que las condiciones climáticas son poco propicias, este nivel de producción puede reducirse a la mitad o menos, como ilustra la temporada 1998-1999 y aún más gráficamente la de 2003-2004, cuando la recolección se consideró que era la peor de que se tenía memoria (Apéndices 4 y 5). Asimismo, los rendimientos colectivos en Francia e Italia en 2005-2006 fueron bajos debido a un otoño muy seco en Francia seguido por temperaturas del suelo muy bajas, que helaron y destruyeron las trufas que se habían formado, ello unido a unas condiciones invernales muy húmedas en partes de Italia, que provocaron que las trufas se pudrieran en el suelo.

Calcular las proporciones relativas de trufas recolectadas en zonas silvestres y en plantaciones presenta dificultades similares, estando los expertos indecisos sobre cuál es actualmente la fuente más importante. En condiciones ideales, la producción en truferas artificiales puede empezar después de 3 años, pero con mayor frecuencia no se inicia hasta 7 a 10 años después de plantar, aumentando después los rendimientos durante los siguientes 10 a 20 años. Es poco probable un incremento homogéneo de la producción, debido a malas temporadas, que son resultado en gran medida de precipitaciones insuficientes en verano y otoño. El patrón a largo plazo de rendimiento también se verá afectado por el número de árboles micorrizados con trufa por hectárea, la especie hospedante que se haya plantado, si se ha instalado sistema de riego, la calidad del perro trufero y su cuidador, y otros factores por el estilo.

En Europa muchas truferas no están irrigadas, y se emplean técnicas que ahorran el esfuerzo requerido para mantenerlas a costa de rendimientos más bajos. Rendimientos medios anuales de 15 a 20 kg/ha se consideran buenos resultados (Capítulo 4). Franklin Garland ha informado de recolecciones de aproximadamente 50 kg/ha en Carolina del Norte, que son comparables a la producción en varias truferas neozelandesas. En comparación, no se esperaría que un bosque natural en que crezcan trufas produzca más de 10 kg/ha.

En el folleto *Truffle: The Black Diamond* ('La trufa: el diamante negro') (1980), François Picart afirmaba: "la producción después del 7.º año debe oscilar entre 1/8 de libra y 4 libras [57 y 1.814 g] por árbol". Suponiendo que se plantasen 400 árboles por hectárea y que un 80 por ciento de ellos hayan producido, estos rendimientos dan un resultado de entre 18 y 580 kg/ha. Este folleto se escribió a finales de la década de 1970, cuando se disponía de relativamente poca información publicada sobre los rendimientos probables de las truferas artificiales. Por consiguiente, las predicciones realizadas en él fueron probablemente extrapolaciones optimistas y simplistas de rendimientos relativamente altos encontrados bajo ejemplares de árboles altamente productivos en Europa. Sin embargo, hay ejemplos de rendimientos excepcionalmente elevados superiores a 100 kg/ha en truferas comerciales de Europa y Nueva Zelanda. Por ejemplo, Gérard Chevalier (1998) enumeraba los mejores resultados que había observado en Borgoña y Périgord: los árboles hospedantes eran *Corylus avellana* y *Quercus pubescens* de una edad de entre 11 y 14 años, y los rendimientos iban de 100 a 150 kg/ha. Los beneficios de dichas truferas eran también excepcionales, dado que en aquella época en Francia se requerían recolecciones anuales de tan sólo 8 a 10 kg/ha para resarcirse de los costes de mantenimiento e inversión.

Precios

Las trufas deben su fama, en parte, a sus elevados precios. Los precios varían de temporada en temporada en función de la oferta y la demanda y dentro de las temporadas dependiendo de las existencias y de la proximidad a la Navidad, cuando suelen ser los más elevados. Los precios también varían según la localidad y el país de que provengan. Las trufas negras del mismo Périgord alcanzan los precios más altos, mientras que los ejemplares de *Tuber melanosporum* de otras partes de Francia y especialmente de España e Italia suelen tener precios algo más bajos. Distintas especies también se aprecian de manera diferente, siendo la trufa blanca de Italia, con mucho, la más cara, seguida a mucha distancia de la trufa negra de invierno y estando situadas diversas especies de trufa negra de Asia en el extremo inferior de la escala.

En 1992, se recolectaron en Oregón y Washington aproximadamente 32.000 kg de trufas blancas de Oregón y se vendieron por un precio medio de 85 dólares US el kilo, aproximadamente un tercio de los precios actuales. En comparación, las criadillas de tierra alcanzan una suma mísera, fluctuando los precios de venta al público en España entre 12 € el kilo cuando las turmas son abundantes y hasta 30 € el kilo

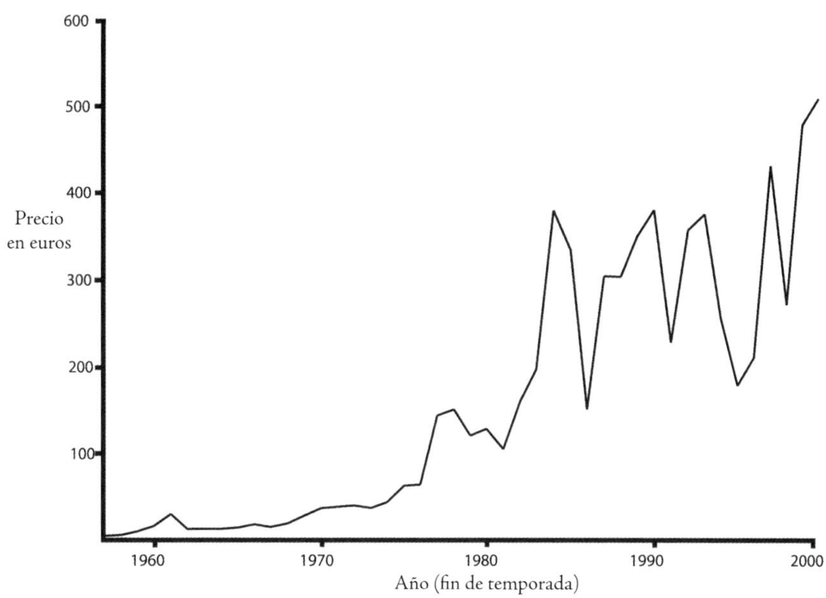

El precio de la trufa negra (*Tuber melanosporum*) subió a un ritmo constante durante la segunda mitad del siglo xx. Datos tomados de Sourzat (2002)

cuando hay escasez, aunque en los mercados marroquíes los precios de terfez a mediados de temporada pueden ser tan sólo de 3 € el kilo.

El precio de la trufa negra en Europa aumentó uniformemente durante la segunda mitad del siglo XX, y en 2003-2004 hubo una brusca subida debido a una caída en la oferta desencadenada por las condiciones climáticas. La producción de trufas negras en aquella temporada se redujo aproximadamente a un 20 por ciento de lo que cabría esperar en un año normal, y los precios al por mayor aumentaron vertiginosamente hasta más de 1.250 dólares el kilo. El desastre de aquella temporada se atribuyó a un verano muy caluroso y seco. Temperaturas del suelo de hasta 40 °C secaron los árboles y las micorrizas, dando aún más la razón al viejo proverbio francés "agua en julio, trufas en Navidad". Las mismas tendencias se observaron para la trufa blanca, cuya recolección se vio igualmente afectada por la sequía de 2003. El precio al por mayor de *Tuber magnatum* en 2003-2004 fue de 2.000 € el kilo por pequeños ejemplares y hasta 3.500 € el kilo por los grandes. Al mismo tiempo la trufa grabada se vendió por 500 € el kilo y la blanquilla a unos 350 € el kilo. En el mercado detallista, en tiendas especializadas como La Maison de la Truffe en París, el precio por un kilo de trufas negras era unas tres veces más alto. En la Navidad de 2005, el precio de la trufa negra en los almacenes Harrods de Londres había llegado a 2.000 libras esterlinas (3.000 €) el kilo, precio que se doblaba para la trufa blanca.

Los precios de las trufas negras cultivadas en el hemisferio sur suelen ser más elevados que los de plena temporada en el hemisferio norte, reflejando tanto el nivel relativamente bajo de oferta en un momento en que no se encuentran trufas europeas frescas y el recargo que los compradores están dispuestos a pagar. En 2006, por ejemplo, las trufas neozelandesas de primera calidad se vendieron en la puerta de la propiedad por 2.500 dólares US el kilo, en comparación con los 1.550 a 1.900 dólares US el kilo en mayoristas franceses, italianos y españoles seis meses antes.

Tales precios pueden parecer suficientemente elevados, pero cada año los periódicos informan de precios aún más imponentes pagados en subastas especializadas, normalmente en Alba. Hay que reconocer que estos precios, más que marcarlos el mercado, vienen determinados por la actividad publicitaria y la promoción y por un deseo de contribuir a causas benéficas —tales como las víctimas de las inundaciones en Piamonte en 2000 o del terremoto en el sur de Italia en 2002—, pero también transmiten un potente mensaje de exclusividad, demanda y beneficios potenciales.

En noviembre de 2000, un periódico británico informaba de que las trufas blancas se habían vuelto más caras que el oro como resultado de una oferta cada vez más reducida y una demanda galopante. En una subasta cerca de Alba, donde compradores en Tokio pujaban a través de una conexión por televisión, los restauradores se peleaban por preciados ejemplares de *Tuber magnatum*. En ella se pagó un precio récord de 5.000 libras esterlinas (aproximadamente 7.400 €) por una trufa de 497 g, correspondiente a 280 libras esterlinas la onza (28,35 g). El oro en ese momento se cotizaba a 185 libras esterlinas la onza troy (31,1035 g). En noviembre de 2002 un restaurador de Los Ángeles pagó 35.000 dólares US (aproximadamente 27.000 €) por una trufa blanca que pesaba poco más de 1 kg en una subasta parecida en Alba. A finales de 2004 se volvió a romper el récord cuando un consorcio pagó 53.000 dólares US por una trufa blanca de 850 g proveniente de San Miniato en Toscana. Pero la historia no acaba aquí: la trufa se exhibió en un restaurante de Knightsbridge y se deterioró hasta tal punto que no pudo utilizarse. La trufa se devolvió a Toscana, donde fue envuelta en una tela azul y, acompañada por guardias toscanos vestidos con atuendos medievales, fue enterrada solemnemente bajo árboles de los jardines del Castello di Cafaggiolo, donde se esperaba que produciría micorrizas y más trufas blancas. En la temporada de 2006 el precio más alto alcanzó cotas aún más vertiginosas, cuando un ejemplar de *Tuber magnatum* de 1,5 kg se vendió por 125.000 € (160.000 dólares US; 83.400 libras esterlinas) a un comprador de Hong Kong en una subasta benéfica en Italia.

Tales precios de vértigo están muy alejados de 1894, cuando las trufas frescas en el mercado de Cahors se vendían a un precio medio de 12 chelines y 6 peniques el kilo (hoy 0,63 libras esterlinas). Veinte años después la edición del catálogo de Harrods de 1913-1914 incluía varias entradas para trufas: un cuarto de pinta [0,1425 L] de la "selección extra de francesas de primera en frascos" se vendía por 1 chelín y 6 peniques y medio [= 18,5 peniques], una pinta [0,57 L] de "selección extra en frascos de vidrio" iba de 5 chelines y 3 peniques [= 63 peniques] hasta 6 chelines y 3 peniques [= 75 peniques], una pinta de "trufas de primera en lata" costaba 5 chelines y 3 peniques [= 63 peniques], y una pinta de "peladuras de trufa" se vendía por 1 chelín y 7 peniques [= 19 peniques]. Si suponemos que el valor del dinero en el Reino Unido se ha depreciado perdiendo 60 veces su valor desde 1913, un frasco de cuarto de pinta de trufas (unos 100 g de trufas) costaría ahora aproximadamente 4,5 libras esterlinas (unos 8 dólares US), lo cual es hoy día una mínima parte del precio actual del mismo producto en Harrods.

Comercialización por las buenas o por las malas

La naturaleza perecedera de las trufas, como pasa con todas las setas, ha sido y sigue siendo un factor determinante en el éxito de su comercialización y distribución. En la antigüedad, los romanos importaban la terfez o trufa del desierto del Norte de África y el Mediterráneo oriental en tarros precintados llenos de arena. Hoy, los exportadores europeos, chinos y neozelandeses emplean o están desarrollando sofisticada tecnología de empaquetado en frío para transportar por avión trufas frescas desde el punto de recolección hasta el punto de consumición antes de dos o tres días. Empresas, especialmente en Europa, embotellan, enlatan, congelan, conservan al vacío, almacenan empleando tecnología de atmósfera modificada y procesan las trufas introduciéndolas en productos de alimentación, tales como el *foie-gras,* tanto para asegurar su disponibilidad fuera de temporada como para explotar al máximo un recurso decreciente.

A pesar de la implicación del gran capital y de los avances que se han realizado durante más o menos los últimos 150 años, la mayoría de las trufas siguen proviniendo de individuos que recolectan truferas relativamente pequeñas, por lo que ha crecido un método de comercialización adaptado a esa situación. Aunque parte de la recolección se vende bajo mano, los mercados locales, con rituales de larga tradición y un pesaje cuidadoso, se celebran semanalmente para dar salida a los muchos pequeños lotes de trufas ofrecidas a la venta. Para evitar el espectro de los impuestos, se trata predominantemente de un negocio discreto, sólo en metálico.

Lalbenque, en el sudoeste de Francia es la sede de uno de los mercados más importantes de trufa negra. Un día a la semana, durante la recolección de la trufa, la cosecha de trufas de la semana anterior se exhibe en mesas de caballetes instaladas alrededor de la plaza del mercado. Con los recolectores de pie detrás de sus productos, los representantes de las industrias conserveras, los mayoristas (los hombres de los Mercedes) y compradores privados se mueven de mesa en mesa oliendo el producto y regateando animadamente. Las cantidades, los precios ofrecidos y las contraofertas pueden escribirse en papelitos doblados que se pasan de una parte a otra hasta que se cierra el trato. Puede ser lamentable, pero algunos de los recolectores, reacios a tratar con cualquiera que no conozcan, han abandonado este pintoresco sis-

FOTO SUPERIOR Conservar las trufas al vacío en bolsas de plástico es una manera útil de enviarlas por transporte refrigerado. I. R. Hall, cortesía de la familia Pébeyre

ARRIBA A LA IZQUIERDA La manera tradicional de conservar las trufas era embotellarlas. Este frasco artesanal que data de alrededor de 1820, con su contenido original de tres trufas, corcho, sello de lacre y etiqueta incluidos, apareció hace unos años en una colección de botellas en Nueva Zelanda. La etiqueta tiene un retrato de Napoleón y dice: "Truffe du Périgord, Productions du Provence, Fruits & Confits, J. Dissard & Co. Sucrs, Londres & Carpentras, Napoléon Empereur". I. R. Hall, cortesía de R. Roberts y C. Roberts

ARRIBA A LA DERECHA Las trufas se conservan con frecuencia enlatadas. En la foto, proceso de comprobación de las trufas para asegurarse de que no les quedan restos de tierra adherida. P.-J. Pébeyre

FOTO SUPERIOR El animado regateo sobre el precio y calidad de las trufas forma parte del decorado en el mercado trufero de Lalbenque en el sudoeste de Francia. I. R. Hall

FOTO INFERIOR Grandes cantidades de especies silvestres de trufas asiáticas se ofrecen a la venta en el mercado setero de Nanhua (China). Y. Wang

tema a favor de suministrar trufas por contrato o vender directamente a mayoristas, restaurantes o tiendas, tal vez aceptando menos que los precios máximos de mercado a cambio de la seguridad de tratar a puerta cerrada.

Los cazadores y los comerciantes de trufas pueden ganarse el sueldo de todo el año durante la corta temporada de entre tres y cuatro meses en operaciones comerciales que pueden implicar turbias transacciones, sustituciones de una especie por otra, y otros engaños menos sutiles. Se han insertado esquirlas metálicas o plomos en trufas, o en la tierra que cubre las trufas no cepilladas, para aumentar el peso de las canastas. Se han congelado trufas viejas o llenas de larvas de insectos para hacerlas más consistentes. Se han humedecido trufas viejas ya resecas y se han incluido con trufas más frescas para que adquieran temporalmente su fragancia. Los agujeros y oquedades que ocurren de manera natural en las trufas se han rellenado con barro, y dos trufas pequeñas se han unido una a otra con un palillo y se han rellenado de barro para que pareciesen una trufa grande.

Como las trufas blancas del Piamonte y las negras de Périgord alcanzan los mejores precios, la misma especie u otra similar puede traerse de otras regiones o países y venderse por un precio más elevado que el que lograrían donde fueron recolectadas. Entre las especies parecidas que pueden hacerse pasar por trufa blanca de Italia, se incluyen *Tuber borchii, T. dryophilum, T. maculatum, T. oligospermum* y *Choiromyces meandriformis*. Entre las especies con las que se sustituye a la trufa negra de invierno se incluyen *Tuber brumale, T. aestivum, T. mesentericum, T. macrosporum* y varias especies asiáticas, incluyendo *T. indicum*. Al ser China el mayor productor y exportador de trufas asiáticas, a estas especies menos valoradas a menudo se las denomina colectivamente "trufas chinas". Se parecen mucho a la trufa negra de invierno, pero no tienen su aroma acre ni sus propiedades culinarias. Basándose en su aspecto externo, los ejemplares de especies asiáticas tales como *T. indicum* y la trufa negra de invierno son difíciles de distinguir, e incluso cuando se cortan se confunden con facilidad. Distinguirlos adecuadamente requiere un microscopio muy potente.

A falta de la ayuda del microscopio, y a pesar de una enorme diferencia en la intensidad y calidad del aroma de las trufas negra de invierno y asiáticas, un comprador puede ser engañado si las trufas asiáticas se han guardado en un recipiente cerrado, concentrando así el aroma. Otra posibilidad es que la menos valiosa trufa machenca o trufas asiáticas pueden mezclarse con trufas negras de invierno para

IZQUIERDA Esta máquina para lavar trufas es una lavadora de mejillones modificada.
I. R. Hall, cortesía de Tofani Tartufi

ARRIBA Su funcionamiento se basa en copiosas cantidades de agua y un cepillo rotatorio situado en la base del recipiente.
I. R. Hall, cortesía de Tofani Tartufi

Bandeja de trufas negras (*Tuber melanosporum*) inmaduras. Algunas muestran las pequeñas lascas cortadas a las trufas para revelar los pálidos interiores inmaduros.
I. R. Hall, cortesía de la familia Pébeyre

confundir al comprador. Como regla general, las trufas negras o blancas frescas que se venden fuera de los momentos normales de recolección de *Tuber melanosporum* y *T. magnatum* son siempre otras especies, sencillamente porque las trufas no pueden refrigerarse durante más que unas pocas semanas, cuando su característico aroma empieza a desvanecerse y las trufas mismas se convierten enseguida en una masa pútrida. Otras trufas pueden también tratarse con aditivos químicos que se aproximan al codiciado aroma tanto de la trufa negra de invierno como de la trufa blanca de Italia. De hecho, aunque los volátiles de la trufa pueden incorporarse al aceite de oliva, la inmensa mayoría de aceites de trufa blanca y negra no han visto nunca una trufa, sino que están hechos con los compuestos químicos *bis*-metiltiometano, metil-2-butanol, metil-*b*-2-butanol, metil-2-propanol, acetaldehído, butanona-2, etanol y/o anisol. Asimismo, a cualquier alimento, como pueda ser aceite o queso, con un aroma muy marcado y continuo que recuerde al de la trufa es probable que le hayan añadido un potenciador del sabor y probablemente apenas contenga nada de auténtica trufa, si es que contiene algo.

En otros casos, la clave es la experiencia. Aunque algunas secciones de esta industria parezcan tener "especial dificultad" en distinguir la trufa negra de invierno de la trufa machenca o de otoño, generalmente esto es algo que no debería presentar demasiados problemas si las trufas están maduras. Durante varias décadas, las autoridades europeas parecían hacer la vista gorda hacia aquellos espíritus ingeniosos que trataban de lograr que una cosecha menguante se prolongase. Por ejemplo, en 1993 Francia importó 20 toneladas de trufas asiáticas para ampliar su propia escasa recolección de trufas negras de invierno de aquel año. Esta medida fue el inicio de una brecha que abrió un abismo de preocupación en zonas productoras de trufas tradicionales, pero es una práctica que no ha disminuido lo más mínimo hasta el día de hoy.

En años posteriores y durante momentos de escasez debidos a fracasos en la recolección, los productores han llegado a estar preocupados —justificadamente— de que los restaurantes están reemplazando secretamente la trufa negra auténtica por trufas asiáticas inferiores y mucho más baratas para rellenar salchichas de ternera, incrustar en terrinas, y aderezar la famosa salsa Périgord de la región. La amenaza de que los mercados, y posiblemente las truferas, europeos se vean inundados por especies de trufas asiáticas y la reputación cada vez peor de la industria finalmente provocaron una respuesta oficial. En Francia se introdujeron enmiendas legislativas, mientras que en

Italia se fortaleció la determinación de quienes tenían la responsabilidad de poner en práctica la ley italiana ya existente. Actualmente, en Francia las trufas asiáticas deben lavarse antes de la venta y etiquetarse correctamente, y en Italia es ilegal importarlas. Las nueve especies autóctonas que Italia reconoce como adecuadas para la venta son las mismas reconocidas en Francia (Apéndice 13), y ambos países emplean inspectores o jueces para identificar y clasificar las trufas por su calidad. Para ayudar a esta inspección, a las trufas negras de invierno se les suele hacer una muesca para poder ver las estructuras internas que demuestran que no son una de las especies asiáticas. En Francia la preparación de platos trufados en restaurantes usando trufas asiáticas sin declarar está penado con dos años de cárcel, multas, o ambas cosas.

Tener normativas es una cosa, pero observarlas o hacerlas cumplir es otra muy distinta, y los estafadores son incorregiblemente ingeniosos. A finales de la década de 1960, las normativas francesas ya restringían la palabra *truffe* a especies de *Tuber* y las trufas negras comercializadas tenían que consistir tan sólo en trufa negra de invierno o en trufa machenca, haciéndose una pequeña concesión (un 2 por ciento) para la trufa grabada, debido a las dificultades de identificar especies estrechamente relacionadas sin microscopio. La ley italiana es algo más flexible, permitiendo que un 3-8 por ciento de trufa en patés o en productos de alimentación que contengan pequeños trozos de trufa sea de una especie distinta de la indicada en la etiqueta. El empleo de trufas de verano (*T. aestivum*) en patés está también regulada en Italia, siendo ilegal el empleo de colorantes en trufas blancas para hacerlas parecer negras. Sin embargo, en 1988 un análisis de 74 patés trufados descubrió que 69 contenían criadillas de tierra o trufa grabada, 3 contenían trufa machenca, y tan sólo 2 contenían trufas negras de invierno. En 1990 se informó de una red de falsificación de trufas que teñían trufas inferiores de color claro con jugo de nuez y las hacían pasar por trufas negras auténticas. Un informe aseguraba que los cultivadores de Périgord no ponían objeciones a esta práctica, ya que no había habido quejas de restaurantes y, con la oferta muy por debajo de la demanda, el aumento de negocio por las buenas o por las malas estaba justificado.

Hoy día, compradores inexpertos pueden seguir siendo atraídos por páginas web que ofrecen "trufas negras" por 50 dólares US el kilo, aunque el vendedor no deje lugar a dudas sobre la especie que está vendiendo y requiera un pedido mínimo de 40 kg. Puede que los compradores piensen que están consiguiendo una ganga, pero seguramente les defraudará el aroma y el gusto de lo que, a ese precio, sólo puede ser una de las trufas asiáticas, de menor valía. Asimismo, puede inducirse a creer a los inexpertos que las trufas negras de invierno en conserva, de precio elevado, son tan buenas como las frescas. No lo son. La calidad e intensidad del aroma y el sabor de una trufa en conserva no se acerca a los de una trufa recién recolectada. Se ha sabido de fábricas conserveras que hierven varias veces las trufas frescas. Cada vez, el agua de cocción con sabor a trufa se guarda y se emplea para saborizar trufas de menor calidad que pueden venderse después como trufas negras.

Para dar respuesta a la variedad de prácticas ilegales asociadas con el comercio de trufas, Francia dispone de los Services de la Répression des Fraudes para mejor regular esta industria. A petición del departamento de protección al consumidor del Ministerio francés de Finanzas, el Instituto Nacional de Investigaciones Agronómicas y Antonella Amicucci y sus colegas en Italia han desarrollado sofisticadas técnicas moleculares para detectar trufas asiáticas en productos alimentarios. Los investigadores franceses también han desarrollado técnicas electroforéticas e inmunológicas para detectar aditivos tales como albúmina de huevo y lactoalbúmina, que podrían usarse fraudulentamente en conservas trufadas.

Sigue habiendo un importante mercado para las trufas en conserva y los productos trufados, pero la demanda global es cada vez más por el producto fresco. Aunque las trufas de la península de Istria, en Croacia, puedan recolectarse por la mañana, envolverse en el periódico de ese mismo día para demostrar su proveniencia, y enviarse por avión a compradores de Londres, no todos los mercados se hallan a una cercanía tan conveniente. Afortunadamente, la trufa es más robusta que el champiñón y puede soportar desde una hasta tres semanas una refrigeración a 2 °C, aunque el sabor y la textura sí se deterioran con el tiempo. Por tanto, es importante que transcurran el menor número de retrasos posible entre el momento de la recogida y el uso final y que las trufas se refrigeren siempre que sea posible. Por consiguiente, las trufas italianas exportadas a los Estados Unidos se lavan, envasan, entregan a mano en el aeropuerto, se recogen en el aeropuerto en Nueva York, pasan la aduana, y luego se vuelven a envasar y se envían a los consumidores, todo antes de 48 horas. En 1989 los Estados Unidos importaron así 5,4 toneladas de trufas frescas o congeladas, principalmente de Italia y Francia. Estas trufas tuvieron un valor de 1,48 millones de dólares US, o unos 380 dólares el kilo, algo muy distinto de los precios actuales.

Francia, Italia y España son los principales exportadores de trufa negra de invierno, e Italia exporta trufas blancas principalmente a restaurantes de los Estados Unidos y otros mercados de elevado precio en Europa y Japón. Sin embargo, el crecimiento en la producción trufera en el hemisferio sur, hasta ahora principalmente Australia y Nueva Zelanda, promete complementar la oferta europea ampliando la disponibilidad estacional de trufas frescas. En Nueva Zelanda prevemos el envío diario de trufas recolectadas por carga aérea refrigerada. A comienzos de la década de 1990, para adquirir algo de experiencia en la exportación de productos perecederos, enviamos por este medio muestras de shoro y boleto comestible, que crecen silvestres en Nueva Zelanda, a Alemania, Japón y el Reino Unido. Estas setas llegaron menos de dos días después de la recogida y en muy buen estado, a pesar de ser más perecederas que la trufa negra. Posteriores exportaciones de trufas negras neozelandesas a los Estados Unidos y países de la cuenca del Pacífico llegaron en perfectas condiciones.

Entre otras innovaciones, científicos europeos están también investigando la viabilidad técnica de aplicar algunos métodos avanzados de conservación a las trufas, a fin de que los consumidores puedan gozar de trufas frescas perdurables que no hayan perdido nada de su intenso sabor. El envasado en atmósfera modificada y el almacenamiento en atmósfera controlada, la irradiación combinada con bactericidas naturales, y tecnologías de envasado en biofilm (o biopelícula) comestible se están estudiando para ver si pueden ofrecer soluciones al problema de la conservación más prolongada.

¿Trufas sin plantas?

Durante las dos últimas décadas, se ha asegurado en diversas ocasiones que es posible cultivar la trufa negra lejos de su hospedante usando métodos similares a los empleados para el cultivo de hongos saprofitos. Uno de los primeros ejemplos vino de California, donde se cultivó un producto inoculando bandejas de material con cultivos realizados a partir de trozos de trufa negra. Los cultivos resultantes se recolectaban después y se envasaban en botellas de 14 g etiquetadas La Truffe. La empresa, California Truffle Co. Ltd., entró en bancarrota en 1991.

Parecidas afirmaciones se hicieron en 1996, esta vez en la prensa japonesa, de que era posible cultivar la trufa blanca de Italia apartada de su hospedante cultivando el hongo en "serrín, posos de tofu y otro material". En 2001 hubo también considerable especulación en el II Seminario Internacional sobre Hongos Micorrícicos Comestibles acerca de la afirmación de un grupo japonés de que era posible cultivar todas las especies de hongos micorrícicos comestibles en el laboratorio. Aún seguimos esperando un mundo inundado con baratas trufas negras de invierno y blancas de Italia cultivadas por japoneses.

El futuro

La decreciente oferta y los precios al alza han proporcionado un enorme incentivo para la investigación sobre la truficultura. En los últimos 20 años las plantaciones de trufa negra de invierno se han expandido hasta cubrir muchos miles de hectáreas de Francia, Italia y España, así como zonas menores de fuera de Europa. Los gobiernos han fomentado la truficultura como fuente de ingresos alternativa para tierras retiradas oficialmente de la producción y en áreas subdesarrolladas y como medio de reducir los subsidios agrícolas. Sin embargo, muchas cuestiones siguen sin respuesta. Habiéndose plantado más de 400.000 árboles inoculados al año durante más de dos décadas en Francia, ¿por qué no ha tenido esto ningún impacto en la producción de ese país? Evidentemente, hay problemas. ¿Podría ser que la investigación se está orientando en la dirección equivocada? Algo de la responsabilidad puede recaer en quienes evalúan a los científicos en parte por la cantidad de estudios que publican. Estudios de moda en revistas de gran impacto y tirada cuentan mucho más que estudios de campo a largo plazo, que es poco probable que resulten atractivos a esas revistas, y los valiosos estudios a largo plazo de este tipo producen pocos artículos para el tiempo invertido.

La ciencia está llena de hallazgos serendípicos que ridiculizan la financiación de investigaciones con fines propios o dirigidas. Un ejemplo fue el descubrimiento accidental de que compuestos producidos por hongos pueden contener el crecimiento de bacterias. Este descubrimiento de la penicilina dio lugar a una revolución en el tratamiento de las enfermedades bacterianas en seres humanos. Otro caso de serendipia menos divulgado fue el descubrimiento de que la bacteria *Staphylococcus pasteuri*, encontrada en las raíces de plantas cultivadas en tejidos, podía inhibir el crecimiento de *Tuber borchii*, pero no de *Hebeloma radicosum*, otro hongo ectomicorrícico. Es irrelevante en gran medida si *S. pasteuri* aparece comúnmente en el suelo o no: lo que importa es que un organismo aparentemente no relacionado con ninguno de los simbiontes pueda influir en la composición de la flora ectomicorrícica de un suelo. Esta y otras interacciones entre hongos ectomicorrícicos con organismos asociados, tales como las bacterias *Rhizobium*, las levaduras, e incluso otros hongos ectomicorrícicos, podría ser una de las razones por las que algunos hongos ectomicorrícicos sólo se encuentran en ciertas zonas. Dichos estudios podrían explicar también por qué sólo un 2 por ciento de las micorrizas de trufa blanca pueden soportar la fructificación. Afortunadamente, algunas técnicas nuevas presentan oportunidades para visualizar cómo interactúan los organismos en el suelo. Una emplea marcadores fluorescentes que pueden revelar la ubicación del ADN de organismos específicos y, por tanto, puede usarse para ver cómo interactúan. Otra es el uso de microcosmos, en los que hongos ectomicorrícicos pueden cultivarse juntos con su planta hospedante en condiciones estériles completamente controladas en las que puede variarse después una amplia variedad de condiciones bióticas y físicas.

Estamos seguros de que algún día alguien, en algún lugar, desarrollará técnicas fiables para cultivar trufas y los muchos otros hongos ectomicorrícicos comestibles de momento inextricables. No obstante, confiamos en que estas nuevas técnicas no serán métodos para cultivar trufas alejadas de sus hospedantes y en fábricas, como las que se usan para cultivar muchos hongos saprofitos. Tales medios artificiales serían el primer toque de difuntos por una antigua industria que ha sido poco tocada por la marcha del progreso y tiene un lugar especial no sólo en los corazones europeos sino en los amantes de la tradición, la buena comida y *la grande mystique* de cualquier parte del mundo.

Apéndice I.

Plantas que forman micorrizas arbusculares y que generalmente pueden crecer junto a truferas sin riesgo de hongos competidores

NOMBRE COMÚN	NOMBRE BOTÁNICO	FAMILIA VEGETAL
—	*Olearia paniculata*	Asteraceae
—	*Hoheria populnea*	Malvaceae
—	*Plagianthus betulinus*	Malvaceae
Acebo	*Ilex*	Aquifoliaceae
Agracejo	*Berberis*	Berberidaceae
Aguacate	*Persea americana*	Lauraceae
Ailanto	*Ailanthus altissima*	Simaroubaceae
Albaricoque	*Prunus armeniaca*	Rosaceae
Aligustre	*Ligustrum*	Oleaceae
Almendro	*Prunus dulcis*	Rosaceae
Almez	*Celtis*	Ulmaceae
Aralia	*Aralia*	Araliaceae
Árbol de los pepinos	*Magnolia acuminata*	Magnoliaceae
Árbol rata	*Metrosideros*	Myrtaceae
Arce	*Acer negundo*	Aceraceae
Arce	*Acer*	Aceraceae
Bambú	*Bambusa*	Pooideae
Boj	*Buxus*	Buxaceae
Cacao	*Theobroma cacao*	Sterculiaceae
Camelia	*Camellia*	Theaceae
Castaño de Indias	*Aesculus*	Hippocastanaceae
Catalpa	*Catalpa*	Bignoniaceae
Cedro japonés	*Cryptomeria japonica*	Taxodiaceae
Cerezo	*Prunus avium*	Rosaceae
Cinamomo	*Melia azedarach*	Meliaceae
Ciprés de Lawson	*Chamaecyparis lawsoniana*	Cupressaceae
Ciprés de Leyland	×*Cupressocyparis leylandii*	Cupressaceae
Ciprés de Monterrey, de Lambert o de California	*Cupressus macrocarpa*	Cupressaceae
Ciruelo	*Prunus*	Rosaceae
Cornejo	*Cornus*	Cornaceae
Dodonea	*Dodonaea viscosa*	Sapindaceae
Enebro	*Juniperus*	Cupressaceae
Evónimo	*Euonymus*	Celastraceae
Falsa acacia	*Robinia*	Fabaceae
Fresno	*Fraxinus*	Oleaceae
Fucsia	*Fuchsia*	Onagraceae
Ginkgo	*Ginkgo biloba*	Ginkgoaceae
Griselinia	*Griselinia*	Griseliniaceae

Apéndice I. Plantas que forman micorrizas arbusculares, continuación

NOMBRE COMÚN	NOMBRE BOTÁNICO	FAMILIA VEGETAL
Hibisco	*Hibiscus rosa-sinensis*	Malvaceae
Higuera	*Ficus carica*	Moraceae
Hoja de mármol	*Carpodetus serratus*	Carpodetaceae
Jabonero de la China	*Koelreuteria elegans*	Sapindaceae
Kamahi	*Weinmannia racemosa*	Cunoniaceae
Karamu	*Coprosma robusta*	Rubiaceae
Kauri	*Agathis*	Araucariaceae
Korokia	*Corokia buddleoides*	Cornaceae
Lino de Nueva Zelanda, formio	*Phormium tenax*	Agavaceae
Magnolio, magnolia	*Magnolia*	Magnoliaceae
Mahoe, palo blanco	*Melicytus ramiflorus*	Violaceae
Manzano	*Malus*	Rosaceae
Manzano silvestre	*Malus*	Rosaceae
Mañío	*Podocarpus*	Podocarpaceae
Melocotonero	*Prunus persica*	Rosaceae
Mirto de Brabante	*Myrica*	Myricaceae
Morera	*Morus*	Moraceae
Negundo	*Acer*	Aceraceae
Olivo	*Olea europaea*	Oleaceae
Palmera	*Cycas*	Cycadaceae
Palosanto	*Diospyros*	Ebenaceae
Papayo	*Carica papaya*	Caricaceae
Paulonia	*Paulownia*	Paulowniaceae
Peral	*Pyrus communis*	Rosaceae
Pitósporo	*Pittosporum*	Pittosporaceae
Plátano	*Musa*	Musaceae
Pohutukawa	*Metrosideros excelsa*	Myrtaceae
Secuoya	*Sequoia sempervirens*	Taxodiaceae
Secuoya gigante	*Sequoiadendron giganteum*	Taxodiaceae
Serbal	*Sorbus*	Rosaceae
Sicómoro	*Acer*	Aceraceae
Sófora	*Erythrina indica*	Fabaceae
Sófora o acacia del Japón	*Sophora*	Papilionaceae
Tejo	*Taxus*	Taxaceae
Tojo, aulaga	*Ulex europaeus*	Fabaceae
Tulipero	*Liriodendron*	Magnoliaceae
Viburno	*Viburnum*	Caprifoliaceae
Vid	*Vitis*	Vitaceae
Zarzamora	*Rubus fruticosus*	Rosaceae

Apéndice 2.

Plantas que pueden formar ectomicorrizas y albergar hongos capaces de competir con hongos truferos. Estas plantas pueden causar problemas si se presentan en una zona en que tenga que establecerse una trufera o si se incluyen en barreras contra el viento.

NOMBRE COMÚN	NOMBRE BOTÁNICO	FAMILIA VEGETAL
—	*Cercis canadensis*	Fagaceae
Abedul	*Betula*	Betulaceae
Abeto	*Abies*	Pinaceae
Álamo	*Populus**	Salicaceae
Álamo temblón	*Populus**	Salicaceae
Alerce	*Larix*	Pinaceae
Aliso	*Alnus*	Betulaceae
Avellano	*Corylus*	Betulaceae
Carpe	*Carpinus*	Betulaceae
Castaño	*Castanea*	Fagaceae
Casuarina, pino australiano, árbol de la tristeza	*Casuarina**	Casuarinaceae
Cedro	*Cedrus*	Pinaceae
Cerezo aliso o de racimo	*Prunus padus*†	Rosaceae
Cerezo común, ácido o de Morello	*Prunus cerasus*†	Rosaceae
Cerezo salvaje, bravío, de monte o guindo	*Prunus avium*†	Rosaceae
Espino	*Crataegus*	Rosaceae
Eucalipto	*Eucalyptus**	Myrtaceae
Falso abeto de Canadá	*Tsuga*	Pinaceae
Haya	*Fagus*	Fagaceae
Jaras	*Cistus*	Cistaceae
Jarillas	*Helianthemum*	Cistaceae
Kanuka	*Kunzea ericoides**	Myrtaceae
Madroño	*Arbutus*	Ericaceae
Manuka	*Leptospermum scoparium**	Myrtaceae
Mostajo, peral de monte	*Sorbus torminalis*	Rosaceae
Nogal	*Juglans*	Juglandaceae
Nogal americano, caria, pacana	*Carya*	Juglandaceae
Peral silvestre	*Pyrus pyraster*	Rosaceae
Pícea, abeto falso	*Picea*	Pinaceae
Pino	*Pinus*	Pinaceae
Pino de Oregón, abeto de Douglas	*Pseudotsuga menziesii*	Pinaceae
Robles y encinas	*Quercus*	Fagaceae
Sauce	*Salix**	Salicaceae
Tilo	*Tilia*	Tiliaceae

Fuentes: Harley y Harley 1987; De Roman et al. 2005

* Puede formar también micorrizas arbusculares

† Probablemente se trate de una planta micorrícica arbuscular, pero puede formar ectomicorrizas ocasionalmente.

Apéndice 3.

Algunas plantas hospedantes de especies de trufa comercialmente importantes.
La letra "e" indica el establecimiento de micorrizas en condiciones experimentales.

FAMILIA Especie de la planta hospedante	*Mattirolomyces terfezioides*	*Tuber aestivum*	*Tuber borchii*	*Tuber magnatum*	*Tuber melanosporum*	*Tuber macrosporum*	*Tuber mesentericum*	*Terfezia*	*Tirmania*
BETULACEAE									
Alnus cordata		e	e	e	e				
Betula verrucosa		◆				◆			
CORYLACEAE									
Carpinus betulus		◆			◆				
Corylus avellana		◆	◆	◆	◆	◆	◆		
Corylus colurna		◆					◆		
Corylus heretophylla					◆				
Ostrya carpinifolia		◆	◆	◆	◆	◆	◆		
FABACEAE									
Robinia pseudoacacia	◆							◆	
FAGACEAE									
Castanea sativa		◆	e				◆		
Fagus sylvatica		◆	◆				◆		
Quercus cerris		◆	◆	◆	◆	◆	◆		
Quercus coccifera	◆				◆				
Quercus faginea					◆				
Quercus ilex		◆	◆	◆	◆				
Quercus petraea		◆	◆	◆	◆	◆			
Quercus pubescens		◆	◆	◆	◆	◆	◆		
Quercus robur		◆	◆	◆	◆	◆			
TILIACEAE									
Tilia americana			◆						
Tilia cordata		◆	◆	◆	◆		◆		
Tilia × europaea		◆	◆	◆	◆	◆	◆		
Tilia platyphyllos		◆	◆	◆	◆	◆	◆		
PINACEAE									
Abies alba		◆		e	e				
Cedrus atlantica, Cedrus deodara		◆	◆	e	e	e			
Larix			◆						
Picea excelsa		◆	◆						
Pinus brutia, Pinus halepensis		◆	◆						

FAMILIA Especie de la planta hospedante	*Mattirolomyces terfezioides*	*Tuber aestivum*	*Tuber borchii*	*Tuber magnatum*	*Tuber melanosporum*	*Tuber macrosporum*	*Tuber mesentericum*	*Terfezia*	*Tirmania*
Pinus nigra ssp. *nigra*, *P. nigra* ssp. *nigricans*		◆	◆				◆		
Pinus pinaster var. *atlantica*		e	◆		e	e		◆	
Pinus picea		e	◆	e	◆	e	e		
Pinus strobus		e	◆		e	e			
Pinus sylvestris		◆	◆		e	e			
SALICACEAE									
Populus alba			e	◆	e	◆			
Populus nigra		e	◆	◆		◆			
Populus tremula				◆					
Salix alba			e	◆		◆			
Salix caprea			e	◆	e	◆			
CISTACEAE									
Cistus albidus, *C. incanus*, *C. monspeliensis*, *C. salviaefolius*, y otros *Cistus*		e	e		◆			◆	
Fumana procumbens		◆							
Helianthemum almeriense, *H. guttatum*, *H. hirtum*, *H. ledifolium*, *H. lippii*, *H. marifolium*, *H. ovatum*, *H. salicifolium*								◆	◆
Tuberaria								◆	
MIMOSACEAE									
Acacia erioloba, *A. hebeclada*, y otras *Acacia*								◆	

Fuentes: Ramsbottom 1953; Chevalier et al. 1975; Giovannetti y Fontana 1980-1981; Zanbonelli y Branzanti 1984, 1989; Gregori y Tocci 1985; Dexheimer et al. 1985; Bencivenga y Vignozzi 1989; Zambonelli et al. 1989; Pirazzi 1990; Gregori 1991; Zambonelli y Di Munno 1992; Pegler et al. 1993; Craddock 1994; Lansac et al. 1995; Astier 1998; Olivier et al. 2002; Iddison 2004; Associazione Tartufai Bresciani 2005; Centro Sperimentale di Tartuficoltura 2005; Raffi Vivai 2005; British Mycological Society 2006; Truffle UK 2006

Apéndice 3.
Nombres comunes de las trufas y criadillas de tierra en cuatro lenguas.

TRUFA	ESPAÑOL	FRANCÉS	INGLÉS	ITALIANO
Mattirolomyces terfezioides	trufa húngara de arena, criadilla o turma dulce		sweet truffle	
Tuber aestivum	trufa de verano, trufa grabada	truffe de Bourgogne	Burgundy or summer truffle	scorzone o tartufo estivo
Tuber borchii	trufa blanquilla, trufa de Borch	truffe blanche de printemps, blanquette	bianchetto	bianchetto o marzuolo
Tuber magnatum	trufa blanca, gris, blanca de Italia, o de Piamonte	truffe blanche du Piémont	Italian white truffle	tartufo bianco pregiato
Tuber melanosporum	trufa negra, negra de invierno, violeta, o de Périgord	truffe du Périgord	Périgord black truffle	tartufo nero pregiato
Tuber macrosporum	trufa negra, trufa de esporas grandes	truffe lisse	smooth black truffle	tartufo nero liscio
Tuber mesentericum	trufa de pino, trufa mesentérica	truffe mésentérique o truffe de Bagnoli	Bagnoli truffle	tartufo di Bagnoli
Terfezia	turma de tierra, criadilla de tierra, trufa del desierto	truffes du désert	desert truffle, Boudier's truffle, Kalahari truffle	tartufo giallo
Tirmania	turma de tierra, criadilla de tierra, trufa del desierto	truffes du désert	desert truffle, Khulas	tartufo delle sabbie

Apéndice 3.
Nombres comunes de plantas hospedantes (con nombres de familia) en cuatro lenguas.

PLANTA HUÉSPED	ESPAÑOL	FRANCÉS	INGLÉS	ITALIANO
BETULACEAE				
Alnus cordata	aliso napolitano	aulne de Corse	Italian alder	ontano napoletano
Betula verrucosa	abedul común o de plata	bouleau verruqueux	silver birch	betulla
CORYLACEAE				
Carpinus betulus	carpe blanco	charme commun	European hornbeam	carpino bianco

PLANTA HUÉSPED	ESPAÑOL	FRANCÉS	INGLÉS	ITALIANO
Corylus avellana	avellano	noisetier commun	common hazelnut, cobnut	nocciolo
Corylus colurna	avellano turco	noisetier de Byzance o noisetier turc	Turkish hazelnut	nocciolo di Costantinopoli
Corylus heterophylla	avellano de Siberia	noisetier du Japon	Siberian hazelnut	nocciolo giapponese
Ostrya carpinifolia	carpe negro	charme noir	hop hornbeam	carpino nero
FABACEAE				
Robinia pseudoacacia	falsa acacia	faux acacia	black locust	robinia
FAGACEAE				
Fagus sylvatica	haya	hêtre	European beech	faggio
Quercus cerris	marojo, roble turco o roble de Turquía	chêne chevelu	Turkey oak	cerro
Quercus coccifera	coscoja	chêne kermès	Palestine oak	quercia spinosa
Quercus faginea	quejigo, roble carrasqueño o roble valenciano	chêne zène	Portuguese oak	quercia faggio
Quercus ilex	encina	chêne vert	holm oak	leccio
Quercus petraea	roble albar o sésil	chêne sessile o rouvre	sessile oak	rovere
Quercus pubescens	roble pubescente	chêne pubescent	pubescent oak	roverella
Quercus robur	roble común	chêne pédonculé	common oak	farina
TILIACEAE				
Tilia americana	tilo americano	tilleul d'Amérique	American basswood	tiglio americano
Tilia cordata	tilo de hoja pequeña	tilleul à petites feuilles	small-leaved lime	tiglio selvatico
Tilia × europaea	tilo común	tilleuls	European lime	tiglio comune
Tilia platyphyllos	tilo de hojas grandes	tilleul à grandes feuilles	large-leaved lime	tiglio nostrano
PINACEAE				
Abies alba	abeto blanco	sapin pectiné	common silver	abete bianco

Apéndice 3. Nombres comunes de plantas hospedantes, continuación

PLANTA HUÉSPED	ESPAÑOL	FRANCÉS	INGLÉS	ITALIANO
Cedrus atlantica	cedro del Atlas	cèdre de l'Atlas	Atlantic cedar	cedro dell'Atlante
Cedrus deodara	cedro del Himalaya, cedro llorón	cèdre de l'Himalaya, cèdre déodar	deodar cedar, Himalayan cedar, deodar	cedro dell'Himalaya
Larix decidua	alerce	mélèze	larch	larice
Picea excelsa	pícea de Noruega, abeto rojo, árbol de Navidad o falso abeto	sapin	Norway spruce	abete rosso
Pinus brutia, Pinus halepensis	carrasco	pin d'Alep	Turkish pine	pino d'Aleppo
Pinus nigra ssp. *nigra, P. nigra* ssp. *nigricans*	pino laricio	pin noir d'Autriche	Austrian pine	pino nero
Pinus pinaster var. *atlantica*	pino marítimo	pin maritime	maritime pine	pino marittimo
Pinus pinea	pino piñonero	pin pignon	stone pine	pino domestico
Pinus strobus	pino de Lord	pin du Lord	Weymouth pine	pino strobo
Pinus sylvestris	pino albar	pin sylvestre	Scots pine	pino silvestre
Pseudotsuga menziesii	abeto de Douglas, pino de Oregón	sapin de Douglas	Douglas fir	douglasia
SALICACEAE				
Populus alba	álamo blanco	peuplier blanc	white poplar	pioppo bianco
Populus nigra	álamo negro, chopo	peuplier noir	black poplar	pioppo nero
Populus tremula	álamo temblón	tremble	trembling aspen	pioppo tremulo
Salix alba	sauce blanco	saule blanc	white willow	salice bianco
Salix caprea	sauce cabruno	saule marsault	pussy willow	silicone
CISTACEAE				
Cistus albidus, C. incanus, C. monspeliensis, C. salviaefolius, y otros *Cistus*	jara	ciste	rockrose	cisto
Fumana procumbens	jarilla	hélianthème	rockrose	eliantemo

PLANTA HUÉSPED	ESPAÑOL	FRANCÉS	INGLÉS	ITALIANO
Helianthemum almeriense, H. guttatum, H. hirtum, H. ledifolium, H. lippii, H. marifolium, H. ovatum, H. salicifolium	jarilla	hélianthème	rockrose	eliantemo
Tuberaria				
MIMOSACEAE				
Acacia erioloba, A. hebeclada, y otras *Acacia*	acacia	acacia	camel horn	acacia

Apéndice 4.
Producción combinada de trufa negra de invierno *(Tuber melanosporum)* y trufa machenca o de otoño *(Tuber brumale)* en Francia y España, 1990-2005

TEMPORADA	FRANCIA (TONELADAS)	ESPAÑA (TONELADAS)
1990-1991	17	30
1991-1992	20	10
1992-1993	31	23
1993-1994	22	9
1994-1995	12	4
1995-1996	19	20
1996-1997	50	25
1997-1998	30	80
1998-1999	14	7
1999-2000	40	35
2000-2001	35	6
2001-2002	15	20
2002-2003	n. d.	40
2003-2004	n. d.	7
2004-2005	n. d.	22

Fuentes: Reyna 2005; Michel Courvoisier, comunicación personal.
n. d.: Datos no disponibles.

Apéndice 5.
Producción trufera en Italia, 1950-2006

AÑO	ENERO-MARZO (TONELADAS)	ABRIL-JUNIO (TONELADAS)	JULIO-SEPTIEMBRE (TONELADAS)	OCTUBRE-DICIEMBRE (TONELADAS)	TOTAL (TONELADAS)
1950	n. d.	n. d.	n. d.	n. d.	30,4
1960	n. d.	n. d.	n. d.	n. d.	76,4
1970	n. d.	n. d.	n. d.	n. d.	83,8
1980	25,0	11,9	15,8	19,1	71,8
1990	36,8	8,8	36,6	25,2	107,4
1991	33,5	6,8	14,8	22,1	77,2
1992	20,1	768,5	25,6	32,5	846,7
1993	16,1	8,4	22,5	91,5	138,5
1994	14,0	10,3	17,3	32,4	74,0
1995	17,2	11,4	49,9	117,0	195,5
1996	24,5	1,2	27,3	31,2	84,2
1997	13,5	12,7	11,7	47,8	85,7
1998	16,6	15,2	14,6	18,9	65,3
1999	14,3	15,1	26,8	30,3	86,5
2000	24,4	16,5	36,0	21,0	97,9
2001	16,4	17,3	20,9	14,7	69,3
2002	14,8	18,8	34,1	50,3	118,0
2003†	23,1/4,3	19,5/2,7	25,8/1,4	16,5/4,7	84,9/13,1
2004†	13,0/3,3	14,3/0,8	19,7/2,2	18,6/9,9	65,6/16,2
2005†	12,7/5,4	17,7/1,3	29,0/0,5	22,2/11,2	81,6/18,4
2006†	10,8/4,8	13,4/1,4	12,7/0,4	n. d,	n. d.

Fuentes: Pettenella et al. 2004; Bollettino mensile di statistica, ISTAT 2005.
n. d.: Datos no disponibles.
† Trufas negras (predominantemente *Tuber melanosporum* y *T. aestivum*) / trufas blancas (*T. magnatum* y *T. borchii*).

Apéndice 6.
Algunas trufas del desierto

NOMBRE BOTÁNICO	NOMBRES COMUNES	DISTRIBUCIÓN	RECOLECCIÓN
Terfezia arenaria (= *T. leonis*)	criadilla de tierra, terfez	Argelia, España, Francia, Grecia, Italia (sur de la península, Cerdeña, Sicilia), Kuwait, Libia, Marruecos, Portugal, Serbia, Túnez, Turquía	abril, mayo
Terfezia boudieri	Boudier's terfez	Argelia, Egipto, España, Israel, Kuwait, Italia (Cerdeña), Libia, Marruecos, Siria, Túnez, Turquía	marzo, abril
Terfezia claveryi	terfess rouge de Tafilatet, criadilla vaquera, el kamah, fugaa, faqah, fig-aa, kamé, terfas, terfez, torfàs, torfez, turma, zobaïdi, zubadee	Argelia, Egipto, España, Irán, Irak, Israel, Kuwait, Libia, Marruecos, Arabia Saudí, Siria, Túnez	marzo, abril
Terfezia leptoderma		España, Francia, Italia (Cerdeña), Marruecos	abril, mayo
Kalaharituber pfeilii (= *Terfezia pfeilii*)	dcoodcoò, godekos, hawan, haban ilhawas, Kalahari truffle, Kalahari aartappel, knol, n'abba, nama, oma-jowa, omarumbula, tkabba	Bostuana, Namibia, Sudáfrica	de marzo a junio
Tirmania nivea	fuga, kamaa, kima, chima	Argelia, Egipto, España, Italia (Sicilia, pero no recientemente), Kuwait, Libia, Marruecos, Siria, Túnez	de diciembre a finales de marzo
Tirmania pinayi	khulasi	Argelia, Egipto, España, Francia, Italia, Kuwait, Libia, Marruecos, Túnez	de diciembre a finales de marzo
Delastria rosea		Italia (Cerdeña), Marruecos	diciembre, enero
Picoa juniperi		España, Marruecos, Túnez	primavera
Picoa lefebvrei	chivato de la turma	Argelia, España, Irak, Kuwait, Libia, Túnez	primavera
Loculotuber gennadii	terfess	España (península e islas Canarias), Francia, Grecia, Italia (Cerdeña), Marruecos	finales del otoño, finales de febrero, marzo, abril
Tuber oligospermum		España, Francia, Israel, Italia, Marruecos, Portugal	otoño en el sur de Europa, pero también primavera en climas más cálidos

Fuentes: Alsheikh y Trappe 1983; Álvarez et al. 1992; Van der Walt y Le Riche 1999; Montecchi y Sarasini 2000; Moreno et al. 2000, 2005; Khabar et al. 2001, 2005; Mshigeni 2001; Pegler 2002; Iddison 2004a, 2004b; Al-Rasheed 2005; Ferdman et al. 2005

Apéndice 7.

Datos climáticos de diversos centros adyacentes a las zonas de producción de trufa negra, blanca, grabada y blanquilla, o con climas similares

	NEGRA DE INVIERNO	BLANCA DE ITALIA	GRABADA	BLANQUILLA	LATITUD	ALTITUD (M)
SUECIA						
Gotland			◆		57°40'N	51
DINAMARCA						
Copenhague (Schleswig*)			◆	◆	55°36'N	5
REINO UNIDO						
Durham			◆	◆	54°40'N	102
Sheffield			◆		53°20'N	131
Stratford upon Avon			◆	◆	52°20'N	49
Lyneham (Wiltshire)			◆	◆	51°30'N	145
Wye (Kent)			◆	◆	51°50'N	56
Yeovilton			◆	◆	51°00'N	20
Eastbourne			◆		50°30'N	7
FRANCIA						
Caen			◆	◆	49°18'N	67
Bourges			◆	◆	47°06'N	166
Dijon	◆		◆	◆	47°18'N	227
Clermont-Ferrand	◆		◆	◆	45°50'N	329
Lyon	◆		◆	◆	45°42'N	201
Orange (Marsella*)	◆		◆		44°08'N	60
Toulouse	◆		◆		43°36'N	153
SUIZA						
Lugano, Ticino		◆	◆	◆	46°00'N	273
CROACIA						
Istria (Rijeka, Trieste*)	◆	◆	◆	◆	45°13'N	85
ITALIA						
Cuneo (Turín*)	◆	◆	◆	◆	44°55'N	384
Bolonia		◆		◆	44°30'N	84
Arezzo	◆	◆	◆	◆	43°28'N	249
Perugia	◆	◆	◆	◆	43°06'N	205
Campobasso	◆	◆	◆	◆	41°36'N	807
Sicilia			◆	◆	38°20'N	21

PRECIPITACIONES ANUALES (MM)	DÍAS-GRADO ACUMULADOS (>10 °C)	TEMPERATURA DIARIA MEDIA EN VERANO JUL/ENE (°C)	TEMPERATURA DIARIA MEDIA EN INVIERNO ENE/JUL (°C)	HORAS DE INSOLACIÓN ANUALES	HORAS DE INSOLACIÓN ESTIVALES (ABR-SEP/SEP-ABR)
514	570	12,9	–1,1	1579	1148
525	671	16,4	0,1	1597	1197*
643	489	15,2	3,4	1375	932
825	685	16,6	4,0	1381	1001
846	667	16,2	3,8	1379	973
719	676	16,6	3,9	1565	1102
728	756	16,8	4,3	1603	1123
725	751	16,8	4,8	1523	1078
790	895	17,2	5,7	1849	1309
711	852	17,0	4,5	1762	1191
723	1115	19,2	3,3	1827	1279
732	1137	19,7	1,6	1831	1307
563	1102	19,2	2,7	1990	1317
825	1312	20,7	2,6	1975	1411
810	1562	22,0	4,0	2837	1814
655	1513	21,3	5,4	2051	1350
1545	1421	21,3	5,4	2051	1350
1045*	1837	23,0	5,0	2388	1405*
948	1379	22,0	3,5	1989*	1246*
589	2009	24,6	2,4	2064	1458
755	1349	21,0	4,0	n. d.	n. d.
816	1622	22,4	4,4	2061	1457
628	1436	21,5	3,8	2113	1365
611	3125	26,2	12,5	n. d.	n. d.

Apéndice 7.

Datos climáticos de diversos centros adyacentes a las zonas de producción de trufa negra, blanca, grabada y blanquilla, o con climas similares

	NEGRA DE INVIERNO	BLANCA DE ITALIA	GRABADA	BLANQUILLA	LATITUD	ALTITUD (M)
ESPAÑA						
Pamplona, Navarra	◆		◆		43°48'N	449
Perarrúa, Huesca (Zaragoza*)	◆		◆		42°16'N	517
Arroyo Cerezo, Valencia	◆		◆		40°07'N	1344
Cuenca, Cuenca (Madrid*)	◆		◆		40°05'N	1001
Santiago de la Espada (Albacete*)	◆				38°20'N	1328
ESTADOS UNIDOS						
Chapel Hill, N.C. (Washington, D.C.*)	◆				36°10'N	190
Ukiah, CA	◆				39°20'N	189
NUEVA ZELANDA						
Oporiki	◆				38°00'S	6
Gisborne	◆				38°40'S	9
Taumarunui	◆				38°55'S	171
Paraparaumu	◆				40°55'S	7
Nelson	◆				41°15'S	10
Waipara (Christchurch*)	◆			◆	43°05'S	64
Ashburton	◆			◆	43°54'S	101

Fuentes: Arléry 1970; Wallén 1970, 1977; Cantù 1977; Delmas 1978; New Zealand Meteorological Service 1980; Reyna 2000; Reyna et al. 2005; Hong Kong Observatory 2007; Met Office 2007; www.eurometeo.com/english/climate, www.met-office.gov.uk/climate/uk, www.hko.gov.hk/wxinfo/climat/world/eng/world_climat_e.htm, www.wunderground.com, www.histrica.com/istra-topics/1-locale-en.html

* Los datos de la fila provienen de esta localidad cercana.

n. d.: Datos no disponibles

PRECIPITACIONES ANUALES (MM)	DÍAS-GRADO ACUMULADOS (>10 °C)	TEMPERATURA DIARIA MEDIA EN VERANO JUL/ENE (°C)	TEMPERATURA DIARIA MEDIA EN INVIERNO ENE/JUL (°C)	HORAS DE INSOLACIÓN ANUALES	HORAS DE INSOLACIÓN ESTIVALES (ABR-SEP/SEP-ABR)
963	1342	20,0	4,5	n. d.	n. d.
644	1479	21,7	2,9	2638*	1689*
552	749	18,9	3,1	n. d.	n. d.
569	1352	21,7	3,1	2678*	1714*
673	1547	23,2	3,3	2705*	1713*
1054	2341	25,5	3,5	2173*	1545*
943	2341	22,7	7,5	n. d.	n. d.
1400	1493	18,5	9,2	2169	1227
1058	1430	18,3	9,0	2172	1283
1443	1292	18,3	7,9	1704	1079
1054	1167	17,1	8,3	2043	1227
986	1038	17,2	6,5	2397	1377
729	1049	17,5	6,5	1999*	1175*
757	896	16,5	5,2	1892	1092

Apéndice 8.
Propiedades físicas y químicas de los suelos de trufa blanca de Italia *(Tuber magnatum)*

	RANGO O MEDIA ± D. E. (σ)*
pH (en el agua)	7,3-8,1
Densidad aparente (g/ml)	1,06 ± 0,12
Calcio total (porcentaje)	2,3-13,9
Calcio extraíble (μg/ml)	2000-5000
Fósforo extraíble (μg/ml)	4,0-42
Potasio extraíble (μg/ml)	80-620
Magnesio extraíble (μg/ml)	135-625
Sodio extraíble (μg/ml)	2,0-26
Azufre extraíble (μg/ml)	2,0-25
Boro extraíble (μg/ml)	0,1-1.3
Hierro extraíble (μg/ml)	40-117
Carbono orgánico (porcentaje)	0,8-8,8
Ratio carbono-nitrógeno	10-23,3
Capacidad de intercambio catiónico	1,72 ± 0,47

* d. e.: desviación estándar (σ)

Apéndice 9.

Rasgos climáticos de Gard, Drôme y Vaucluse y cifras de producción para Carpentras (Francia), 1987-1993

AÑO	PRODUCCIÓN (TONELADAS)	EVALUACIÓN DE LA PRODUCCIÓN	RASGOS CLIMÁTICOS	NOTAS
1987	80	buena	calor y humedad, tormentas	Lluvia abundante alternando con períodos de relativa sequedad sin superar los 20 días. Subida y descenso de 5 °C en la temperatura del suelo durante un período de siete días en mayo.
1988	30	mediana	bastante calor y humedad	Precipitaciones medias, pero algo menores de lo normal en julio. Temperatura del suelo no tan oscilante como en 1987.
1989	15	muy mala	tiempo frío y seco	Tiempo frío prolongado desde finales de abril hasta mediados de junio, con temperaturas del suelo que no llegaron a los 12 °C hasta el 10 de junio, combinadas con 100 días de sequía desde mayo hasta agosto.
1990	20	mala	tiempo frío y seco en primavera	
1991	15	muy mala	sequía invernal prolongada	
1992	20	mala	tiempo frío y seco en primavera	Precipitaciones suficientes desde mayo hasta septiembre, pero 50 días de temperaturas frías del suelo prolongadas desde el 1 de junio hasta el 14 de julio: la temperatura del suelo era sólo de 12,5 °C el 8 de julio, muy por debajo de la media de 19 °C.
1993	30	mediana	bastante calor y humedad	

Fuente: Bardet y Fresquet 1995.

Apéndice 10.

FACTOR		DESENCADENANTE POTENCIAL	POSIBLE EFECTO SOBRE LA PRODUCCIÓN	INTERACTÚA CON FACTORES
1	Temperatura del suelo	◆		2, 3, 4, 5, 7, 8, 9, 10, 16, 17
2	Humedad e irrigación del suelo	◆	◆	1, 3, 4, 7, 10, 13, 15
3	Poda	◆		1, 2, 4, 6, 8, 9, 10, 13, 15
4	Densidad de plantas, espaciado, orientación y grado de insolación del suelo	◆	◆	1, 2, 3, 5, 8, 9, 10, 13, 14, 15
5	Presencia de organismos beneficiosos	◆	◆	8, 9, 15
6	Flujo de carbohidratos a las raíces	◆	◆	5, 8, 9, 14, 15
7	Acolchados y malas hierbas	◆	◆	1, 2, 5, 8, 9, 10, 11, 12, 15, 16, 17
8	Cantidad de micelio de trufa en el suelo	◆	◆	5, 9
9	Hongos competidores	◆	◆	5, 8
10	Aireación del suelo	◆	◆	1, 2, 5, 8, 9, 15
11	Nutrientes principales y secundarios	◆	◆	5, 8, 9, 13, 15
12	Oligoelementos	◆	◆	5, 8, 9, 13, 15
13	Planta hospedante		◆	4, 5, 6, 8, 9, 14, 15
14	Plagas		◆	13, 16, 17
15	Enfermedades de la planta hospedante y el simbionte		◆	13, 16, 17
16	Altitud		◆	
17	Latitud		◆	

Apéndice 11.
Fertilizantes de manganeso

COMPUESTO	FÓRMULA	PORCENTAJE DE MANGANESO	COMENTARIOS
Sulfato de manganeso	$MnSO_4 \cdot H_2O$	24-30	soluble, de efecto rápido
Cloruro de manganeso	$MnCl_2$	17	soluble, de efecto rápido
Carbonato de manganeso	$MnCO_3$	31	insoluble, de efecto lento
Quelato de manganeso	$Na_2MnEDTA$	5-12	de efecto rápido
Óxido de manganeso	MnO_2	40	insoluble, de efecto lento

Apéndice 12.
Fertilizantes de boro utilizados habitualmente

FERTILIZANTE	FÓRMULA	PORCENTAJE DE BORO
PRODUCTOS REFINADOS		
Tetraborato de sodio decahidratado	$Na_2B_4O_7 \cdot 10H_2O$	11,3
Tetraborato de sodio pentahidratado	$Na_2B_4O_7 \cdot 5H_2O$	14,9
Ácido bórico	$B(OH)_{34}$	17,5
Solubor	$Na_2B_8O_{13} \cdot 4H_2O$	20,8
Tetraborato de sodio	$Na_2B_4O_7$	21,4
MENAS TRITURADAS		
Ascarita	$2MgO \cdot B_2O_3 \cdot H_2O$	variable
Colemanita	$2CaO \cdot 3B_2O_3 \cdot H_2O$	variable
Datolita	$2CaO \cdot B_2O_3 \cdot 2SiO_2 \cdot H_2O$	variable
Hidroboracita	$2CaO \cdot MgO \cdot 3B_2O_3 \cdot 6H_2O$	variable
Ulexita	$Na_2O \cdot 2CaO \cdot 5B_2O_3 \cdot 5H_2O$	variable

Fuente: Shorrocks 1997.

Apéndice 13.

Temporadas autorizadas para la recolección de trufas en Francia e Italia. En Francia las trufas frescas pueden venderse durante otros 10 días después del cierre de la temporada.

NOMBRE BOTÁNICO	NOMBRE COMÚN	FRANCIA	ITALIA
Tuber magnatum	trufa blanca de Italia		1 oct - 31 dic
Tuber melanosporum	trufa negra de invierno	1 dic - 31 mar	15 nov - 15 mar
Tuber aestivum	trufa de verano	1 may - 31 sep	1 may - 30 nov
	trufa grabada		1 oct - 31 dic
Tuber borchii	trufa blanquilla, trufa de Borch		15 ene - 30 abr
Tuber brumale	trufa machenca o de otoño	1 dic - 31 marzo	1 ene - 15 mar
Tuber brumale var. *moschatum*	*tartufo moscato* ('trufa almizclada')		15 nov - 15 mar
Tuber macrosporum	trufa de esporas grandes		1 sep - 31 dic
Tuber mesentericum	trufa de pino o mesentérica	1 sep - 31 dic	1 sep - 31 ene
Tuber indicum	trufa de China	1 dic - 31 mar	

Fuentes: En Chevalier y Frochot (1997) se encontrará un resumen de las regulaciones francesas. Legge quadro nazionale 752/1985 y 162/1991; Sainte Alvere 2005.

ORGANIZACIONES TRUFERAS Y PROVEEDORES DE PLANTAS Y EQUIPOS

Micrología Forestal & Aplicada
Rbla. Amau, 6 local D
Vilanova i la Geltrú – 08800 Barcelona (Spain)
Tel. Fax (+34) 93 815 54 55
http://www.micofora.com/index.asp?al=&idioma=ES&opc=38&

Fédération Française des Trufficulteurs
7 Bis Rue du Louvre
75001 Paris I. Francia
www.fft-tuber.org

Kungming Yunri Foods Co. Ltd.
Room 311
Yunnan Business Hotel
139 Dong Feng Xi Road
Kunming
Yunnan 650041
China
www.sinohost.com/yunnan-pages/mushrooms

Le Trufficulteur Français
7 Rue du Jardin Public
BP 7065
24007 Périgueux. Francia
www.fft-tuber.org/bulletin.asp

Pébeyre S.A.
66 Rue Frédéric - Suisse
46000 Cahors. Francia
www.pebeyre.fr

Rougié
Avenue du Périgord
BP 118
24203 Sarlat. Francia
www.foie-gras-rougie.com

Tofani Tartufi di Tofani Stefania
Via Bellaria 37
61041 Acqualagna (PU). Italia
E-mail: tartufi.tofani@virgilio.it

Urbani Tartufi
S. Anatolia di Narco
06040 Perugia (PG) Umbria. Italia
www.urbani.com

Laboratorios edafológicos

Laboratoire d'analyses Agro-Environmentales
LCA La Rochelle
1 Rue Samuel Champlain
17974 La Rochelle. Cedex 9. Francia
www.laboratoirelca.com

New World Truffières
Charles Lefèvre
PO Box 5802
Eugene, Oregón 97405. EEUU
www.truffletree.com

Truffes & Mushrooms (Consulting) Ltd.
PO Box 268
Dunedin 9054
Nueva Zelanda
www.Trufflesandmushrooms.co.nz

Truffles UK
P.O. Box 5389
Cattistock. Dorchester
Dorset DT2 OXN. Reino Unido
www.truffle-uk.co.uk

Árboles inoculados

Agri-Truffe
Domaine de Lalanne
33490 Saint Maixant. Francia
www.agritruffe.eu

New World Truffières
Charles Lefèvre
PO Box 5802
Eugene, Oregón 97405
Estados Unidos
www.truffletree.com

Raggi Vivai
Via Cerchia di S. Egidio 3000
47023 Cesena (FC). Italia
www.raggivivai.it

Robin Pépinières EARL
Le Village
05500 Saint Laurent du Cros. Francia
www.robinpepinieres.com

Maquinaria y equipo

Tubex Ltd.
Aberaman Park
Aberdare CF44 6DA. Reino Unido
www.tubex.com

REFERENCIAS

En la web de Truffles & Mushrooms (www.trufflesandmushrooms.co.nz) se encontrará una lista en inglés de las siguientes referencias, con indicaciones sobre la parte del texto de la edición inglesa con que se relacionan. La localización de información en Internet cambia constantemente. Si una referencia de la Red está obsoleta, diríjase a la página de inicio y pruebe con la opción de búsquedas, si la hay, o con el mapa de la web. Si esto falla, pruebe con un buen buscador, como, por ejemplo, Google.

Acqualagna, capitale del tartufo. 2002. Borsa del tartufo. Disponible en: www.acqualagna.info/modules.php?name=Content&pa=showpage&pid=82

Agate, E. 2003. *Woodlands.* BTCV Ltd., Doncaster, R. U. Disponible en: www.handbooks.btcv.org.uk/handbooks/content/chapter/682 y /690

Agerer, R. 1990. Studies of ectomycorrhizae. XXIV. Ectomycorrhizae of *Chroogomphus helveticus* and *C. rutilis* (Gomphidaceae, Basidiomycetes) and their relationships to those of *Suillus* and *Rhizopogon. Nova Hedwigia* 50:1-63.

Agerer, R. 1995. Anatomical characteristics of identified mycorrhizas: an attempt towards a natural classification. En: Varma, A. K., Hock, B., eds. *Mycorrhiza Structure, Function, Molecular Biology and Biotechnology.* Springer Verlag, Berlín. Pp. 685-734.

Agerer, R., Rambold, G. 1996. DEEMY: a DELTA-based system for characterization and determination of ectomycorrhizae (ver. 1.0). CD-ROM. Sección Mycology, Institute for Systematic Botany, Universidad de Munich.

Agri Truffe. 2006. Parce que votre réussite est la nôtre! Disponible en: www.agritruffe.com

Agribusinessonline. 2003. Truffles, fresh or chilled, U.S. imports for consumption, annual data. Disponible en: www.agribusinessonline.com/stats/07095200_truffles.asp

Ahmad, S. 1956. *Fungi of West Pakistan.* Biological Society of Pakistan Monograph n.º 1. Biological Society of Pakistan, Lahore.

Alan Wood's web site. 2007. Compendium of Pesticide Common Names. Disponible en: www.alanwood.net/pesticides/index.html

Alloway, B. 2002. Zinc: the vital micronutrient for healthy, high-value crops. Disponible en: www.initiative-zink.de/163.htm

Al-Rasheed, M. T. 2005a. Of desert truffles and regulations. Arab News. Disponible en: www.arabnews.com/?page=7&section=0&article=58115&d=27&m=1&y=2005&pix=opinion.jpg&category=Opinion

Al-Rasheed, M. T. 2005b. Of desert truffles and regulations. Disponible en: http://xrdarabia.org/blog/archives/2005/01/26/of-desert-truffles-and-regulations

Al-Ruqaie, I. M. 2002. Effect of different treatment processes and preservation methods on the quality of truffles. 1. Conventional methods (drying/freezing). *Pakistan Journal of Biological Sciences* 5:1088-1093.

Alsheikh, A. M. 1994. Taxonomy and mycorrhizal ecology of the desert truffles in the genus *Terfezia.* Ph.D. diss. [Tesis doctoral], Oregon State University, Corvallis.

Alsheikh, A. M., Trappe, J. M. 1983. Desert truffles: the genus *Tirmania. Transactions of the British Mycological Society* 81:83-90.

Álvarez, I. F., Parladé, J., Trappe, J. M. 1992. *Loculotuber gennadii* gen. et comb. nov. and *Tuber multimaculatum* sp. nov. *Mycologia* 84:925-929.

Ambra, R., Grimaldi, B., Zambonelli, S., Filetici, P., Macino, G., Ballario, P. 2004. Photomorphogenesis in the hypogeous fungus *Tuber borchii:* isolation and characterization of Tbwc-1, the homologue of the blue-light photoreceptor of *Neurospora crassa. Fungal Genetics and Biology* 41:6888-6897.

American Phytopathological Society. 2006. www.shopapspress.org/index.html

Amicucci, A., Guidi, C., Zambonelli, A., Potenza, L., Stocchi, V. 2000. Multiplex PCR for the identification of white *Tuber* species. *FEMS Microbiology Letters* 189:265-269.

Amicucci, A., Guidi, C., Zambonelli, A., Potenza, L., Stocchi, V. 2002a. Molecular approaches for the detection of truffle species in processed food products. *Journal of Science and Food Agriculture* 82:1391-1397.

Amicucci, A., Potenza, L., Guidi, C., Rossi, C., Bertini, L., Zambonelli, A., Stocchi, V. 2002b. Molecular techniques in the study of edible ectomycorrhizal mushrooms. En: Hall, I. R., Wang, Y., Danell, E., Zambonelli, A., eds. *Edible Mycorrhizal Mushrooms and Their Cultivation: Proceedings of the Second International Conference on Edible Mycorrhizal Mushrooms.* Christchurch, Nueva Zelanda, 3-5 de julio de 2001. CD-ROM. New Zealand Institute for Crop and Food Research Limited, Christchurch.

Amicucci, A., Rossi, I., Potenza, L., Zambonelli, A., Agostini, D., Palma, F., Stocchi, V. 1996. Identification of ectomycorrhizae from *Tuber* species by RFLP analysis of the ITS region. *Biotechnology Letters* 18(7):821-826.

Amicucci, A., Zambonelli, A., Giomaro, G., Potenza, L., Stocchi, V. 1998. Identification of ectomycorrhizal fungi of the genus *Tuber* by species-specific ITS primers. *Molecular Ecology* 7:273-277.

Amicucci, A., Zambonelli, A., Guidi, C., Stocchi, V. 2001. Morphological and molecular characterization of *Pulvinula constellatio* ectomycorrhizae. *FEMS Microbiology Letters* 194:121-125.

Angeletti, M., Landucci, A., Contini, M., Bertuccioli, M. 1990. Caratterizzazione dell'aroma del tartufo mediante l'analisi gas cromatografica dello spazio di testa. En: Bencivenga, M., Granetti, B., eds. *Atti del secondo congresso internazionale sul tartufo.* Spoleto, Italia, 24-27 de noviembre de 1988. Comunità Montana dei Monti Martani e del Serano, Spoleto. Pp. 505-509.

Anónimo. 1989. A start-up's magic mushroom. *The Scientist* 3(12):8.

Anónimo. 1993. Black truffles make local debut. *Food Technology in New Zealand* Septiembre: 28.

Anónimo. 1995. Electronic sniffer stalks famous fungus. *New Scientist* 7 de enero: 17.

Anónimo. 1996. Local scientists grow truffles in planter boxes for first time. Kansai Window, *Kippo News* 3:110.

Anónimo. 2001. NZ ideal for truffles. *Horticultural News* Septiembre: 7.

Anónimo. 2002. Truffe ou pas truffe? Les techniques d'identification se développent. Direction générale de la concurrence de la consumation et de la répression des fraudes. Disponible en: www.finances.gouv.fr/DGCCRF/02_actualite/breves/brv0403i.htm?ru=02

Anónimo. 2003. Gourmet gangs get a taste for the finer things. *The Age* (Melbourne), 31 de enero. Disponible en: www.theage.com.au/articles/2003/01/30/1043804461408.html.

Anónimo. 2004. Truffle growers hope for even bigger crop. Australian Broadcasting Corporation, 28 de septiembre. Disponible en: www.abc.net.au/southwestwa/news/200409/s1208712.htm

Arléry, R. 1970. The climate of France, Belgium, The Netherlands, and Luxembourg. En: Wallén, C. C., ed. *World Survey of Climatology*. Vol. 5, *Climates of Northern and Western Europe*. Elsevier, Amsterdam. Pp. 135-193.

Arnolds, E. 1992. The analysis and classification of fungal communities with special reference to macrofungi. En: Winterhoff, W., ed. *Fungi in Vegetation Science*. Kluwer, Dordrecht. Pp. 7-47.

Arotz. 2006. Trufa: la finca: video clips. Disponible en: www.arotz.com/html/index_prod.htm

Associazione micologica Bresadola. 2006. Leyes regionales, provinciales, regulaciones, etc. Disponible en: www.ambbresadola.it/Leggi/ItaliaLex.htm (sitio web no oficial).

Associazione tartufai bresciani. 2005. www.asstartufaibresciani.it/aest_fun.htm

Associazione telematica tartufai Italiani. 2005. I tartufi in altri paesi e continenti. Disponible en: www.trovatartufi.com/Demo/Il_tartufo/tartufi_in_altro_paesi.htm

Astier, J. 1998. *Truffes Blanches et Noires: Tuberaceae et Terfeziaceae*. Joseph Astier, La Penne sur Huveaune.

Australian Truffle Grower's Association (Asociación Australiana de Truficultores). 2008. Cultivo de trufas. http//www.trufflegrowers.com.au/?page_id=4

Baciarelli-Falini, L., Rubini, A., Riccioni, C., Paolocci, F. 2006. Morphological and molecular analyses of ectomycorrhizal diversity in a man-made *T. melanosporum* plantation: description of novel truffle-like morphotypes. *Mycorrhiza* 16:475-484.

Balaji, B., Poulin, M.-J., Vierling, H., Piche, Y. 1995. Response of an arbuscular mycorrhizal fungus, *Gigaspora margarita*, to exudates and volatiles from the Ri T-DNA transformed roots of nonmycorrhizal and mycorrhizal mutants of *Pisum sativum* L. Sparkle. *Experimental Mycology* 19:275-283.

Barbieri, E., Bertini, L., Rossi, I., Ceccaroli, P., Saltarelli, R., Guidi, C., Zambonelli, A., Stocchi, V. 2005a. New evidence for bacterial diversity in the ascoma of the ectomycorrhizal fungus *Tuber borchii* Vittad. *FEMS Microbiology Letters* 247:23-35.

Barbieri, E., Gioacchini, A. M., Zambonelli, A., Bertini, L., Stocchi, V. 2005b. Determination of microbial volatile organic compounds from *Staphylococcus pasteuri* against *Tuber borchii* using solid-phase microextraction and gas chromatography/ion trap mass spectrometry. *Rapid Communications in Mass Spectrometry* 19:3411-3415.

Barbieri, E., Guidi, C., Bertaux, J. Frey-Klett, P., Garbaye, J., Ceccaroli, P., Saltarelli, R., Zambonelli, A., Stocchi, V. 2007. Occurrence and diversity of bacterial communities in *Tuber magnatum* Pico during truffle maturation. *Environmental microbiology* (OnlineEarly Articles). doi:10.1111/j.1462-2920.2007.01338.x

Bardet, M.-C., Fresquet, C. 1995. Influence de la pluviométrie et de la température du sol. *Infos-CTIFL* 110:38-41.
Baring-Gould, S. 1894. Truffles and truffle hunters. En: *The Deserts of Southern France.* Methuen, Londres.
Barnard, P., ed. 1998. *Biological Diversity in Namibia: A Country Study.* Namibian National Biodiversity Task Force, Directorate of Environmental Affairs, Windhoek.
Bauhin, G. 1623. *Pinax theatri botanici.* Basel.
Baum, C., Schmid, K., Makeschin, F. 2000. Interactive effects of substrates and ectomycorrhizal colonization on growth of a poplar clone. *Journal of Plant Nutrition and Soil Science* 163:221-226.
Bay Gourmet. 1998. Truffle FAQ: section II, basic truffle facts. Disponible en: www.members.tripod.com/~BayGourmet/trufflebas.html
Beech, H. 2005. Truffle kerfuffle. *Time,* 21 Febrero, 45-47. Disponible en: www.time.com/time/asia/magazine/article/0,13673,501050221-1027587,00.html
Beeton, I. M. 1861. *The Book of Household Management.* S. O. Beeton, Londres. Disponible en: http://books.google.com/books/pdf/The_book_of_household_management
Bellesia, F., Pinetti, A., Bianchi, A., Tirillini, B. 1996. Volatile compounds of the white truffle (*Tuber magnatum* Pico) from middle Italy. *Flavour and Fragrance Journal* 11:239-243.
Belloli, S., Bologna, F., Gregori, G., Zambonelli, A. 2001. Il tartufo nero di Fragno (*Tuber uncinatum* Chatin): ecologia e coltivazione. En: *Proceedings of the Fifth International Congress on the Science and Cultivation of Truffles.* Aix-en-Provence, Francia, 3-6 de marzo de 1999. Fédération Française des Trufficulteurs, París. Pp. 367-371.
Bencivenga, G., Ferrara, A., Fontana, A., Govi, G., Granetti, G., Gregori, G., Lo Bue, G., Palenzona, M., Rebaudengo, E., Tocci, A., Zambonelli, A. 1987. Valutazione dello stato di micorrizazione di piantine tartufigene. Proposta di un metodo. Ministero Agricoltura e Foreste Corpo Forestale dello Stato, Roma.
Bencivenga, M. 1982. Alcune metodiche di micorrizazione di piante forestali con il tartufo nero pregiato di Norcia o di Spoleto (*Tuber melanosporum* Vitt.). *L'informatore agrario* 38(21):21154-21163.
Bencivenga, M. 1998. Ecology and cultivation of *Tuber magnatum* Pico. En: Danell, E., ed. *Proceedings of the First International Meeting on Ecology, Physiology, and Cultivation of Edible Mycorrhizal Mushrooms.* Upsala, Suecia, 3-4 de julio de 1998. Disponible en: www.icom2.slu.se/ABSTRACTS/Bencivenga.html
Bencivenga, M. 2004. Stato attuale della tartuficoltura italiana. En: Bencivenga, M., Donnini, D., Gobbini, A., eds. *Seminario sullo stato attuale della tartuficoltura italiana.* Spoleto y Norcia, 21-22 de febrero de 2004. Pp. 9-11.
Bencivenga, M., Calandra, R. Granetti, B. 1990. Ricerche sui terreni e sulla flora delle tartufaie naturali di *Tuber melanosporum* Vitt. dell'Italia Centrale. En: Bencivenga, M., Donnini, D., Gobbini, A., eds. *Seminario sullo stato attuale della tartuficoltura italiana.* Spoleto y Norcia, 21-22 de febrero de 2004.
Bencivenga, M., Granetti, B., eds. 1990. *Atti del secondo congresso internazionale sul tartufo.* Spoleto, Italia, 24-27 de noviembre de 1988. Comunità Montana dei Monti Martani e del Serano, Spoleto.
Bencivenga, M., Urbani, G. 1996. Produzione di tartufo bianchetto in una tartufaia coltivata di tre anni. *L'informatore agrario* 52:25-26.

Bencivenga, M., Vignozzi, G. 1989. *I tartufi in Toscana*. Vantaggio, Florencia.

Bending, G. D., Read, D. J. 1997. Lignin and soluble phenolic degradation by ectomycorrhizal fungi. *Mycological Research* 101:1348-1354.

Bennett, W. F. 1993. *Nutrient Deficiencies and Toxicities in Crop Plants.* American Phytopathological Society, St. Paul, Minnesota.

Berch, S., ed. 2004. *Proceedings of the Third International Meeting on the Ecology, Physiology and Culture of Edible Mycorrhizal Mushrooms.* Victoria, 15-22 de agosto de 2003. 2 CD-ROM. University of Victoria, Victoria, Columbia Británica.

Bertault, G., Raymond, M., Berthomieu, A., Callot, G., Fernández, D. 1998. Trifling variation in truffles. *Nature* 394:734.

Bertini, L., Agostini, D., Potenza, L., Rossi, I., Zeppa, S., Zambonelli, A., Stocchi, V. 1998a. Molecular markers for the identification of the ectomycorrhizal fungus *Tuber borchii. New Phytologist* 139:565-570.

Bertini, L., Potenza, L., Zambonelli, A., Amicucci, A., Stocchi, V. 1998b. Restriction fragment length polymorphism species-specific patterns in the identification of white truffles. *FEMS Microbiology Letters* 164:397-401.

Bertini, L., Rossi, I., Zambonelli, A., Amicucci, A., Sacchi, A., Cecchini, M., Gregori, G., Stocchi, V. 2006. Molecular identification of *Tuber magnatum* ectomycorrhizae in the field. *Microbiological Research* 161:59-64.

Beuchat, L. R., Brenneman, T. B., Dove, C. R. 1993. Composition of the pecan truffle (*T. texense*). *Food Chemistry* 46:189-192.

Biofilm Institute. 2006. www.biofilm.org

Blake, A., Crewe, Q. 1978. *Great Chefs of France.* Artists House/Mitchell Beazley, Londres.

Boa, E. 2004. *Los hongos silvestres comestibles. Perspectiva global de su uso e importancia para la población.* Productos forestales no madereros, n.º 17. Organización de las Naciones Unidas para la Agricultura y la Alimentación. Disponible en: http://www.fao.org/docrep/008/y5489s/y5489s00.htm.

Bock, H. 1552. *De stirpium.* Wendel Rihel, Estrasburgo.

Bolton, J. 1788-1791. *An History of Funguses growing about Halifax.* 4 vol. Impreso por J. Brook para el autor.

Bonet, J. A., Fischer, C., Colinas, C. 2006. Cultivation of black truffle to promote reforestation and land-use stability. *Agronomy for Sustainable Development* 26:69-76.

Bonet, J. A., Oliach, D., Colinas, C. 2004. Cultivo de trufa negra (*Tuber melanosporum*). Disponible en: http://labpatfor.udl.es/docs/cultivotrufa.html

Boudier, E. 1876. Du parasitisme probable de quelques espèces du genre Elaphomyces et de la recherché de ces Tubéracées. *Bulletin société botanique de France* 23:115-119.

Boulianne, R. P., Liu, Y., Aebi, M., Lu, B. C., Ku, U. 2000. Fruiting body development in *Coprinus cinereus:* regulated expression of two galectins secreted by a non-classical pathway. *Microbiology* 146:1841-1853.

Bradley, R. 1728. *Dictionarium Botanicum.* Woodward & Peele, Londres.

Bradshaw, B. P. 2005. Physiological aspects of *Corylus avellana* associated with the French black truffe fungus *Tuber melanosporum* and the consequence for commercial production of black truffles in Western Australia. PhD thesis [tesis doctoral], Universidad de Murdoch (Perth, Australia Occidental), 225 p. http://www.lib.murdoch.edu.au/adt/pubfiles/adt-MU20060327.92530/02Whole.pdf

Bragato, G., Gardin, L., Lulli, L., Panini, T., Primavera, F. 1992. I suoli delle tartufaie naturali della zona di S. Miniato (Pisa). *Monti e Boschi* 43 (2):17-24.

Brasier, C. 2003. Phytophthoras in European forests: their rising significance. En: Sudden Oak Death Online Symposium. Disponible en: www.apsnet.org/online/proceedings/sod/papers/brasier/default.htm

Brasier, C. M., Beales, P. A., Kirk, S. A., Denman, S., Rose, J. 2005. *Phytophthora kernoviae* sp. nov., an invasive pathogen causing bleeding stem lesions on forest trees and foliar necrosis of ornamentals in the UK. *Mycological Research* 109:853-859.

Bratek, Z., Gógán, A., Halász, K., Bagi, I., Erdei, V., Bujáki, G. 2006. The Northeast habitats of *Tuber magnatum* known from Hungary. En: Khabar, L., ed. *Le premier symposium sur les champignons hypogés du basin Méditerranéen.* Rabat, Marruecos, 5-8 de abril de 2004.

Bratek, Z., Gógán, A., Halász, K., Dimény, J. 2006. Habitat preferences of *Terfezia terfezioides* in Hungary. En: Khabar, L., ed. *Le premier symposium sur les champignons hypogés du basin Méditerranéen.* Rabat, Marruecos, 5-8 de abril de 2004. Pp. 256-264.

Bratek, Z., Papp, L., Merkl, O. 2001. Beetles and flies living on truffles. En: *Proceedings of the Fifth International Congress on the Science and Cultivation of Truffles. Aix-en-Provence, France, 3-6 March 1999.* Fédération Française des Trufficulteurs, París. Pp. 191-192.

Breitenbach, J., Kränzlin, F. 1984-1995. *Fungi of Switzerland.* Vols. 1-4. Verlag Mykologia, Lucerna.

Brenneman, T. 2003. Pecan truffle fact sheet. Disponible en: www.interests.caes.uga.edu/pecantruffles/factsheet.htm

Brillat-Savarin, J. A. 1825. *Physiologie du goût ou Méditations de gastronomie transcendante.* La edición de 1928 puede consultarse escaneada en la biblioteca virtual Gallica: http://gallica.bnf.fr/anthologie/notices/01219.htm. La traducción inglesa (*The physiology of taste, or, meditations on transcendental gastronomy*) se encuentra también en línea: www.etext.library.adelaide.edu.au/b/brillat/savarin/b85p/index.html. Una traducción española clásica es la de Aguilar (*Fisiología del gusto o Meditaciones de gastronomía trascendente*), hoy difícil de encontrar. La edición más reciente en castellano es la de Editorial Óptima, Barcelona, 2004.

British Broadcasting Corporation. 2004a. Puppy's truffle find stuns chef. Disponible en: http://news.bbc.co.uk/2/hi/uk_news/england/beds/bucks/herts/3441537.stm

British Broadcasting Corporation. 2004b. Truffles batch 'a huge discovery'. Disponible en: http://news.bbc.co.uk/2/hi/uk_news/england/berkshire/3668228.stm

British Broadcasting Corporation. 2005. Italian truffle fetches top price. Disponible en: http://news.bbc.co.uk/2/hi/europe/4434168.stm

British Broadcasting Corporation. 2007. Giant truffle sets record price. Disponible en: http://news.bbc.co.uk/2/hi/europe/7123414.stm

British Mycological Society. 2006. Fungi of the British Isles checklist: genus/species data. Disponible en: http://194.203.77.76/fieldmycology/GBCHKLST/gbsyns.asp?intGBNum=3731 y http://194.203.77.76/fieldmycology/bmsfrd/bmsrecord.asp?intGBNum=9342

Brown, D. 1998. The effect of applied lime and phosphorus on the competitiveness of *Tuber melanosporum* and other ectomycorrhizal fungi found in Tasmania. Ph.D. diss. [tesis doctoral], University of Tasmania, Hobart.

Brown, D. 2001. The trufficulture in Tasmania. En: *Proceedings of the Fifth International Congress on the Science and Cultivation of Truffles*. Aix-en-Provence, Francia, 3-6 de marzo de 1999. Fédération Française des Trufficulteurs, París. Pp. 331-333.

Brundrett, M. C. 1991. Mycorrhizas in natural ecosystems. En: Macfayden, A., Begon, M., Fitter, A. H., eds. *Advances in Ecological Research*. Vol. 21. Academic Press, Londres. Pp. 171-313.

Brundrett, M. C. 2002. Coevolution of roots and mycorrhizas of land plants. Tansley review no. 134. *New Phytologist* 154:275-304.

Brundrett, M. C., Bougher, N., Dell, B., Grove, T., Malajczuk, N. 1996. *Working with Mycorrhizas in Forestry and Agriculture*. ACIAR Monograph no. 32. Australian Centre for International Agricultural Research, Canberra.

Bruni, F. 1891. *Tartufi*. Hoepli, Milán.

Bruns, T. D., Bidartondo, M. I., Taylor, D. L. 2002. Host specificity in ectomycorrhizal communities: What do the exceptions tell us? *Integrative and Comparative Biology* 42:352-359.

Bulliard, P. 1791. *Histoire des champignon de la France*. París.

Buno, M., Botondi, R., Carlini, P., Massantini, R., Mencatelli, F. 2001. Use of modified atmosphere for storing fresh truffles (*Tuber aestivum* Vitt.). En: *Proceedings of the Fifth International Congress on the Science and Cultivation of Truffles*. Aix-en-Provence, Francia, 3-6 de marzo de 1999. Fédération Française des Trufficulteurs, París. Pp. 138-139.

Busse, M. D., Fiddler, G. O., Ratcliff, A. W. 2004. Ectomycorrhizal formation in herbicide-treated soils of differing clay and organic matter content. *Water, Air and Soil Pollution* 152:23-34.

Bustan, A., Ventura, Y., Kagan-Zur, V., Roth-Bejerano, N. 2003. Optimizing growing conditions towards intensive cultivation of Périgord black truffles. En: *Proceedings of the Third International Meeting on the Ecology, Physiology and Culture of Edible Mycorrhizal Mushrooms*. Victoria, 15-22 de agosto de 2003. 2 CD-ROM. University of Victoria, Victoria (Columbia Británica).

Buzzini, P., Gasparetti, C., Turchetti, B., Cramarossa, M. R., Vaughan-Martini, A., Martini, A., Pagnoni, U. M., Forti, L. 2005. Production of volatile organic compounds (VOCs) by yeasts isolated from the ascocarps of black (*Tuber melanosporum* Vitt.) and white (*Tuber magnatum* Pico) truffles. *Archives of Microbiology* 184:187-193.

Cagniart, P. 1968. Commerce et réglementation de la truffe. En: *Atti del primo congresso internazionale sul tartufo*. Spoleto, Italia, 24-27 de mayo de 1968. Ente Rocca di Spoleta, Parma. Pp. 67-72.

Cairney, J. W. G., Meharg, A. A. 2002. Interactions between ectomycorrhizal fungi and soil saprotrophs: implications for decomposition of organic matter in soils and degradation of organic pollutants in the rhizosphere. *Canadian Journal of Botany* 80:803-809.

Cantù, V. 1977. The climates of France, Belgium, The Netherlands, and Luxembourg. En: Wallén, C. C., ed. *World Survey of Climatology*. Vol. 6, *Climates of Central and Southern Europe*. Elsevier, Ámsterdam. Pp. 127-183.

Carluccio, A. 1989. *A Passion for Mushrooms*. Pavilion, Londres.

Carter, Z. 1994. *Tuber melanosporum*. *North American Truffling Society Newsletter* 12(1): 2-3.

Castellano, M. A. 1995. NATS truffle and truffle-like fungi. 3. *Amogaster viridigleba* gen. et sp. nov. *Mycotaxon* 55:179-185.

Cave, G. L. 2005. Risk analysis for *Phytophthora ramorum* Werres, de Cock and In't Veld, causal agent of *Phytophthora* canker (sudden oak death), ramorum leaf blight, and ramorum dieback. Disponible en: www.aphis.usda.gov/ppq/ispm/pramorum/pramorumpra05-05-05.pdf

Cázares, E., Luoma, D. L., Amaranthus, M. P., Chambers, C. L., Lehmkuhl, J. F. 1999. Interaction of fungal sporocarp production with small mammal abundance and diet in Douglas-fir stands of the southern Cascade Range. *Northwest Science* 73:64-76.

Ceccucci, M. 2005. Un *Tuber borchi* in Sardegna da 370 grammi! Disponible en: www.trovatartufi.com/tartuficoltura/Tartuficoltura_coltivare_tartufi/Tartuficoltura_in_Sardegna.htm [No hemos podido confirmar esta noticia]

Centers for Disease Control. 2006. Division of bacterial and mycotic diseases: food irradiation. Disponible en: www.cdc.gov/ncidod/dbmd/diseaseinfo/foodirradiation.htm#whatis

Centre tecnològic forestal de Catalunya. 2001. Introducción de hongos comestibles micorrícicos en repoblaciones forestales en el NE de España, Universidad de Lleida. Disponible en: http://labpatfor.udl.es/plantmicol/plantmicolcast.html (también en catalán e inglés).

Centre tecnològic forestal de Catalunya. 2007. *La tòfona, el diamant negre de la cuina.* DVD.

Centro sperimentale di tartuficoltura. 2005. Tartuficoltura. Servizio Sistema Agroalimentare Ambiente Rurale e Foreste. Disponible en: www.agri.marche.it/Aree%20tematiche/Tartufi/TARTUFICOLTURA.htm

Ceruti, A. 1960. Elaphomycetales et Tuberales. En: Bresadola, G., ed. *Iconographia micologica,* Vol. 28 (Suppl. 2). Trento.

Ceruti, A. 1990. Evoluzione delle conoscenze biologiche sul genere *Tuber.* En: Bencivenga, M., Granetti, B., eds. *Atti del secondo congresso internazionale sul tartufo.* Spoleto, Italia, 24-27 de noviembre de 1988. Comunità Montana dei Monti Martani e del Serano, Spoleto. Pp. 1-16.

Ceruti, A., Fontana, A., Nosenzo, C. 2003. *Le specie europee del genere* Tuber *una revisione storica.* Monografie no. 37. Regione Piemonte, Museo Regionale di Scienze Naturali, Turín.

Cetto, B. 1989-1992. *I funghi dal vero.* Vols. 1-7. Saturnia, Trento.

Chang, S.-T. 1993. Mushroom biology: the impact on mushroom production and mushroom products. En: Chang, S.-T., Buswell, J. A., Chiu, S.-W., eds. *Mushroom Biology and Mushroom Products.* Chinese University Press, Hong Kong. Pp. 3-20.

Chatin, G. A. 1892. *La truffe: botanique de la truffe et des plantes truffières - sol - climat - pays producteurs - conserves - préparations culinaires.* Baillière, París.

Chemindustry.com 2008. Brush Buster. www.chemindustry.com/chemicals/541138.html

Chen, A. 2001. Cultivation of *Lentinula edodes* on synthetic logs. *The Mushroom Growers' Newsletter,* Agosto. Disponible en: www.mushroomcompany.com/200108/shiitake.pdf

Chen, D. M., Taylor, A. F. S., Burke, R. M., Cairney, W. G. 2001. Identification of genes for lignin peroxidases and manganese peroxidases in ectomycorrhizal fungi. *New Phytologist* 152:151-158.

Chen, J., Liu, P.-G., Wang, Y. 2005. Notes on *Tuber aestivum* (Tuberaceae, Ascomycota) from China. *Acta Botanica Yunnanica* 27:385-389.

Chen, Y. L., Dell, B., Le Tacon, F. 2001. Chinese truffles (*Tuber*): diversity and their geographical distribution. Ponencia presentada en el Third International Conference on Mycorrhizas (Tercer Congreso Internacional sobre Micorrizas), Adelaida, Australia. Disponible en: www.mycorrhiza.ag.utk.edu/latest/icoms/icom3/ICOM3_chen-y.htm

Chengdu Oriental Foodstuff Trading Co. Ltd. 2007. http://125.70.253.100:8080/einfo.asp

Chevalier, G. 1973. Synthèse axénique des mycorhizes de *Tuber brumale* Vitt. a partir de cultures pures du champignon. *Annales de phytopathologie* 2:163-182.

Chevalier, G. 1985. Synthèse des mycorhizes de différents *Tuber* avec *Corylus avellana* et *Quercus pubescens* sous aérosol nutritive. *Agronomie* 6:563-564.

Chevalier, G. 1998. The truffle cultivation in France: assessment of the situation after 25 years of intensive use of mycorrhizal seedlings. En: Danell, E., ed. *Proceedings of the First International Meeting on Ecology, Physiology, and Cultivation of Edible Mycorrhizal Mushrooms.* Upsala, Suecia, 3-4 de julio de 1998. Disponible en: www.icom2.slu.se/ABSTRACTS/Bencivenga.html (puede conseguirse en red siendo miembro de la International Society for Horticultural Science (ISHS) en http://www.actahort.org/members/showpdf?booknrarnr=556_75).

Chevalier, G. 2001. From the Spoleto congress to the one in Aix-en-Provence: projections regarding researches on truffle and truffle cultivation in France. En: *Proceedings of the Fifth International Congress on the Science and Cultivation of Truffles.* Aix-en-Provence, Francia, 3-6 de marzo de 1999. Fédération Française des Trufficulteurs, París. Pp. 11-15.

Chevalier, G., Desmas, C. 1975. Synthèse axénique des mycorhizes de *Tuber melanosporum, T. uncinatum* et *T. rufum* sur *Pinus sylvestris* a partir de cultures pures du champignon. *Annales de phytopathologie* 7:338.

Chevalier, G., Desmas, C., Frochot, H., Riousset, L. 1978. L'espèce *Tuber aestivum* Vitt. I. Définition. *Mushroom Science* 10:957-975.

Chevalier, G., Dupré, C. 1990. Recherche et expérimentation sur la truffe et la trufficulture en France. en: Bencivenga, M., Granetti, B., eds. *Atti del secondo congresso internazionale sul tartufo.* Spoleto, Italia, 24-27 de noviembre de 1988. Comunità Montana dei Monti Martani e del Serano, Spoleto. Pp. 157-166.

Chevalier, G., Frochot, H. 1997. *La truffe de Bourgogne* (*Tuber uncinatum* Chatin). Petraque, Levallois-Perret.

Chevalier, G., Gregori, G., Frochot, H., Zambonelli, A. 2002. The cultivation of the Burgundy truffle. En: Hall, I. R., Wang, Y., Danell, E., Zambonelli, A., eds. *Edible Mycorrhizal Mushrooms and Their Cultivation: Proceedings of the Second International Conference on Edible Mycorrhizal Mushrooms.* Christchurch, Nueva Zelanda, 3-5 de julio de 2001. CD-ROM. New Zealand Institute for Crop and Food Research Limited, Christchurch.

Chevalier, G., Grente, J. 1973. Propagation de la mycorhization par la truffe à partir de racines excisées et de plantes inséminateurs. *Annales de phytopathologie* 5:317-318.

Chevalier, G., Grente, J. 1978. Application pratique de la symbiose ectomycorhizienne: Production a grande échelle de plantes mycorhizes par la truffe (*Tuber melanosporum* Vitt.). *Mushroom Science* 10:483-505.

Chevalier, G., Mousain, D., Couteaudier, Y. 1975. Associations ectomycorhiziennes entre des Tuberacéae et des Cistacéae. *Annales de phytopathologie* 7:355-356.

Chevalier, G., Poitou, N. 1990. Facteurs conditionnant l'utilisation optimale des plants mycorhizés artificiellement par la truffe. En: Bencivenga, M., Granetti, B., eds. Atti del secondo congresso internazionale sul tartufo. Spoleto, Italia, 24-27 de noviembre de 1988. Comunità Montana dei Monti Martani e del Serano, Spoleto. Pp. 409-413.

Chevalier, G., Riousset, L., Riousset, G., Dupré, C. 1990. Taxonomie des truffes européennes. En: Bencivenga, M., Granetti, B., eds. *Atti del secondo congresso internazionale sul tartufo.*

Spoleto, Italia, 24-27 de noviembre de 1988. Comunità Montana dei Monti Martani e del Serano, Spoleto. Pp. 37-44.

Chin, G., Mommaneni, S. 2005. The silk industry in Japan in the 1800s. Disponible en: www.smith.edu/hsc/silk/papers/chin.html

Chinesetruffle.com. 2005. www.chinesetruffle.com/chinesetruffle.html

Ciampolini, M., Suss, L. 1982-1983. Nuovi reperti sulla mosca dell'aglio, *Suilla univittata* (von Roser) (Diptera Heleomyzidae). *Bollettino di zoologia agraria e di bachicoltura* 17:19-38.

Ciani, A. 1990. Il circuito commerciale del tartufo in Italia. En: Bencivenga, M., Granetti, B., eds. *Atti del secondo congresso internazionale sul tartufo*. Spoleto, Italia, 24-27 de noviembre de 1988. Comunità Montana dei Monti Martani e del Serano, Spoleto. Pp. 621-631.

Ciani, A., Granetti, B., Vincenti, D. 1992. Il tartufo in Italia e nel mondo: aree di produzione, mercato e prezzi. *L'informatore agrario* 47:51-62.

Ciani, A., Sciarresi, C., Martino, G., Ricci, F. 1988. Tartuficoltura e recupero delle aree interne. *L'informatore agrario* 44:209-221.

Ciccarelli, A. 1564. *Opusculum de tuberibus*. Pavía.

Ciesla, W. M. 2002. Non-Wood Forest Products from Temperate Broad-Leaved Trees. *Non-Wood Forest Products* 15, Food and Agriculture Organization of the United Nations, Roma.

Citterio, B., Cardoni, P., Potenza, L., Amicucci, A., Gola, G., Nuti, M. P. 1995. Isolation of bacteria from sporocarps of *Tuber magnatum* Pico, *Tuber borchii* Vitt. and *Tuber maculatum* Vitt.: identification and characterization. En: Stocchi, V., Bonfante, P., Nuti, M., eds. *Biotechnology of Ectomycorrhizae: Molecular Approaches*. Plenum, Nueva York. Pp. 241-248.

Claridge, A. W., Castellano, M. A., Trappe, J. M. 1996. Fungi as a food resource for mammals in Australia. *Fungi of Australia*. Vol. 1B. CSIRO, Collingwood, Australia. Pp. 239-267.

Claus, R., Hoppen, H. O., Karg, H. 1981. The secret of truffles: A steroidal pheromone? *Experimentia* 37:1178-1179.

Clavel, G. 2005. La truffe, "diamant noir" des gourmets, mais attention aux imitations. *Mode-Mag* 51, 20 de diciembre.

Clavel, G. 2007. Buyer beware: truffle market full of fakes. Disponible en: www.expatica.com/actual/article.asp?subchannel_id=209&story_id=26533

Colgan III, W., Carey, A. B., Trappe, J. M., Molina, R. J., Thysell, D. 1999. Diversity and productivity of hypogeous fungal sporocarps in a variably thinned Douglas-fir forest. *Canadian Journal of Forest Research* 29:1259-1268.

Colgan III, W., Trappe, J. 1997. NATS truffle and truffle-like fungi. 7. *Tuber anniae* sp. nov. (Ascomycotina). *Mycotaxon* 64:437-441.

Colinas, C., Bonet, J. A., Fischer, C. 2001. Truffle cultivation: an alternative to agricultural subsidies. En: *Proceedings of the Fifth International Congress on the Science and Cultivation of Truffles*. Aix-en-Provence, Francia, 3-6 de marzo de 1999. Fédération Française des Trufficulteurs, París.

Colinas, C., Capdevila, J. M., Oliach, D., Fischer, C. R., Bonet, J. A. 2007. Mapa d'aptitud per al cultiu de la tòfona negra (*Tuber melanosporum* Vitt.) a Catalunya = Mapa de aptitud para el cultivo de la trufa negra (*Tuber melanosporum* Vitt.) en Cataluña. Centre Tecnològic Forestal de Catalunya, Departament de Medi Ambient i Habitatge, Generalitat de Catalunya, Solsona.

Comandini, O., Pacioni, G. 1997. Mycorrhizae of Asian black truffles, *Tuber himalayense* and *T. indicum*. *Mycotaxon* 63:77-86.
Commonwealth Scientific and Industrial Research Organization. 2001. Plant roots in drains: prevention and cure. CSIRO Building Technology File no. 17. Disponible en: www.publish.csiro.au/samples/BTF17Sample.pdf
Consiglio Regionale del Piemonte. 2006. Leggi regionali (leyes regionales). Disponibles en: http://arianna.consiglioregionale.piemonte.it/
Consiglio Regionale della Regione del Veneto. 1988. Disciplina della raccolta, coltivazione e commercializzazione dei tartufi. Legge regionale (ley regional) de 28 de junio de 1988, n. 30 (BUR n. 40/1988): Testo storico (texto histórico). L. R. 17/1988. Disponible en: www.consiglioveneto.it/crvportal/leggi_storico/1988/88lr0030.html
Cooke, M. C. 1898. *A Plain and Easy Account of the British Fungi, with descriptions of the esculent and poisonous species, details of the principles of scientific classification, and a tabular arrangement of orders and genera*. Allen, Londres. Disponible en: www.biodiversitylibrary.org/bibliography/4077 y www.archive.org/details/aplainandeasyacc00cookiala
Cooke, M. C., Massee, G. 1892. Himalayan truffles. *Grevillea* 20:67.
Cooper, K. M. 1976. A field survey of mycorrhizas in New Zealand ferns. *New Zealand Journal of Botany* 14:169-181.
Cornforth, I. S., Sinclair, A. G. 1984. *Fertiliser and Liming Recommendations for Pastures and Crops in New Zealand*. New Zealand Ministry of Agriculture and Fisheries, Wellington.
Coughan, A. P., Piché, Y. 2003. Method for synthesizing ectomycorrhiza *in vitro*. U.S. patent application n.º 60/459,993 (solicitud de patente de un método para sinterizar ectomicorrizas in vitro).
Coughan, A. P., Piché, Y. 2005. *Cistus incanus* root organ cultures: a valuable tool for studying mycorrhizal associations. En: Declerck, S., Strullu, D. G., Fortin, A., eds. *In Vitro Culture of Mycorrhizas*. Springer, Heidelberg. Pp. 235-249.
Courtecuisse, R., Duhem, B. 1995. *Mushrooms and Toadstools of Britain and Europe*. Collins, Londres.
Courvoisier, M. 1995. France: Les importations de truffes fraîches en provenance de Chine. *Le trufficulteur français* 11:10-11.
Craddock, J. H. 1994. Mycorrhizal association between *Corylus heterophylla* and *Tuber melanosporum*. *Acta Horticulturae* 351:291-298.
Cranshaw, W. S. 2006. *Bacillus thuringiensis*. Colorado State University Cooperative Extension Report no. 5.556. Disponible en: www.ext.colostate.edu/PUBS/INSECT/05556.html
Critchfield, H. J. 1974. *General climatology*. Prentice-Hall, Nueva Jersey.
CTIFL. 2003. *La truffe noire (Tuber melanosporum), se cultive*. DVD. CTIFL, París.
Dahlberg, A. 2001. Community ecology of ectomycorrhizal fungi: an advancing interdisciplinary field. *New Phytologist* 150:555-562.
Danell, E. 2000a. *Cantharellus*. En: Cairney, J. W. G., Chambers, S. M., eds. *Ectomycorrhizal Fungi: Key Genera in Profile*. Springer Verlag, Berlín. Pp. 253-267.
Danell, E. 2000b. Cultivation of edible ectomycorrhizal mushrooms: state of the art. En: Fortin, J. A., Piche, Y., eds. *Les Champignons forestiers: récolte, commercialisation et conservation de la ressource*. CRBT, Université Laval, Québec. Pp. 17-20.

Danell, E., ed. 1998. *Proceedings of the First International Meeting on the Ecology, Physiology and Culture of Edible Mycorrhizal Mushrooms.* Upsala, Suecia, 3-4 de julio de 1998.

Danielson, R. M. 1984. Ectomycorrhiza formation by the operculate discomycete *Sphaerosporella brunnea* (Pezizales). *Mycologia* 76(3):454-461.

Datta, R., Nanavaty, M. 2005. *Global Silk Industry: A Complete Source Book.* Universal Publishers, Boca Ratón (Florida).

David, E. 1981. *French Provincial Cooking.* Penguin, Middlesex.

Davisnet. 2005. www.davisnet.com/weather/cool/world.asp

De Bary, H. A. 1879. *Die Erscheinung der Symbiose.* Estrasburgo.

De la Varenne, F. P. 1651. *Le Cuisinier françois.* París.

De Lisle, R. 2003. A whiff of white gold. *Daily Telegraph,* 15 de noviembre. Disponible en: www.telegraph.co.uk/wine/main.jhtml?xml=/wine/2003/11/15/edtruf15.xml

De Simone, C., Lorenzoni, P., Raglione, M. 1993. Il manganese nei suoli di produzione di *Tuber melanosporum* e di *Tuber aestivum. Annali Facoltà di Agraria Università degli Studi di Sassari* (I), 35(2):415-418.

Deacon, J. 2006. The microbial world: *Bacillus thuringiensis.* Disponible en: http://www.biology.ed.ac.uk/research/groups/jdeacon/microbes/bt.htm

Delatour, C., Saurat, C., Husson, C., Ioos, R., Schenck, N. 2002. Discovery of *Phytophthora ramorum* on *Rhododendron* sp. in France and experimental symptoms on *Quercus robur.* En: *Proceedings of the Sudden Oak Death Symposium: The State of Our Knowledge.* Monterey, California, 15-18 de diciembre de 2002. Disponible en: www.danr.ucop.edu/ihrmp/sodsymp/poster/poster57.html

Dell, B., Malajczuk, N., Bougher, N. L., Thomson, G. 1994. Development and function of *Pisolithus* and *Scleroderma* ectomycorrhizas formed *in vivo* with *Allocasuarina, Casuarina,* and *Eucalyptus. Mycorrhiza* 5:129-138.

Della Porta, G. 1588. *Phytognomonica octo libris contenta.* Orazio Salviani, Nápoles.

Delmas, J. 1978. *Tuber* spp. En: Chang, S. T., Hayes, W. A., eds. *The Biology and Cultivation of Edible Mushrooms.* Academic Press, Londres. Pp. 645-681.

Delmas, J. 1983. *La Truffe et sa culture.* Institut National de la Recherche Agronomique, París.

Delmas, J., Poitou, N. 1978. La mycorhization de *Quercus pubescens* par *Tuber melanosporum* en conditions contrôlées: Influence de quelques facteurs du milieu. *Mushroom Science* 10:995-1005.

Delmas, M., Gaset, A., Montant, C., Pébeyre, P.-J., Talou, T. 1990. Process for the production of an aromatic product having the odor and taste of black truffles, product and aromatic body obtained. U.S. patent 4,906,487 [patente estadounidense de un proceso para la producción de un producto aromático que contiene el olor y gusto de la trufa negra, obtenido el producto y el cuerpo aromático].

Den Bakker, H. C., Zuccarello, G. C., Kuyper, T. W., Noordeloos, M. E. 2004. Evolution and host specificity in the ectomycorrhizal genus *Leccinum. New Phytologist* 163:201-215.

Denman, S., Kirk, S. A., Brasier, C. M. 2005. *Phytophthora ramorum* on *Quercus ilex* in the United Kingdom. Plant Disease Note 89:1241. Disponible en: www.apsnet.org/pd/searchnotes/2005/pd-89-1241a.asp

Department for Environment, Food, and Rural Affairs. 2003. England Rural Development Programme. Appendix A6: East of England region. Section 1: Description of current situation in the east of England region. Disponible en: www.defra.gov.uk/erdp/pdfs/programme/east/section1_1pages7to12.pdf

Department for Environment, Food and Rural Affairs. 2005. CSL pest risk analysis for a new *Phytophthora* species informally named as *Phytophthora kernoviae* (also known as *P. kernovii;* formally *Phytophthora taxon* C). Disponible en: www.defra.gov.uk/planth/pra/forest.pdf

Department for Environment, Food, and Rural Affairs. 2005. Passporting guide. Disponible en: www.defra.gov.uk/planth/publicat/passport/pass.pdf

Dexheimer, J., Gérard, J., Leduc, J. P., Chevalier, G. 1985. Etude ultrastructurale comparée des associations symbiotiques mycorhiziennes *Helianthemum salicifolium-Terfezia claveryi* et *Helianthemum salicifolium-Terfezia leptoderma. Canadian Journal of Botany* 63:582-591.

Di Massimo, G., Bencivenga, M., Tedeschini, E., García Montero, G., Manjón, J. L. 1998. Nuova specie di *Tuber* importata dall'oriente. *Micologia Italiana* 27(1):13-18.

Díaz, P., Ibáñez, E., Señoráns, F. J., Reglero, G. 2003. Truffle aroma characterization by headspace solid-phase microextraction. *Journal of Chromatography* A 1017:207-214.

Díaz, P., Señoráns, F. J., Reglero, G., Ibáñez, E. 2002. Truffle aroma analysis by headspace solid phase microextraction. *Journal of Agricultural Food Chemistry* 50:6468-6472.

Dobermann, A., Fairhurst, T. 2000. *Rice: Nutrient Disorders and Nutrient Management. Potash and Phosphate Institute (PPI),* Potash and Phosphate Institute of Canada (PPIC), and International Rice Research Institute. Disponible en: http://soil.scijournals.org/cgi/content/full/66/3/857

Domínguez Núñez et al. 2006; Selva Serrano, J., Rodríguez Barreal, J. A., Saiz de Omeñaca González, J. A. 2006. The influence of mycorrhization with *Tuber melanosporum* in the afforestation of a Mediterranean site with *Quercus ilex* and *Quercus faginea. Forest Ecology and Management* 231:226-233.

Donnini, D. 2006. Truffle cultivation in Italy: results and perspectives. En: *Abstracts of the International Truffle Orchards Workshop.* Juva, Finlandia, 16-18 de octubre. Pp. 16-17.

Donnini, D., Baciarelli Falini, L., Bencivenga, M. 2001. Analisi della micorrizazione in tartufaie coltivate di *Tuber melanosporum* Vittad. impiantate da oltre 12 anni in ambienti pedoclimatici diversi. En: *Proceedings of the Fifth International Congress on the Science and Cultivation of Truffles.* Aix-en-Provence, Francia, 3-6 de marzo de 1999. Fédération Française des Trufficulteurs, París. Pp. 437-440.

Doumenc-Faure, M., Giacinti-Martine, G., Talou, T. 2001. L'arome de la truffe noire (*Tuber melanosporum* Vitt.): de l'étude de l'effet de sol a l'authentification d'aromatisants. En: *Proceedings of the Fifth International Congress on the Science and Cultivation of Truffles.* Aix-en-Provence, Francia, 3-6 de marzo de 1999. Fédération Française des Trufficulteurs, París. Pp. 142-146.

Downer, J., Faber, B., Menge, J. 2002. Factors affecting root rot control in mulched avocado orchards. *Hort Technology* 12:601-605.

Dubé, S. L. 2003. Vitro truffle mycorrhized hazels and oaks for the establishment of truffle orchards are unrestrained travellers. En: *Proceedings of the Third International Meeting on the Ecology, Physiology and Culture of Edible Mycorrhizal Mushrooms.* Victoria, 15-22 de agosto de 2003. 2 CD-ROM. University of Victoria, Victoria (Columbia Británica).

Ducret, J. P. 2001. Radiesthésie et trufficulture. En: *Proceedings of the Fifth International Congress on the Science and Cultivation of Truffles*. Aix-en-Provence, Francia, 3-6 de marzo de 1999. Fédération Française des Trufficulteurs, París. Pp. 205-207.

Dunstan, W. A., Dell, B., Malajczuk, N. 1998. The diversity of ectomycorrhizal fungi associated with introduced *Pinus* spp. in the Southern Hemisphere, with particular reference to Western Australia. *Mycorrhiza* 8:71-79.

Edinformatics. 2005. Truffle. Disponible en: www.edinformatics.com/culinaryarts/food_encyclopedia/truffle.htm

Edwards, B. 1999. Correcting manganese deficiencies in eastern North Carolina. En: Allen, J. L., ed. *Proceedings of the 42nd Annual Meeting of the Soil Science Society of North Carolina*. Raleigh, North Carolina, 19-20 de enero de 1999. Soil Science Society of North Carolina, Raleigh. Pp. 35-39. Disponible en: www.ncagr.com/agronomi/MNSSSNC.htm

Elder, R. J., Reid, D. J., Macleod, W. N. B., Gillespie, R. L. 2002. Post-ratoon growth and yield of three hybrid papayas (*Carica papaya* L.) under mulched and bare-ground conditions. *Australian Journal of Experimental Agriculture* 42:71-81.

Ellis, R. J., Bragdon, G. A., Schlosser, B. J. 1999. Properties of the blue light requirements for primordia initiation and basidiocarp maturation in *Coprinus stercorarius*. *Mycological Research* 103:779-784.

Ericsson, L. 2001. Cultivation of the Burgundy truffle in Sweden. MSc. thesis [tesis de maestría en ciencias], Sveriges lantbruksuniversitet / Swedish University of Agricultural Sciences, Upsala. Disponible en: www-mykopat.slu.se/Newwebsite/ex/lina/lina.html

Eriksson, O. E., Baral, H. O., Currah, R. S., Hansen, K., Kurtzman, C. P., Laessøe, T., Rambold, G. (eds.). 2002. Notes on Ascomycete systematics, n.º 3303-3579 - *Myconet* 8: 1-54. Disponible en: www.fieldmuseum.org/myconet/printed_v8.asp

Etayo, M. L., De Miguel, A. M. 2001. Effect of mulching on *Tuber melanosporum* Vitt. mycorrhizae in a cultivated truffle bed vs. other competing mycorrhizae. En: *Proceedings of the Fifth International Congress on the Science and Cultivation of Truffles*. Aix-en-Provence, Francia, 3-6 de marzo de 1999. Fédération Française des Trufficulteurs, París. Pp. 378-381.

Eyre, W. L. W. 1900. Fungi. En: Doubleday, H. A., ed. *Victoria County History of Hampshire and the Isle of Wight*. Vol. 1. University of London, Londres. Pp. 82-87.

Falasconi, M., Pardo, M., Sberveglieri, G., Battistutta, F., Piloni, M., Zironi, R. 2005. Study of white truffle aging with SPME-GC-MS and the Pico2-electronic nose. *Sensors and Actuators* B 106:88-94.

Fédération de la Interrégionale des Trufficulteurs du Centre et de l'Est. 2007. La truffe de Bourgogne. Disponible en: www.truffe-de-bourgogne.com/especes.htm

Feeney, J. 2002. Desert truffles galore. *Saudi Aramco World* 53(5). Disponible en: www.saudiaramcoworld.com/issue/200205/desert.truffles.galore.htm

Ferdman, Y., Aviram, S., Roth-Bejerano, N., Trappe, J. M., Kagan-Zur, V. 2005. Phylogenetic studies of *Terfezia pfeilii* and *Choiromyces echinulatus* (Pezizales) support new genera for southern African truffles: *Kalaharituber* and *Eremiomyces*. *Mycological Research* 109:237-245.

Ferrari, M., Menta, A., Marcon, E., Montetermini, A. 1999. *Malattie e parassiti delle piante da fiore ornamentali e forestali*. Edagricole, Bolonia.

Fioc, L. 1987. *La truffe telle que je la pratique*. Fioc, Saint Paul-Trois-Châteaux.

Fischer, C., Colinas, C. 1996a. Fase 3. Metodología y resultados de la síntesis de micorrizas entre *Quercus ilex* y 3 especies de hongos del género *Tuber*. En: *Método de control de planta de Quercus ilex inoculada con Tuber melanosporum*. Informe a la Junta de Castilla y León.

Fischer, C., Colinas, C. 1996b. Methodology for certification of *Quercus ilex* seedlings inoculated with *Tuber melanosporum* for commercial application. Poster presented at the First International Conference on Mycorrhizae. Berkeley, California, August 1996. Disponible en: http://labpatfor.udl.es/docs/tubeng.html

Fischer, C., Colinas, C. 2005. Germination of black truffle ascospores. En: *Actas del IV Taller Internacional sobre "Hongos Micorrícicos Comestibles" = Proceedings of the Fourth International Workshop on Edible Mycorrhizal Mushrooms*. Murcia, España, 28 de noviembre-2 de diciembre de 2005. Universidad de Murcia. P. 49.

Fitogest.com. 2007. [Base de datos italiana sobre pesticidas]. Disponible en: http://fitogest.imagelinenetwork.com

Flück, M. 1995. *Welcher Pilz ist das?* Franckh-Kosmos Verlag, Stuttgart.

Fontana, A. 1967. Sintesi micorrizica tra *Pinus strobus* e *Tuber maculatum*. *Giornale Botanico Italiano* 101:298-299.

Fontana, A., Bonfante Fasolo, P. 1971. Sintesi micorrizica di *Tuber brumale* Vitt. con *Pinus nigra* Arnold. *Allionia* 17:15-18.

Fontana, A., Palenzona, M. 1969. Sintesi micorrizica di *Tuber albidum* in coltura pura con *Pinus strobus* e pioppo euroamericano. *Allionia* 15:99-104.

Food and Fertilizer Technology Center. 2001. Manganese deficiency of crops: soybean (*Glycine max* L.). Disponible en: www.agnet.org/library/bc/51004/

Fortas, Z., Chevalier, G. 1992. Effet des conditions de culture sur la mycorhization de l'*Helianthemum guttatum* par trois espèces de terfez des genres *Terfezia* et *Tirmania* d'Algérie. *Canadian Journal of Botany* 70:2453-2460.

Fortin, A., Bécard, G., Declerck, S., Dalpé, Y., St-Arnaud, M., Coughlan, A. P., Piché, Y. 2002. Arbuscular mycorrhiza on root-organ cultures. *Canadian Journal of Botany* 80:1-20.

Foundation for Research Science and Technology. 2005. Briefing to the incoming minister. Disponible en: http://www.morst.govt.nz/publications/corporate-reports/bim/

Founoune, H., Duponnois, R., Ba, A. M., Sall, S., Branget, I., Lorquin, J., Neyra, M., Chotte, J. L. 2002. Mycorrhiza helper bacteria stimulated ectomycorrhizal symbiosis of *Acacia holosericea* with *Pisolithus alba*. *New Phytologist* 153:81-89.

Francolini, F. 1931. *Tartuficoltura e rimboschimenti*. Federazione Italiana dei Consorzi Agrari, Piacenza.

Frank, A. B. 1877. Über die biologischen Verhältnisse des Thallus einiger Krustenflechten. *Beiträge zur Biologie der Pflanzen* 2:123-200.

Frank, A. B. 1888. Über die physiologische Bedeutung der Mycorhiza. *Berichte der Deutschen Botanischen Gesellschaft* 6:248-269.

Frochot, H., Chevalier, G., Bardet, M. C., Aubin, J. P. 1990. Effet de la désinfection du sol et des antécédents culturaux sur l'évolution de la mycorhization avec *Tuber melanosporum* sur noisetier. In: En: Bencivenga, M., Granetti, B., eds. *Atti del secondo congresso internazionale sul tartufo*. Spoleto, Italia, 24-27 de noviembre de 1988. Comunità Montana dei Monti Martani e del Serano, Spoleto. Pp. 289-296.

Gadoury, D. 2002. Biological control: a guide to natural enemies in North America—*Ampelomyces quisqualis* (Deuteromycetes). Disponible en: www.nysaes.cornell.edu/ent/biocontrol/pathogens/ampelomyces.html

Galbraith, A. 1988. Truffle pursuit. *Sunday Express Magazine* (Londres), 4 de diciembre, 27-29.

Gale, G. 2003. Saving the vine from *Phylloxera:* a never-ending battle. En: Sandler, M., Pinder, R., eds. *Wine: A Scientific Exploration. Taylor and Francis,* Londres. Pp. 70-91. Disponible en: http://cas.umkc.edu/philosophy/gale/proofs.pdf

Gandeboueuf, D., Drupe, C., Henrion, B., Martin, F., Chevalier, G. 1996. Characterization and identification of *Tuber* species using biochemical and molecular criteria. En: Azcón-Aguilar, C., Barea, J. M., eds. *Mycorrhizas in Integrated System from Genes to Plant Development: Proceedings of the Fourth European Symposium on Mycorrhizae.* Granada, España, 11-14 de julio de 1994. Comunidad Europea, Luxemburgo. Pp. 31-34.

Garbaye, J. 1994. Helper bacteria: a new dimension to the mycorrhizal symbiosis. Tansley review no. 76. *New Phytologist* 128:197-210.

Garbaye, J., Churin, J.-L., Duponnois, R. 1992. Effects of substrate sterilization, fungicide treatment, and mycorrhization helper bacteria on ectomycorrhizal formation of pedunculate oak (*Quercus robur*) inoculated with *Laccaria laccata* in two peat bare-root nurseries. *Biology and Fertility of Soils* 13:55-57.

García-Montero, L. G., Casermeiro, M. Á., Manjón, J. L., Hernando, I. 2007. Impact of active soil carbonate and burn size on the capacity of the rockrose *Cistus laurifolius* to produce *Tuber melanosporum* carpophores in truffle culture. *Mycological Research* 111:734-739.

Gardin, L. 2005. *I tartufi minori in Toscana.* Arsia, Florencia.

Garland, F. 1996. *Truffle Cultivation in North America.* Garland Mushrooms and Truffles Inc., Hillsborough (Carolina del Norte).

Garland, F. 2001. Growing *Tuber melanosporum* under adverse acid soil conditions in the United States of America. En: *Proceedings of the Fifth International Congress on the Science and Cultivation of Truffles.* Aix-en-Provence, Francia, 3-6 de marzo de 1999. Fédération Française des Trufficulteurs, París.

Garvey, D. C., Cooper, P. B. 2001. *French Black Truffle Establishment and Production in Tasmania.* Rural Industries Research and Development Corporation, Australia, Publication no. 01/084.

Gateway Africa. 2006. www.gateway-africa.com/fuanaflora/Plants/acacia_hebeclada.html [Ficha técnica de *Acacia hebeclada,* árbol huésped de la criadilla de tierra llamada "trufa del Kalahari", *Terfezia pfeilii*]

Gazzetta ufficiale della Republica Italiana. 2006. Attuazione della direttiva 1999/105/CE relativa alla commercializzazione dei materiali forestali di moltiplicazione. Disponible en: www.camera.it/parlam/leggi/deleghe/testi/03386dl.htm

Genbank. 2004. www.ncbi.nlm.nih.gov/Genbank/GenbankOverview.html.

Genc, C. 2006. World fertilizer use manual: hazelnut or filbert (*Corylus avellana* L.). International Fertilizer Industry Association. Disponible en: www.fertilizer.org/ifa/publicat/html/pubman/hazelnut.htm

Georgia Faces. 2002. Georgia orchards hide pecan truffle bonuses. Disponible en: http://georgiafaces.caes.uga.edu/viewtext.cfm?id=1732

Gerard, J. 1597. *The Herball, or Generall Historie of Plantes.* Reprint 1985. Crescent, Nueva York.

German Poodle Clubs. 1907. *Der Deutsche Pudel.* Munich.
Gibelli, G. 1883. Nuovi studi sulla malattia del castagno detta dell'inchiostro. *Memorie dell' Accademia delle Scienze dell'Istituto di Bologna* 4:287-314.
Gioacchini, A. M., Menotta, M., Bertini, L., Rossi, I., Zeppa, S., Zambonelli, A., Piccoli, G., Stocchi, V. 2005. Solid-phase microextraction gas chromatography/mass spectrometry: a new method for species identification of truffles. *Rapid Communications in Mass Spectrometry* 19:2365-2370.
Giomaro, G., Sisti, D., Zambonelli, A. 2005. Cultivation of edible ectomycorrhizal fungi by in vitro mycorrhizal synthesis. En: Declerck, S., Strullu, D.-G., Fortin, J. A., eds. *In Vitro Cultivation of Mycorrhizas.* Springer, Berlín. Pp. 253-270.
Giomaro, G., Sisti, D., Zambonelli, A., Amicucci, A., Cecchini, M., Comandini, O., Stocchi, V. 2002. Comparative study and molecular characterization of ectomycorrhizas in *Tilia americana* and *Quercus pubescens* with *Tuber brumale. FEMS Microbiology Letters* 216:9-14.
Giovannetti, G. 1980. Method of producing plants mycorrhyzated with symbiotic fungi. Italian patent 1,128,367; U.S. patent 4,345,403 (1982) [patente italiana y estadounidense de un método para producir plantas micorrizadas con hongos simbióticos].
Giovannetti, G. 1990. Prima produzione di carpofori di *Tuber magnatum* Pico da piante micorrizate fornite da vivai specializzati. En: Bencivenga, M., Granetti, B., eds. *Atti del secondo congresso internazionale sul tartufo.* Spoleto, Italia, 24-27 de noviembre de 1988. Pp. 297-302.
Giovannetti, G., Fontana, A. 1980-1981. Simbiosi micorrizica di *Tuber macrosporum* Vitt. con alcune Fagales. *Allionia* 24:13-17.
Giovannetti, G., Roth-Bejerano, N., Zanini, E., Kagan-Zur, V. 1994. Truffles and their cultivation. *Horticultural Reviews* 16:71-107.
Girard, M., Verlhac, A. 1987. Experimentation truffière. *Infos* 32:23-28.
Glamo?lija, J., Vuji?i?, R., Vukojevi?, J. 1997. Evidence of truffles in Serbia. *Mycotaxon* 65:211-222.
Goldway, M., Amir, R., Goldberg, D., Hadar, Y., Levanon, D. 2000. *Morchella conica* exhibiting a long fruiting season. *Mycological Research* 104:1000-1004.
Gómez Fernández, J., Moreno Arroyo, B. 1995. Contribución al conocimiento del género *Tuber* (Micheli ex Wiggers: Fr.) en la provincia de Jaén. I. *Lactarius* 4:40-46.
Govi, G., Bencivenga, M., Granetti, B., Pacioni, G., Palenzona, M., Tocci, A., Zambonelli, A. 1997. Metodo basato sulla caratterizzazione morfologica delle micorrize. En: *Regione Toscana: Il tartufo.* Compagnia delle Foreste, Arezzo. Pp. 148-155.
Graebner, L. 1991. Despite solid technology, truffle firm files for bankruptcy. *The Business Journal* (Sacramento) 8(4):9.
Granetti, B. 1995. Caratteristiche morfologiche, biometriche e strutturali delle micorrize di *Tuber* di interesse economico. *Micologia Italiana* 24(2):101-117.
Granetti, B., De Angelis, A., Materazzi, G. 2005. *Umbria terra di tartufi, Regione Umbria.* Ubriagraf, Terni.
Granetti, B., Minigrucci, G., Bricchi, E. 1990. Analisi biometrica e morfologica delle ascospore di alcune specie del genere Tuber. En: Bencivenga, M., Granetti, B., eds. *Atti del secondo congresso internazionale sul tartufo.* Spoleto, Italia, 24-27 de noviembre de 1988. Comunità Montana dei Monti Martani e del Serano, Spoleto. Pp. 59-100.

Gregori, G. 1991. *Tartufi e tartuficoltura nel Veneto.* Regione del Veneto, Assessorato Agricoltura e Foreste, Dipartimento Foreste, Padua. Tipografía, Vicenza.

Gregori, G. 2002. Problems and expectations with the cultivation of *Tuber magnatum.* En: Hall, I. R., Wang, Y., Danell, E., Zambonelli, A., eds. *Edible Mycorrhizal Mushrooms and Their Cultivation: Proceedings of the Second International Conference on Edible Mycorrhizal Mushrooms.* Christchurch, Nueva Zelanda, 3-5 de julio de 2001, CD-ROM. Christchurch, New Zealand Institute for Crop and Food Research Limited.

Gregori, G., Cecchini, M., Elisei, S., Pasqualini, L., Sacchi, A., Spezi, D. 2001. Tartufaie controllate di *T. magnatum* Pico: prove di miglioramento. En: *Proceedings of the Fifth International Congress on the Science and Cultivation of Truffles.* Aix-en-Provence, Francia, 3-6 de marzo de 1999. Fédération Française des Trufficulteurs, París. Pp. 394-399.

Gregori, G., Ciappelloni, R. 1990. Produzione di piantine micorrize con *T. magnatum* Pico. En: Bencivenga, M., Granetti, B., eds. *Atti del secondo congresso internazionale sul tartufo.* Spoleto, Italia, 24-27 de noviembre de 1988. Comunità Montana dei Monti Martani e del Serano, Spoleto. Pp. 211-218.

Gregori, G., Tocci, A. 1985. Possibilità di produzione di piantine di *Alnus cordata* Loisel micorrizate con *T. melanosporum* Vitt. e *Tuber aestivum* Vitt. *L'Italia forestale e montana* 40(5):262-270.

Grente, J. 1972-1974. *Perspectives pour une trufficulture moderne.* INRA, Clermont-Ferrand.

Grente, J., Chevalier, G., Pollacsek, A. 1972. La germination de l'ascospore de *Tuber melanosporum* et la synthèse sporale des mycorhizes. *Comptes rendus hebdomadaires des séances de l'Académie des sciences,* Série D 275:743-746.

Grente, J., Delmas, J., Poitou, N., Chevalier, G. 1974. Faits nouveaux sur la truffe. *Mushroom Science* 9:815-846.

Greuter, W., McNeill, J., Barrie, F. R., Burdet, H.-M., Demoulin, V., Filgueiras, T. S., Nicolson, D. H., Silva, P. C., Skog, J. E., Trehane, P., Turland, N. J., Hawksworth, D. L. 2000. International code of botanical nomenclature (St Louis Code) adopted by the Sixteenth International Botanical Congress, San Luis, Missouri, julio-agosto de 1999. Disponible en: www.bgbm.org/iapt/nomenclature/code/SaintLouis/0000St.Luistitle.htm

Griffiths, E. 1978. *Soils of the Waikari District, North Canterbury, New Zealand.* New Zealand Soil Survey Report no. 29.

Groupement Européen Tuber (Grupo Europeo Tuber, Gruppo Europeo Tuber). 2002. Programme de développement de la trufficulture et de reconstitution d'un verger truffier en Europe (2003-2007). Pour une initiative communautaire. Fédération Française des Trufficulteurs, París. Disponible en: www.fft-tuber.org/GET.pdf

Guardian. 2003. Gourmet gangs get a taste for the finer things. Disponible en la web del periódico australiano *The Age* (de Melbourne): www.theage.com.au/articles/2003/01/30/1043804461408.html

Gutiérrez, A., Honrubia, M., Morte, A., Díaz, G. 1996. Edible fungi adapted to arid and semiarid areas: molecular characterization and *in vitro* mycorrhization of micropropagated plantlets. En: *La mycorhization des plantes forestières en milieu aride et semi-aride et la lutte contre la désertification dans le bassin Méditerranéen (Mycorrhization of Forest Plants under Arid and Semi-Arid Conditions and Desertification Control in the Mediterranean).* Séminaire du groupe de travail CIHEAM sur l'utilisation des mycorhizes pour la lutte contre la déserti-fication dans le Bassin Méditerranéen (MYCOLUDESME). Zaragoza, España, 15-

17 de noviembre de 1995. *Cahiers Options Méditerranéennes* 20:139-144. Disponible en: http://ressources.ciheam.org/om/pdf/c20/96605784.pdf

Halász, K., Bratek, Z., Szegoe, D., Rudnóy, S., Rácz, I., Lásztity, D., Trappe, J. M. 2005. Tests of species concepts of the small, white, European group of *Tuber* spp. based on morphology and rDNA ITS sequences with special reference to *Tuber rapaeodorum*. *Mycological Progress* 4:281-290.

Hall, I. R. 1973. Endogonaceous fungi associated with rata and kamahi. Ph.D. diss. [tesis doctoral], University of Otago, Dunedin, Nueva Zelanda.

Hall, I. R. 1976. Response of *Coprosma robusta* to different forms of endomycorrhizal inoculum. *Transactions of the British Mycological Society* 67:409-411.

Hall, I. R. 1988. Potential for exploiting vesicular-arbuscular mycorrhizas in agriculture. En: A. Mizrahi, ed. *Advances in Biotechnological Processes*. Vol. 9, *Biotechnology in Agriculture*. ARL, Nueva York. Pp. 141-174.

Hall, I. R. 2006. Truffles & Mushrooms web site. www.trufflesandmushrooms.co.nz.

Hall, I. R., Brown, G., Byars, J. 2001. *The Black Truffle: Its History, Uses and Cultivation*. Reimpresión de la 2.ª ed. en CD-ROM, más folleto. New Zealand Institute for Crop and Food Research Ltd., Christchurch.

Hall, I. R., Dixon, C. A., Parmenter, G. A., Martin, N., Hance-Halloy, M.-L. 2002. Factors affecting fruiting of the Périgord black truffle: a comparison of productive and non-productive *Tuber melanosporum* truffières in New Zealand. Crop and Food Research Confidential Report no. (informe confidencial n.º) 768 en CD-ROM (restringido a miembros de la New Zealand Truffle Association). New Zealand Institute for Crop and Food Research Limited, Christchurch.

Hall, I. R., Stephenson, S. L., Buchanan, P. K., Wang, Y., Cole, A. L. J. 2003a. *Edible and Poisonous Mushrooms of the World*. Timber Press, Portland (Oregón).

Hall, I. R., Wang, Y. 1998. Methods for cultivating edible ectomycorrhizal mushrooms. En: *Mycorrhiza manual*, ed. A. Varma. Springer Laboratory Manual. Springer Verlag, Heidelberg. Pp. 99-114.

Hall, I. R., Wang, Y. 2003. Culture de la truffe du Périgord en Nouvelle-Zélande sur sols naturellement acides amendés. Résumes des interventions, Journée nationale de la trufficulture, 28 de marzo de 2003, Cuzance, prés de Martel, Lot. CTIFL, París. Pp. 3-8.

Hall, I. R., Wang, Y., Amicucci, A. 2003b. Cultivation of edible ectomycorrhizal mushrooms. *Trends in Biotechnology* 21:433-438.

Hall, I. R., Wang, Y., Danell, E., Zambonelli, A., eds. 2002b. *Edible Mycorrhizal Mushrooms and Their Cultivation: Proceedings of the Second International Conference on Edible Mycorrhizal Mushrooms*. CD-ROM. Christchurch, New Zealand Institute for Crop and Food Research Limited.

Hall, I. R., Zambonelli, A., Primavera, F. 1998. Ectomycorrhizal fungi with edible fruiting bodies. 3. *Tuber magnatum*, Tuberaceae. *Economic Botany* 52:192-200.

Hall, I. R., Zambonelli, A., Wang, Y. 2005. The cultivation of mycorrhizal mushrooms: success and failure. Ponencia presentada en el Fifth International Conference on Mushroom Biology and Mushroom Products (V Congreso sobre Biología y Productos de los Hongos). *Acta Edulis Fungi* 12:45-60.

Hall, I. R.; Strong, G.; Dixon, C. 2002b. Production of Périgord black truffle-infected plants. Informe confidencial para el New Zealand Institute for Crop and Food Research, Christchurch.
Hansen, K., LoBuglio, K. F., Pfister, D. H. 2005. Evolutionary relationships of the cup-fungus genus *Peziza* and Pezizaceae inferred from multiple nuclear genes: RPB2, b-tubulin, and LSU rDNA. *Molecular Phylogenetics and Evolution* 36:1-23.
Hansen, J. 1982. A fungus in every pot. *New Scientist* 95:550-551.
Harkness, H. W. 1899. California hypogaeous fungi. *Proceedings of the California Academy of Sciences*, Ser. 3, 1:241-292.
Harley, J. H., Harley, E. L. 1987. A checklist of mycorrhiza in the British flora. *New Phytologist* (Suppl.) 105:1-102.
Harley, J. L., Smith, S. E. 1983. *Mycorrhizal Symbiosis*. Academic Press, Londres.
Hartley, M. J., Reid, J. B., Rahman, A., Springett, J. A. 1996. Effect of organic mulches and a residual herbicide on soil bioactivity in an apple orchard. *New Zealand Journal of Crop and Horticultural Science* 24:183-190.
Harvest Electronics. 2005. http://harvest.com/w.cgi?cmd=gph&hsn=3001&typ=4.
He, X.-Y., Li, H.-M., Wang, Y. 2004. *Tuber zhangdianense* sp. nov. from China. *Mycotaxon* 90:213-216.
Healy, R. A. 2003. *Mattirolomyces tiffanyae*, a new truffle from Iowa, with ultrastructural evidence for its classification in the Pezizaceae. *Mycologia* 95:765-772.
Heimsch, C. 1958. The first recorded truffle from Texas. *Mycologia* 50:657-660.
Henrion, B., Chevalier, G., Martin, F. 1994. Typing truffle species by PCR amplification of the ribosomal DNA spacers. *Mycological Research* 98(1):37-43.
Hermoso de Mendoza, J. 2008. Trufa negra (*Tuber melanosporum* Vitt.)-joya de Metauten y la sierra de Lóquiz. www.sasua.net/estella/articulo.asp?f=trufa
Högberg, P., Plamboeck, A. H., Taylor, A. F. S., Fransson, P. M. A. 1999. Natural 13C abundance reveals trophic status of fungi and host-origin of carbon in mycorrhizal fungi in mixed forests. *Proceedings of the National Academy of Sciences USA* 96:8534-8539.
Hong Kong Observatory. 2007. www.hko.gov.hk/wxinfo/climat/world/eng/europe/europe_e.htm.
Honrubia, M., Gutiérrez, A., Morte, A. 2002. Desert truffle plantation from south-east Spain. En: Hall, I. R., Wang, Y., Danell, E., Zambonelli, A., eds. *Edible Mycorrhizal Mushrooms and Their Cultivation: Proceedings of the Second International Conference on Edible Mycorrhizal Mushrooms*. Christchurch, Nueva Zelanda, 3-5 de julio de 2001. CD-ROM. Christchurch, New Zealand Institute for Crop and Food Research Limited.
Honrubia, M., Morte, A., Gutiérrez, A. 2005. Six year of the *Terfezia claveryi* cultivation in Murcia (Spain). En: *Abstracts of the Fourth International Workshop on Edible Mycorrhizal Mushrooms*. Murcia, España, 28 de noviembre-2 de diciembre de 2005. Universidad de Murcia. P. 70.
Honrubia, M., Torres, P., Díaz, G., Cano, A. 1992. *Manual para micorrizar plantas en viveros forestales*. Ministerio de Agricultura. Instituto para la Conservación de la Naturaleza (ICONA), Madrid.
Honrubia, M., Torres, P., Morte, A. 1993. *Biotecnología forestal: micorrización y micropropagación*. Universidad de Murcia, Centro Internacional de Altos Estudios Agronómicos Mediterráneos.

Hooke, R. 1665. *Micrographia*. Royal Society, Londres. Disponible en: www.gutenberg.org/files/15491/15491-h/15491-h.htm

Horton, T. R., Bruns, T. D. 2001. The molecular revolution in ectomycorrhizal ecology: peeking into the black box. *Molecular Ecology* 10:1855-1871.

Horton, T. R., Molina, R., Hood, K. 2005. Douglas-fir ectomycorrhizae in 40- and 400-year-old stands: mycobiont availability to late successional western hemlock. *Mycorrhiza* 15: 393-403.

How Much Is That Worth Today? 2005. http://www.measuringworth.com/ppoweruk/?redirurl=calculators/ppoweruk/

Hu, H.-T. 1992. *Tuber formosanum* sp. nov. and its mycorrhizal associations. *Journal of Experimental Forestry* (National Taiwan University) 6:79-86.

Hume, D. 1996. *Bechamp or Pasteur: A Lost Chapter in the History of Biology*. Kessinger, Whitefish (Montana).

Iddison, P. 2000. Desert truffles *Tirmania nivea* in the Emirates. *Tribulus Magazine* 10(1):20-21. Disponible en: www.enhg.org/trib/trib10.htm

Iddison, P. 2004. Truffles in Middle Eastern cookery. Disponible en: http://enhg.4t.com/iddison/destruf.htm

Imazeki, R., Otani, Y., Hongo, T., Izawa, M., Mizuno, N. 1988. *Coloured Illustrations of Mushrooms of Japan*. Yama-kei, Tokio (en japonés).

Innvista. 2006. Truffles. Disponible en: www.innvista.com/health/foods/mushrooms/truffle.htm

Institut Recherché National Agronomique. 2005. La truffe: de plus en plus rare et chère, gare aux fraudes! Fiche de Presse Info, 14 de diciembre. Disponible en: www.inra.fr/presse/la_truffe_de_plus_en_plus_rare_et_chere_gare_aux_fraudes

Integrated Pest Management of Alaska. 2003. Powdery mildew of roses. Disponible en: www.ipmofalaska.com/files/powderymildewroses.html

International Culture Collection of Arbuscular and Vesicular-Arbuscular Mycorrhizal Fungi. 2006. Classification of Glomeromycota. Disponible en: www.invam.caf.wvu.edu/fungi/taxonomy/classification.htm

Iotti, M., Amicucci, A., Stocchi, V., Zambonelli, A. 2002. Morphological and molecular characterization of mycelia of some *Tuber* species in pure culture. *New Phytologist* 155:499-505.

Iotti, M., Zambonelli, A. 2005. A quick and precise technique for identifying ectomycorrhizas by PCR. *Mycological Research* 110:60-65.

Iqbal, M. 1993. *International Trade in Non-wood Forest Products*. FAO Miscellaneous Publication no. 93/11. Food and Agriculture Organization of the United Nations, Roma.

Istituto Nazionale di Statistica. 1990-2006. *Bollettino mensile di statistica*. Disponible en: www.istat.it

Istrianet.org. 2004. Tartufi - Gomoljike - Truffles: The white truffle in Istria. Disponible en: www.istrianet.org/istria/flora/fungi/truffles-istria.htm

Interrégionale des Trufficulteurs du Centre et de l'Est. 2005. www.truffe-de-bourgogne.com/organis.htm

Jacobson, P. 1990. Sleuths sniff out truffle faking ring. *Times* (Londres), 6 de enero.

James, B. 2003. French use genetic coding tools to root out truffle fraud. *International Herald Tribune*, 11 de enero. Disponible en: http://dezso.klebercz.hu/arc_genetic_coding.htm

Jarvis, P., Warren, I., Hall, I. R. 1988. Investment in truffière development. En: *New Zealand Ministry of Agriculture and Fisheries South Region Business Plan.* New Zealand Ministry of Agriculture and Fisheries, Invermay.
Johansson, J. 2001. Ecology and control of oak mildew (*Microsphaera alphitoides*). Disponible en: www-mykopat.slu.se/Newwebsite/mycorrhiza/kantarellfiler/texter/mildew.html
Johnston, B. 2000. Gold is not worth its weight in truffles. *Daily Telegraph,* 14 de noviembre.
Joint FAO/WHO Expert Committee on Food Additives. 2001. Summary of evaluations performed by the Joint FAO/WHO Expert Committee on Food Additives: bis(methylthio)methane. Disponible en: http://jecfa.ilsi.org/evaluation.cfm?chemical=bis (METHYLTHIO)METHANE&keyword=FLAVOURING
Jones, J. B., Wolf, B., Mills, H. A. 1991. *Plant Analysis Handbook: A Practical Sampling, Preparation, Analysis, and Interpretation Guide.* Micro-Macro Publishing, Athens (Georgia).
Jongbloed, M. 2005. Desert truffles, a disappearing delicacy. *Al Shindagah March-April.* Disponible en: www.alshindagah.com/marapr2005/dessert.html
Kagan-Zur, V., Kuang, J., Tabak, S., Taylor, F. W., Roth-Bejerano, N. 1999. Potential verification of a host plant for the desert truffle *Terfezia pfeilii* by molecular methods. *Mycological Research* 103:1270-1274.
Kagan-Zur, V., Wenkart, S., Mills, D., Freeman, S., Luzzati, Y., Ventura, Y., Zaretsky, M., Roth-Bejerano, N., Shabi, E. 2002. *Tuber melanosporum* research in Israel. En: Hall, I. R., Wang, Y., Danell, E., Zambonelli, A., eds. *Edible Mycorrhizal Mushrooms and Their Cultivation: Proceedings of the Second International Conference on Edible Mycorrhizal Mushrooms.* Christchurch, Nueva Zelanda, 3-5 de julio de 2001. CD-ROM. New Zealand Institute for Crop and Food Research Limited, Christchurch.
Kalotas, A. C. 1996. Aboriginal knowledge and use of fungi. En: *Fungi of Australia.* Vol. IB. Commonwealth Scientific and Industrial Research Organisation, Melbourne. Pp. 269-295.
Kantonalen Laboratorium. 2005. Olive oils with truffle flavouring: declaration and flavourings. Disponible en: www.kantonslabor-bs.ch/files/berichte/Report0455.pdf
KBC Tree Shelters. 2006. www.killyleaghbox.co.uk/horticulture.htm
Keating, G. 2002. Gourmet pays $35,000 for truffle. *Excite News.* Disponible en: http://news.excite.com/odd/article/id/280829%7Coddlyenough%7C11-12-2002::08:51%7Creuters.html
Kendrick, B. 2002. *The Fifth Kingdom on CD-ROM.* Mycologue Publications, Sidney. Disponible en: www.mycolog.com/fifthtoc.html
Kers, L. E. 2003. Trysflarna *Tuber aestivum* och *T. mesentericum* i Sverige (*Tuber aestivum* Vitt. and *T. mesentericum* Vitt. in Sweden). *Svensk Botanisk Tidskrift* 97:157-175.
Khabar, L., Najim, L., Janex-Favre, M.-C. 2001. Contribution a l'étude de la flore mycologique du Maroc les Marocaines (Discomycètes). *Bulletin société mycologique France* 117:213-229.
Khabar, L., Slama, A., Neffati, M. 2005. Terfess common to Morocco and Tunisia. En: *Proceedings of the Fourth International Workshop on Edible Ectomycorrhizal Mushrooms.* Murcia, España, 28 de noviembre-2 de diciembre de 2005. P. 75.
Khare, K. B. 1975. *Terfezia terfezioides:* a new record for India. *Current Science* 44:601-602.
Kington, T. 2007. Italian mongrel leads owner to record-breaking truffle. *Guardian,* 26 de noviembre de 2007. Disponible en: www.guardian.co.uk/italy/story/0,,2216999,00.html
Kirk, P. M., David, J. C., Staplers, J. A., eds. 2001. *Ainsworth and Bisby's Dictionary of the Fungi.* CAB International, Wallingford (Inglaterra).

Kovács, G. M. 2002. Study of mycorrhizae on the Great Hungarian Plain. Summary of Ph.D. dissertation [resumen de tesis doctoral], Universidad de Szeged, Hungría. Disponible en: www.vmri.hu/~gkovacs/engthes.doc

Kovács, G. M., Jakucs, E. 2006. Morphological and molecular comparison of white truffle ectomycorrhizae. *Mycorrhiza* 16: 567-574.

Kovács, G. M., Vágvölgy, C., Oberwinkler, F. 2003. In vitro interaction of the truffle *Terfezia terfezioides* with *Robinia pseudoacacia* and *Helianthemum ovatum*. *Folia microbiologica* 48:369-378.

Kropp, B. R., Mueller, G. M. 2000. *Laccaria*. En: Cairney, J. W. G., Chambers, S. M., eds. *Ectomycorrhizal Fungi: Key Genera in Profile*. Springer Verlag, Berlín. Pp. 65-88.

Kuepper, G., Thomas, R., Earles, R. 2001. Use of baking soda as a fungicide. National Sustainable Agriculture Information Service. Disponible en: www.attra.ncat.org/attra-pub/PDF/bakingsoda.pdf

Kues, U. 2000. Life history and developmental processes in the basidiomycete *Coprinus cinereus*. *Microbiology and Molecular Biology Reviews* 64:315-353.

Kunming Yunri Foods. 2006. Chinese truffle. Disponible en: www.sinohost.com/yunnan_pages/mushrooms/chinesetruffle.html

Kuwait Information Office. 2005. Impact of Gulf War. Disponible en: www.kuwait-info.com/sidepages/environment_impactofgulf.asp

Laatikainen, T., Heinonen-Tanski, H. 2002. Mycorrhizal growth in pure cultures in the presence of pesticides. *Microbiological Research* 157:127-137.

Lacroix, P. 2004. Manners, custom and dress during the Middle Ages and during the Renaissance period. Project Gutenberg e-book. Disponible en: www.gutenberg.org/etext/10940

Lambert, J. M., Manners, J. M., Westrup, A. W., Paton, J. A., Hora, F. B., Blaikley, N. M., Bradshaw-Bond, M. 1964. Botany. En: F. J. Monkhouse, ed. *A Survey of Southampton and Its Region*. Southampton University Press, Southampton. Disponible en: www.hants.gov.uk/newforesthistory/botany.htm

Lanfranco, L., Wyss, P., Marzachi, C., Bonfante, P. 1993. DNA probes for identification of the ectomycorrhizal fungus *Tuber magnatum* Pico. *FEMS Microbiology Letters* 114(3):245-251.

Lange, C. 2001. Status over Sommer-Trøffel i Danmark. *Svampe* 43:5-8.

Lännen Plant Systems. 2006. www.lannenplantsystems.com/?id=3CC2724D-72B242BB0A02-B622DEA925B4

Lansac, A. R., Marín, A., Roldán, A. 1995. Mycorrhizal colonization and drought interactions of Mediterranean shrubs under greenhouse conditions. *Arid Soil Research and Rehabilitation* 9:167-175.

Læssøe, T., Hansen, K. 2007. Truffle trouble. What happened to the Tuberales? *Mycological Research* 111:1075-1099.

Lawrynowicz, M. 1993. Distributional limits of truffles in northern Europe. *Micologia e Vegetazione Mediterranea* 7(1):31-38.

Le Trufficulteur. (Revista francesa sobre el cultivo de la trufa publicada cuatro veces al año) www.fft-tuber.org

Leake, J. R., Johnson, D., Donnelly, D., Muckle, G. E., Boddy, L., Read, D. J. 2004. Networks of power and influence: the role of mycorrhizal mycelium in controlling plant communities and agro-ecosystem functioning. *Canadian Journal of Botany* 82:1015-1045.

Lee, R. B. 1894. *A History and Description of the Modern Dogs of Great Britain and Ireland.* Horace Cox, Londres. Pp. 185-187.

Lefevre, C., Hall, I. R. 2001. The global status of truffle cultivation. En: Mehlenbacher, S. A., ed. Fifth International Congress on Hazelnut, Corvallis, Oregón, Agosto de 2000, International Society for Horticultural Science. *Acta Horticulturae* 556:513-520.

Leffers, A. 2003. *Gemsbok Bean and Kalahari Truffle: Traditional Plant Use by Jul'hoansi in North-eastern Namibia.* Gamwberg Macmillan, Windhoek.

Legge quadro nazionale no. 752. 1985. (Marco jurídico en materia de recolección, cultivo y comercio de las trufas frescas y conservadas destinadas al consumo. Ecología.) Disponible en: www.italgiure.giustizia.it/nir/1985/lexs_110291.html

Legge quadro nazionale no. 162. 1991. (Marco jurídico en materia de recolección, cultivo y comercio de las trufas frescas y conservadas destinadas al consumo. Modifica la Legge quadro nazionale n. 752, de 1985) Disponible en: www.tartufonerofragno.it/tartufo_4.htm, o bien www.micologi.it/legge752_85.htm

Leggi regionali italiane 1985 - 2007. Disponible en: http://www.ambbresadola.it/Leggi/ItaliaLex.htm

Lehmkuhla, J. F., Gouldb, L. E., Cázares, E., Hosford, D. R. 2004. Truffle abundance and mycophagy by northern flying squirrels in eastern Washington forests. *Forest Ecology and Management* 200:49-65.

Lendering, J. 2005. Babylonia: country, language, religion, culture. Disponible en: www.livius.org/ba-bd/babylon/babylonia.html

LePage, B., Currah, R.. S., Stockey, R., Rothwell, G. W. 1997. Fossil ectomycorrhizae from the Middle Eocene. *American Journal of Botany* 84: 410-412.

Lepp, H., Fagg, M. 2004. Mycogeography: imports, exports and puzzles. Disponible en la web micológica de los Jardines Botánicos Australianos (Australian Botanic Gardens): www.anbg.gov.au/fungi/mycogeography-imports.html

Lichfield, J. 2007. The truffle kerfuffle: mystery mushroom vanishes. *The Independent on Sunday,* 15 de diciembre de 2007. http://news.independent.co.uk/europe/article3253091.ece

Liguria legge regionale n. 18 2007. Disponible en: www.regione.liguria.it/leggi/leggiric.htm

Lincoff, G. H., Nehring, C. 1995. *The Audubon Society Field Guide to North American Mushrooms.* Knopf, Nueva York.

Linés Escardó, A. 1970. The climate of the Iberian Peninsula. En: Wallén, C. C., ed. *World Survey of Climatology.* Vol. 5, *Climates of Northern and Western Europe.* Elsevier, Ámsterdam. Pp. 195-239.

Linnaeus, C. 1753. *Species Plantarum.* 2 vols. Reprint 1957-1959. Ray Society, Londres.

Little, R. C. 1971. The treatment of iron deficiency. En: *Trace Elements in Soil and Crops.* Ministry of Agriculture and Fisheries Technical Bulletin no 21. Her Majesty's Stationery Office, Londres. Pp. 45-61.

Lo Bue, G., Gregori, G. L., Pasquini, L., Maggiorotto, G. 1990. Sintesi micorrizica in campo fra piante adulte e tartufi pregiati mediante frammenti radicali. En: Bencivenga, M., Granetti, B., eds. Atti del secondo congresso internazionale sul tartufo. Spoleto, Italia, 24-27 de noviembre de 1988. Comunità Montana dei Monti Martani e del Serano, Spoleto. Pp. 459-466.

Longato, S., Bonfante, P. 1997. Molecular identification of mycorrhizal fungi by direct amplification of microsatellite regions. *Mycological Research* 101:425-432.

Louisiana University AgCenter. 2005. Insect and disease control: Appendix—trade names of fungicides and nematodes listed alphabetically. Disponible en: www.lsuagcenter.com/NR/rdonlyres/FC1EC609-B31A-48CB-8438-475DB21DC8E9/24146/AppendixTradeNames.pdf

Love to Know. 1911. Silk. Enciclopedia en línea; visitada en 2008. Disponible en: http://www.1911encyclopedia.org/Silk

Lulli, L., Bragato, G., Gardin, L. 1999. Occurrence of *Tuber melanosporum* in relation to soil surface layer properties and soil differentiation. *Plant and Soil* 214:85-92.

Lulli, L., Bragato, G., Gardin, L., Panini, T., Primavera, F. 1992. I suoli delle tartufaie naturali della bassa valle del Santerno (Mugello-Toscana). *L' Italia forestale e montana* 5:251-267.

Lulli, L., Pagliai, M., Bragato, G., Primavera, F. 1993. La combinazione dei caratteri che determinano il pedoambiente favorevole alla crescita del *Tuber magnatum* Pico nei suoli dei depositi marnosi dello Schlier in Acqualagna (Marche). *CNR Quaderni di Scienza del Suolo* 5:143-159.

Lulli, L., Panini, T., Bragato, G., Gardin, L., Primavera, F. 1991. I suoli delle tartufaie naturali delle Crete Senesi. *Monti e Boschi* 42(5):17-24.

Lulli, L., Primavera, F. 1995. I suoli idonei alla produzione di tartufi. *L'informatore agrario* 51:33-38.

Luoma, D. L., Eberhart, J. L., Molina, R., Amaranthus, M. P. 2004. Response of ectomycorrhizal fungus sporocarp production to varying levels and patterns of green-tree retention. *Forest Ecology and Management* 202:337-354.

Luppi-Mosca, A. M., Fontana, A. 1977. Researches on *Tuber melanosporum* ecology. IV. Mycological analyses of central Italy truffle soils. *Allionia* 22:105-114.

Mabru, D., Dupre, C., Douet, J. P., Leroy, P., Ravel, C., Ricard, J. M., Medina, B., Castroviejo, M., Chevalier, G. 2001. Rapid molecular typing method for the reliable detection of Asiatic black truffle (*Tuber indicum*) in commercialized products: fruiting bodies and mycorrhizal seedlings. *Mycorrhiza* 11(2):89-94.

MacFarquhar, N. 2004. Beneath desert sands, an Eden of truffles. Disponible en: www.natruffling.org/desert.htm

Maclaren, J. P. 1993. *Radiata Pine Grower's Manual.* Forest Research Institute Bulletin no. 184. New Zealand Forest Research Institute, Rotorua.

Malajczuk, N., Molina, R., Trappe, J. 1982. Ectomycorrhiza formation in *Eucalyptus*. I. Pure culture synthesis, host specificity and mycorrhizal compatibility with *Pinus radiata*. *New Phytologist* 91:467-482.

Malajczuk, N., Reddell, P., Brundrett, M. 1994. Role of ectomycorrhizal fungi in minesite reclamation. En: Pfleger, F. L., Linderman, R. G., eds. *Mycorrhizae and Plant Health.* American Phytopathological Society, St. Paul (Minnesota). Pp. 83-100.

Malençon, M. G. 1938. Les truffes Européennes: historique, morphogénie, organographe, classification, culture. *Revue de Mycologie: Mémoire hors-série* 1:1-92.

Mamoun, M., Olivier, J. M. 1990. Dynamique des populations fongiques et bactériennes de la rhizosphère des noisetiers truffiers. III. Effet du régime hydrique sur la mycorhization et la microflore associée. *Agronomie* 10:77-84.

Mamoun, M., Olivier, J. M. 1992. Effect of soil pseudomonads on colonization of hazel roots by the ecto-mycorrhizal species *Tuber melanosporum* and its competitors. *Plant and Soil* 139:265-273.

Mamoun, M., Olivier, J. M. 1996. Receptivity of cloned hazels to artificial ectomycorrhizal infection by *Tuber melanosporum* and symbiotic competitors. *Mycorrhiza* 6:15-19.
Mamoun, M., Olivier, J. M. 1997. Mycorrhizal inoculation of cloned hazels by *Tuber melanosporum:* effect of soil disinfestation and co-culture with *Festuca ovina. Plant and Soil* 188:221-226.
Mandeel, Q. A., Al-Laith, A. A. A. 2007. Ethnomycological aspects of the desert truffle among native Bahraini and non-Bahraini peoples of the Kingdom of Bahrain. *Journal of Ethnopharmacology* 110:118-129.
Mannozzi-Torini, L. 1976. *Manuale di tartuficoltura: tartufi e tartuficoltura in Italia.* Edagricole, Bolonia.
Mannozzi-Torini, L. 1984. *Il Tartufo e la sua coltivazione.* Edagricole, Bolonia.
Marchand, A. 1971-1986. *Champignons du nord et du midi.* Vols. 1-9. Société Mycologique des Pyrénées Méditerranéennes, Perpiñán (Francia).
March, R. E., Richards, D. S., Ryanb, R. W. 2006. Volatile compounds from six species of truffle - head-space analysis and vapor analysis at high mass resolution. *International Journal of Mass Spectrometry* 249-250:60-67.
Marino, R., Cerone, G., Rana, G. L. 2003. Studi sui funghi ipogei della Basilicata. II. *Rivista di micologia* 46(1):53-62.
Marx, D. H. 1969. The influence of ectotrophic fungi on the resistance of pine roots to pathogenic infections. I. Antagonism of mycorrhizal fungi to root pathogenic fungi and soil bacteria. *Phytopathology* 59:153-163.
Maser, C., Trappe, J. M., Nussbaum, R. A. 1978. Fungal-small mammal interrelationships with emphasis on Oregon coniferous forests. *Ecology* 59:799-809.
Mason, P. A., Wilson, J., Last, F. T., Walker, C. 1983. The concept of succession in relation to the spread of sheathing mycorrhizal fungi on inoculated tree seedlings growing in unsterile soil. *Plant and Soil* 71:247-256.
Matruchot, L. 1903. Germination des spores des truffes, culture et caractères du mycélium truffier. Comptes rendus de l'Académie des sciences, París.
Mauriello, G., Marino, R., D'Auria, M., Cerone, G., Rana, G. L. 2004. Determination of volatile organic compounds from truffles via SPME-GC-MS. *Journal of Chromatographic Science* 42:299-305.
Maybury, G. 2002. *Pig Apples.* Scholastic, Auckland.
Mayle, P. 1990. *A Year in Provence.* Pan, Londres.
Mayle, P. 1992. *Toujours Provence.* Pan, Londres.
Mayle, P. 1999. *Encore Provence.* Hamilton, Londres.
Mayuzumi, Y., Mizuno, T. 1997. Cultivation methods of maitake (*Grifola frondosa*). *Food Reviews International* 13:357-364.
McRae, J. 1999. Commercial containerized hardwood seedling production in the southern USA. En: Landis, T. D., Barnett, J. P., eds. *National Proceedings: Forest and Conservation Nursery Associations, 1998.* General Technical Report no. SRS-25. U.S. Department of Agriculture Forest Service, Southern Research Station, Asheville (Carolina del Norte). Pp. 35-38.
Mead, G. 2006. Hazel coppice. Disponible en: www.hazelwattle.com/hazelcoppice.html
Mello, A., Cantisani, A., Vizzini, A., Bonfante, P. 2002. Genetic variability of *Tuber uncinatum* and its relatedness to other black truffles. *Environmental Microbiology* 4:584-594.

Mello, A., Fontana, A., Meotto, F., Comandini, O., Bonfante, P. 2001. Molecular and morphological characterization of *Tuber magnatum* mycorrhizas in a long-term survey. *Microbiological Research* 155:279-284.
Mello, A., Garnero, L., Bonfante, P. 1999. Specific PCR primers as a reliable tool for the detection of white truffles in mycorrhizal roots. *New Phytologist* 141(3):511-516.
Mello, A., Murat, C., Vizzini, A., Gavazza, V., Bonfante, P. 2005. *Tuber magnatum* Pico, a species of limited geographical distribution: its genetic diversity inside and outside a truffle ground. *Environmental Microbiology* 7:55-65.
Mello, A., Vizzini, A., Longato, S., Rollo, F., Bonfante, P., Trappe, J. M. 2000. *Tuber borchii* versus *T. maculatum*: neotype studies and DNA analyses. *Mycologia* 92:326-333.
Meotto, F., Carraturo, P. 1987-1988. Ectomicorrizia di *Sphaerospora brunnea* (A. and S.) Svrcek and Kubicka in piantine tartufigene. *Allionia* 28:109-116.
Meotto, F., Carraturo, P., Dana, M. 1992. Valutazione in pieno campo e in serra della competitività di *Sphaerosporella brunnea* con *Tuber magnatum*. *L'informatore agrario* 48(47):73-78.
Met Office. 2007. www.met-office.gov.uk/climate/uk/averages/19712000/index.html
Micheli, P. A. 1729. *Nova plantarum genera juxta Tournafortii methodum disposita*. Florencia.
Mirabella, A., Primavera, F., Gardin, L. 1992. Formation dynamics and characterization of clay minerals in a natural truffle bed of *Tuber magnatum* Pico on Pliocene sediments in Tuscany. *Agricoltura Mediterranea* 122:275-281.
Mitchell, J., Zuccaro, A. 2006. Sequences, the environment, and fungi. *Mycologist* 20:62-74.
Mitrovic, M., Milenkovic, M., Pavlovic, P., Djurdjevic, L. 2006. Osmotic potential and water content in fruit bodies of white truffle (*Tuber magnatum* Pico) in two different forest soil in Serbia. En: Khabar, L., ed. *Le premier symposium sur les champignons hypogés du basin Méditerranéen*. Rabat, Marruecos, 5-8 de abril de 2004. Pp. 136-145.
Miyauchi, S., Kon, K., Yamauchi, T., Shimomura, M. 1998. Cultural characteristics of mycelial growth of *Pleurotus eryngii*. *Nippon-kingakukai-kaiho* 39:83-87.
Molina, R., Trappe, J. M. 1982. Patterns of ectomycorrhizal host specificity and potential among Pacific Northwest conifers and fungi. *Forest Science* 28:423-258.
Molina, R., Massicotte, H., Trappe, J. 1992. Ecological role of specificity phenomena in ectomycorrhizal plant communities: Potentials for interplant linkages and guild development. En: Read, D. J., Lewis, D. H., Fitter, A. H., and Alexander, I. J. eds. *Mycorrhizas in ecosystems*. CAB International. Oxford. Pp. 106-112.
Molina, R., Massicotte, H., Trappe, J. M. 1992. Specificity phenomena in mycorrhizal symbiosis: Community-ecological consequences and practical implications. En: Allen, M. F. ed. *Mycorrhizal functioning: An integrative plant-fungal process*. Chapman Hall, Nueva York. Pp. 357-423.
Molina, R., O'Dell, T., Luoma, D., Amaranthus, M., Castellano, M., Russell, K. 1993. Biology, ecology, and social aspects of wild edible mushrooms in the forests of the Pacific Northwest: a preface to managing commercial harvest. Forest Service, Pacific Northwest General Technical Report no. 309. U.S. Department of Agriculture Forest Service, Portland (Oregón).
Molina, R., Palmer, J. G. 1982. Isolation, maintenance, and pure culture manipulation of ectomycorrhizal fungi. En: Schenck, N. C., ed. *Methods and Principles of Mycorrhizal Research. American Phytopathological Society*, St. Paul (Minnesota). Pp. 115-129.
Montagne, P. 1961. *Larousse gastronomique*. Froud, N., Turgeon, C., eds. Hamlyn, Londres.

Montecchi, A., Sarasini, M. 2000. *Funghi ipogei d'europa.* Associazione Micologica Bresadola, Trento.

Moore, D. 1998. *Fungal Morphogenesis.* Cambridge University Press, Cambridge.

Moore, I. 1985. *The Truffle Hunter.* Arrow Books (Beaver Books), Londres.

Morcillo Serra, M., Moreno Arroyo, B., Pulido Calmaestra, E., Sánchez Sánchez, M. 2007. *Manual de Truficultura Andaluza.* Consejería de Medio Ambiente, Sevilla.

Morcillo, M., Sánchez, M., Garcia, E. 2005. Open field inoculation of adult hazel groves with *Tuber melanosporum* Vitt. En: *Proceedings of the Fourth International Workshop on Edible Ectomycorrhizal Mushrooms.* Universidad de Murcia, Murcia (España), 28 de noviembre-2 de diciembre de 2005.

Moreno, G., Díez, J., Manjón, J. L. 2000. *Picoa lefebvrei* and *Tirmania nivea,* two rare hypogeous fungi from Spain. *Mycological Research* 104:378-381.

Moreno, G., Díez, J., Manjón, J. L. 2002. *Terfezia boudieri,* first records from Europe of a rare vernal hypogeous mycorrhizal fungus. *Persoonia* 17:637-641.

Moreno, G., Manjón, J. L., Díez, J. 1997. *Tuber pseudohimalayense* sp. nov.: an Asiatic species commercialized in Spain, similar to the Périgord black truffle. *Mycotaxon* 68:217-224.

Moreno Arroyo, B., Gómez Fernández, J., Pulido Calmaestra, E. 2005. *Tesoros de nuestros montes: Trufas de Andalucía.* Consejería de Medio Ambiente, Junta de Andalucía.

Moriondo, F., Capretti, P., Ragazzi, A. 2006. *Malattie delle piante in bosco, in vivaio e delle alberature.* Pàtron, Quarto inferiore, Bolonia.

Morte, M. A., Honrubia, M. 1994. Método para la micorrización in vitro de plantas micropropagadas de *Helianthemum* con *Terfezia claveryi.* Patente española P9402430.

Mshigeni, K. E. 2001. The cost of scientific and technological ignorance with special reference to Africa's rich biodiversity. UNDP/UNOPS Regional Project RAF/99/021. ZERI Regional Office for Africa. Disponible en: www.zeri.unam.na/Text/THeCostOFScientific.htm

Murat, C., Díez, J., Luis, P., Delaruelle, C., Dupré, C., Chevalier, G., Bonfante, P., Martin, F. 2004. Polymorphism at the ribosomal DNA ITS and its relation to postglacial re-colonization routes of the Périgord truffle *Tuber melanosporum. New Phytologist* 164:401-411.

Murat, C., Vizzini, A., Bonfante, P., Mello, A. 2005. Morphological and molecular typing of the below-ground fungal community in a natural *Tuber magnatum* truffle-ground. *FEMS Microbiology Letters* 245:307-313.

Mushroom Company. 2007. U.S. wholesale market prices. *Mushroom Growers' Newsletter* (Klamath Falls, OR).

Nagy, M. 1988. Untersuchung von getrüffelten Fleischerzeugnissen auf Trüffeln. *Fleischwirtschaft* 68:592-593.

Namibia. 2002. Initial national communication to the United Nations framework convention on climate change. Disponible en: www.unfccc.int/resource/docs/natc/namnc1.pdf

Nanagulian, S. G., Senn-Irlet, B. 2002. Some dates about distribution and conservation of threatened mushrooms in Armenia. Disponible en: www.wsl.ch/eccf/Armenia.pdf

Natale, D., Pasqualini, E. 1999. Control of *Zeuzera pyrina* and *Cossus cossus* using pheromones. *L'informatore agrario* 55:79-83.

Natarajan, K., Mohan, V., Ingleby, K. 1992. Correlation between basidiomata production and ectomycorrhizal formation in *Pinus patula* plantations. *Soil Biology and Biochemistry* 24:279-280.

National Institute of Water and Atmospheric Research [de Nueva Zelanda]. 2007. www.niwa.co.nz/ncc.
Nationalpak. 2006. The role of micronutrients in crop production. Disponible en: www.nationalpak.com/roleofmicro.asp
Nazzaro, F., Fratianni, F., Picariello, G., Coppola, R., Reale, A., Di Luccia, A. 2007. Evaluation of gamma rays influence on some biochemical and microbiological aspects in black truffles. *Food Chemistry* 103:344-354.
Nehls, U., Bock, A., Einig, W., Hampp. R. 2001. Excretion of two proteases by the ectomycorrhizal fungus *Amanita muscaria*. *Plant Cell and Environment* 24:741-747.
New Zealand Department of Scientific and Industrial Research, Soils Bureau. 1968. *General Survey of the Soils of South Island, New Zealand*. New Zealand Department of Scientific and Industrial Research Soil Bureau Bulletin no. 27, Wellington.
New Zealand Meteorological Service. 1980. *Summaries of Climatological Observations to 1980:* New Zealand Meteorological Service Miscellaneous Publication no. 177, Wellington.
New Zealand Ministry of Agriculture and Forestry. 2004. Importation into New Zealand of specified fresh and frozen *Tuber* species (truffles). MAF Biosecurity Authority (Plants) Standard PIT-IMP-TUBER. Disponible en: http://www.biosecurity.govt.nz/files/ihs/bnz-imp-tuber.pdf
New Zealand Ministry of Agriculture and Forestry. 2006. Biosecurity New Zealand investigates new fungus in Northland. Disponible en: www.maf.govt.nz/mafnet/press/240306fungus.htm
New Zealand Plant Conservation Network. 2003. *Pennantia baylisiana* (W. R. B. Oliv.) G. T. S. Baylis. Disponible en: www.nzpcn.org.nz/nz_threatenedplants/advanced_search.asp
Newton, A. C., Haigh, J. M. 1998. Diversity of ectomycorrhizal fungi in Britain: a test of the species-area relationship, and the role of host specificity. *New Phytologist* 138:619-627.
North American Truffling Society. 1987. *The Cookbook of North American Truffles*. North American Truffling Society, Corvallis (Oregón).
Nugent, J. 2005. Calculating growing degree days. Northwest Michigan Horticultural Research Station. Disponible en: http://www.maes.msu.edu/nwmihort/gdd_calc.html
O'Donnell, K., Cigelnik, E., Weber, N. S., Trappe, J. M. 1997. Phylogenetic relationships among ascomycetous truffles and the true and false morels inferred from 18S and 28S ribosomal DNA sequence analysis. *Mycologia* 89:48-65.
Ohenoja, E., Lahti, S. 1978. Food from the Finnish forests. *Proceedings of the Eighth World Forestry Congress*. Vol. 3, Forestry for Food. Pp. 1013-1021.
Olivier, J. M. 2000. Progress in the cultivation of truffles. En: Van Griensven, L. J. L. D. ed. *Mushroom Science XV: Science and Cultivation of Edible Fungi*. Vol. 2. Balkema, Rotterdam. Pp. 937-942.
Olivier, J. M., Delmas, J. 1987. Vers la maîtrise des champignons comestibles. *Biofutur* Octubre:23-41.
Olivier, J. M., Savignac, J. C., Sourzat, P. 2002. *Truffe et trufficulture*. Fanlac, Périgueux (Francia).
Olney, R. 1985. *The French Menu Cookbook*. Godine, Boston.
Olsen, J. 2001. Nutrient management guide: hazelnuts. Oregon State University Extension Service. Disponible en: http://extension.oregonstate.edu/catalog/pdf/em/em8786-e.pdf

Olsson, P. A., Münzenberger, B., Mahmood, S., Erland, S. 2000. Molecular and anatomical evidence for a three-way association between *Pinus sylvestris* and the ectomycorrhizal fungi *Suillus bovinus* and *Gomphidius roseus*. *Mycological Research* 104:1372-1378.

Oregon White Truffles. 2006. A history of Oregon white truffles. Disponible en: www.oregonwhitetruffles.com

Outsidepride.com. 2008. Brush Buster. www.outsidepride.com/catalog/Brush-Buster-p-17970.html

Owen, R. 2000. £5,000 paid for one truffle in Italy's white gold rush. *Times* (Londres), 14 de noviembre, p. 14.

Pacioni, G. 1985. *La coltivazione moderna e redditizia del tartufo: Guida pratica*. Giovanni De Vecchi, Milán.

Pacioni, G. 1989. Biology and ecology of the truffles. *Acta Medica Romana* 27:104-117.

Pacioni, G., Bologna, M. A., Laurenzi, M. 1991. Insect attraction by *Tuber*: a chemical explanation. *Mycological Research* 95:1359-1363.

Pacioni, G., Comandini, O. 2000. *Tuber*. En: Cairney, J. W. G., Chambers, S. M., eds. *Ectomycorrhizal Fungi: Key Genera in Profile*. Springer Verlag, Berlín. Pp. 163-186.

Pacioni, G., Leonardi, M., Aimola, P., Ragnelli, A. M., Rubini, A.,Paolocci, F. 2007. Isolation and characterization of some mycelia inhabiting *Tuber ascomata*. *Mycological Research* 111: 1450-1460.

Pacioni, G., Marra, L., eds. 1993. *Tuber*. Atti del convegno internazionale sul tartufo. *Micologia e Vegetazione Mediterranea* 7.

Palenzona, M. 1969. Sintesi micorrizica tra *Tuber aestivum* Vitt., *Tuber brumale* Vitt., *Tuber melanosporum* Vitt. e semenzali di *Corylus avellana* L. *Allionia* 15:121-131.

Palenzona, M., Chevalier, G., Fontana, A. 1972. Sintesi micorrizica tra i miceli in coltura di *Tuber brumale*, *T. melanosporum*, *T. rufum* e semenzali di conifere e latifoglie. *Allionia* 18:41-52.

Palenzona, M., Curto, A., Mondino, G. P., Saladin, R. 1976. *Il tartufo di Bagnoli Tuber mesentericum Vitt.* Camera di Commercio Industria, Artigianato e Agricoltura, Avellino.

Panchuk, K., Karamanos, R., Mahli, S. S., Flaten, P. 2000. Micronutrients in crop production. Disponible en: www.agr.gov.sk.ca/DOCS/production/micronutrients.asp

Paolocci, F., Angelini, P., Cristofari, E., Granetti, B., Arcioni, S. 1995. Identification of *Tuber* spp. and corresponding ectomycorrhizae through molecular markers. *Journal of Science and Food Agriculture* 69:511-517.

Paolocci, F., Rubini, A., Granetti, B., Arcioni, S. 1997. Typing *Tuber melanosporum* and Chinese black truffle species by molecular markers. *FEMS Microbiology Letters* 153(2):255-260.

Paolocci, F., Rubini, A., Granetti, B., Arcioni, S. 1999. Rapid molecular approach for a reliable identification of *Tuber* spp. ectomycorrhizae. *FEMS Microbiology Ecology* 28:1, 23-30.

Paolocci, F., Rubini, A., Riccioni, C., Arcioni, S. 2006. Re-evaluation of the life cycle of *Tuber magnatum*. *Applied and Environmental Microbiology* 72:2390-2393.

Paolocci, F., Rubini, A., Riccioni, C., Topini, F., Arcioni, S. 2004. *Tuber aestivum* and *Tuber uncinatum*: Two morphotypes or two species? *FEMS Microbiology Letters* 235:109-115.

Papa, G. 1980. Purification attempts of the plant inhibitory principle of *Tuber melanosporum* Vitt. *Phytopatologia Mediterranea* 19:177.

Parladé, J., Pera, J., Álvarez, I. F. 1996. Inoculation of containerized *Pseudotsuga menziesii* and *Pinus pinaster* seedlings with spores of five species of ectomycorrhizal fungi. *Mycorrhiza* 6:237-245.

Payne, S. 2004. Berkshire truffles valued at £33,000. *Daily Telegraph*, 24 September. Disponible en: www.telegraph.co.uk/news/uknews/1472490/Berkshire-truffles-valued-at-33000.html

Pébeyre, P.-J., Gleyze, R., Montant, C. 1985. Product for the fertilization of mycorrhizal mushrooms and application to the fertilization of truffle-beds. U.S. patent (patente estadounidense) 4,537,613.

Pébeyre, P.-J., Pébeyre, J. 1987. *Le grand livre de la truffe*. Briand-Laffont, París.

Pecan Truffles. 2003. Pecan truffle fact sheet. Disponible en: www.interests.caes.uga.edu/pecantruffles/factsheet.htm

Peer, E. 1980. On the trail of the truffle. *Geo* 2(5):112-130.

Pegler, D. N. 2002. Useful fungi of the world: the 'poor man's truffles of Arabia' and 'manna of the Israelites'. *Mycologist* 16:8-9.

Pegler, D. N., Spooner, B. M., Young, T. W. K. 1993. *British Truffles: A Revision of British Hypogeous Fungi*. Royal Botanic Gardens, Kew.

Pelusio, F., Nilsson, T., Montanarella, L., Tilio, R., Larsen, B., Facchetti, S., Madsen, J.-O. 1995. Headspace solid-phase microextraction analysis of volatile organic sulfur compounds in black and white truffle aroma. *Journal of Agricultural and Food Chemistry* 43:2138-2143.

Percurdani, R., Trevisi, A., Zambonelli, A., Ottonello, S. 1999. Molecular phylogeny of truffles (Pezizales: Terfeziaceae, Tuberaceae) derived from nuclear rDNA sequence analysis. *Molecular Phylogenetics and Evolution* 13:169-180.

Perrott, K. 2004. How do soil P tests relate to soil phosphorus? Hill Laboratories Science Views 3. Disponible en: www.hill-labs.co.nz/Files/PDFs/ScienceViewsIssue3.pdf

Peterson, R. L., Massicotte, H. B., Melville, L. H. 2004. *Mycorrhizas: Anatomy and Cell Biology*. NRC Press, Ottawa.

Petit, R. J., Brewer, S., Bordacs, S., Burg, K., Cheddadhi, R., Coan, E., Cottrell, J., Qaild, U. M., Van Dam, B., Deans, J. D., Espinel, S., Finschi, S., Finkeldey, R., Glaz, I., Goicoechea, P. G., Jensen, J. S., Konig, A. O., Lowe, A. J., Madsen, S. F., Matyas, G., Munro, M. C., Popescu, F., Slade, D., Tabbener, H., deVries, S. G. M., Ziegenhagen, B., de Beaulieu, J. L., Kremer, A. 2002. Identification of refugia and post-glacial colonisation routes of European white oaks based on chloroplast DNA and fossil pollen evidence. *Forest Ecology and Management* 156:49-74.

Petrarca, F. 1366-1374. *Rerum vulgarium fragmenta*. 1.ª ed. italiana, *Le cose volgari di Francesco Petrarca*, ed. Pietro Bembo, 1501. Versión completa disponible en italiano en: http://digilander.libero.it/il_petrarca/index.html. En español, es excelente la traducción de Ángel Crespo (Premio Nacional a la Mejor Traducción 1984); última ed.: Madrid, Alianza Editorial, 2008 (El libro de bolsillo, 5724).

Pettenella, D., Klöhn, S., Brun, F., Carbone, F., Venzi, L., Cesaro, L., Ciccarese, L. 2004. Economic integration of urban consumers' demand and rural forestry production. Italy's Country Report, COST Action E30. Disponible en: www.apat.gov.it/site/_files/English_documents/Italy-Report.pdf

Peverill, K. I., Sparrow, L. A., Reuter, D. J. 2001. *Soil Analysis: An Interpretation Manual.* CSIRO, Collingwood (Victoria, Australia).

PheroTech International. 2006. Pheromone technology. Disponible en: www.pherotech.xplorex.com/page193.htm

Phillips, R. 1981. *Mushrooms and Other Fungi of Great Britain and Europe.* Pan, Londres.

Picart, F. 1980. *Truffle: The Black Diamond.* Agri-Truffle, Santa Rosa (California).

Pilz, D., Smith, J., Amaranthus, M. P., Alexander, S., Molina, R., Luoma, D. 1999. Mushrooms and timber: managing commercial harvesting in the Oregon Cascades. *Journal of Forestry* 97(3):4-11.

Pinkas, Y., Maimon, M., Shabi, E., Elisha, S., Shmulewich, Y., Freeman, S. 2000. Inoculation, isolation and identification of *Tuber melanosporum* from old and new oak hosts in Israel. *Mycological Research* 104:472-477.

Pirazzi, R. 1990. Produzione naturale di *Tuber* spp. in rimboschimenti di cedro e prove di sintesi. En: Bencivenga, M., Granetti, B., eds. *Atti del secondo congresso internazionale sul tartufo.* Spoleto, Italia, 24-27 de noviembre de 1988. Comunità Montana dei Monti Martani e del Serano, Spoleto. Pp. 303-311.

Pirazzi, R., Di Gregorio, A. 1987. Accrescimento di conifere micorrizate con specie diverse di *Tuber. Micologia Italiana* 16(3):49-62.

Plant Health Risk Assessment Unit. 2003. Hosts of *Phytophthora ramorum* with notes on geographical distribution and mating types, causal agent of sudden oak death. Disponible en: www.suddenoakdeath.org/pdf/P.ramorum.hosts.June.2003.pdf

Plattner, I., Hall, I. R. 1995. Parasitism of non-host plants by the mycorrhizal fungus *Tuber melanosporum* Vitt. *Mycological Research* 99:1367-1370.

Poitou, N. 1986. *Le sol: Cas particulier des sols truffiers.* INRA, Pont de la Maye Station de Recherches sur les Champignons, Stage CTIFL, 1985-1986.

Poitou, N. 1990. Les sols truffiers français. En: Bencivenga, M., Granetti, B., eds. *Atti del secondo congresso internazionale sul tartufo.* Spoleto, Italia, 24-27 de noviembre de 1988. Comunità Montana dei Monti Martani e del Serano, Spoleto. Pp. 391-396.

Poitou, N., Olivier, J. M. 1990. La truffe et le cuivre. En: Bencivenga, M., Granetti, B., eds. *Atti del secondo congresso internazionale sul tartufo.* Spoleto, Italia, 24-27 de noviembre de 1988. Comunità Montana dei Monti Martani e del Serano, Spoleto. Pp. 517-523.

Pollini, A. 2006. *Manuale di entomologia applicata.* Edagricole, Bolonia.

Pomarico, M., Figliuolo, G., Rana, G. L., Alba, E. 2004. Assessment of biodiversity of truffle germplasm in Basilicata (Italy). En: *Proceedings of the XLVIII Italian Society of Agricultural Genetics-SIFV-SIGA Joint Meeting.* Lecce, Italia, 15-18 de septiembre de 2004. Poster Abstract F.02.

Popham, P. 2004. Champion £28,000 truffle is laid to rest in Tuscany with full honours. *The Independent* (Londres). Disponible en: www.independent.co.uk/news/world/europe/champion-acircpound28000-truffle-is-laid-to-rest-in-tuscany-with-full-honours-694579.html

Potenza, L., Amicucci, A., Rossi, I., Palma, F., Bellis, R., Cardoni, P., Stocchi, V., De Bellis, R. 1994. Identification of *Tuber magnatum* Pico DNA markers by RAPD analysis. *Biotechnology Techniques* 8(2):93-98.

Powledge, T. M. 2004. The polymerase chain reaction. Disponible en: http://opa.faseb.org/pdf/The%20Polymerase%20Chain%20Reaction.pdf

Pradel, L., Dessolas, H., Chevalier, G., Pargney, J.-C. 2007. *Nouveau manuel de trufficulteur.* Dessolas, Périgueux. (Incluye una reimpresión del libro de Pradel del mismo título publicado originalmente en 1914 y ampliado por Dessolas, Chevalier & Pargney.)

Pullar, W. A. 1962. Soils and Agriculture of Gisborne Plains. *New Zealand Soil Bureau Bulletin* no. 20.

Raggi Vivai. 2005. Tartufo. Disponible en: www.raggivivai.it/prodotti/tartufo/sottomenu/listino.asp , www.raggivivai.it/prodotti/tartufo/sottomenu/aree_tartufigene/sardegna.asp , y www.raggivivai.it/prodotti/tartufo/sottomenu/aree_tartufigene/sicilia.asp

Raglione, M., Owczarek, M. 2005. The soils of natural environments for growth of truffles in Italy. *Mycologia balcanica* 2:209-216.

Rambold, G., Agerer, R. 1997. DEEMY: the concept of a characterization and determination system for ectomycorrhizae. *Mycorrhiza* 7:113-116.

Ramírez Carrasco, R., Reyna Doménech, S., Suárez Olave, R. 2005. Current state and perspectives of truffle cultivation in Chile. En: *Proceedings of the Fourth International Workshop on Edible Mycorrhizal Mushrooms.* Murcia (España), 28 de noviembre-2 de diciembre de 2005. Universidad de Murcia. P. 106.

Ramsbottom, J. 1953. *Mushrooms and Toadstools.* Collins, Londres.

Rauscher, T., Agerer, R., Chevalier, G. 1995. Ektomykorrhizen von. *Tuber melanosporum, Tuber mesentericum* und *Tuber rufum* (Tuberales) an *Corylus avellana. Nova Hedwigia* 61, 281-322.

Ray, J. 1682. *Methodus plantarum nova, brevitatis and perspicuitatis causa synoptice in tabulis exhibita, cum notis generum tum summorum tum subalternorum characteristicis, observationibus nonnullis de seminibus plantarum and indice copioso.* Londres.

Reale, A., Sorrentino, E., Maturo, L., Coppola, R. 2005. Sviluppo e applicazione di nuove tecnologie di conservazione dei tartufi. En: *Atti del convegno finale del progetto "Trattamento di prodotti freschi altamente deperibili per garantire qualità, sicurezza e salubrità".* Ariano Irpino, Italia, 15-19 de marzo de 2005. Università degli Studi del Sannio, Ariano Irpino (Avellino, Italia). Pp. 132-137.

Rebière, J. 1967. *La truffe du Périgord.* Fanlac, Périgueux (Francia).

Redecker, D., Kodner, R., Graham, L. E. 2000a. Glomalean fungi from the Ordovician. *Science* 289:1920-1921.

Redecker, D., Morton, J. B., Bruns, T. D. 2000b. Ancestral lineages of arbuscular mycorrhizal fungi (Glomales). *Molecular Phylogenetics and Evolution* 14:276-284. Disponible en Internet, previo pago, en diversas webs.

Reess, M. 1880. Über den Parasitismus von *Elaphomyces granulatus. Botanik zeitung* 38:729-733.

Renowden, G. 2005. *The Truffle Book.* Limestone Hills Publishing, Amberley (Nueva Zelanda).

Reuter, D. J., Robinson, J. B. 1986. *Plant Analysis.* Inkata Press, Melbourne.

Reyna Domenech, S. 2007. *Truficultura: fundamentos y técnicas.* Mundi-Prensa, Madrid.

Reyna, S. 1992. *La trufa.* Mundi-Prensa, Madrid.

Reyna, S. 2000. *Trufa, truficultura y selvicultura trufera.* Mundi-Prensa, Madrid.

Reyna, S., Boronat, J., Palomar, E. 2002a. Quality control of plants mycorrhized with *Tuber melanosporum* Vitt. En: Hall, I. R., Wang, Y., Danell, E., Zambonelli, A., eds. *Edible*

Mycorrhizal Mushrooms and Their Cultivation: Proceedings of the Second International Conference on Edible Mycorrhizal Mushrooms. Christchurch (Nueva Zelanda), 3-5 de julio de 2001. CD-ROM. New Zealand Institute for Crop and Food Research Limited, Christchurch.

Reyna, S., Miguel, A. de, Palanzón, C., Hernández, A. 2005. Spanish trufficulture. En: *Proceedings of the Fourth International Workshop on Edible Mycorrhizal Mushrooms.* Murcia (España), 28 de noviembre-2 de diciembre de 2005. Universidad de Murcia. P. 109.

Reyna, S., Rodríguez Barreal, J. A., Folch, L., Pérez-Badía, R., Domínguez, A., Saiz de Omecaña, J. A., Zazo, J. 2002b. Techniques for inoculating mature trees with *Tuber melanosporum* Vitt. En: Hall, I. R., Wang, Y., Danell, E., Zambonelli, A., eds. *Edible Mycorrhizal Mushrooms and Their Cultivation: Proceedings of the Second International Conference on Edible Mycorrhizal Mushrooms.* Christchurch (Nueva Zelanda), 3-5 de julio de 2001. CD-ROM. New Zealand Institute for Crop and Food Research Limited, Christchurch.

Reynal, B., Chevalier, G. 2008. *La culture de la truffe dans le monde. Actes du colloque,* Brive la Gaillarde, 2 de febrero de 2007. Dessolas, Périgueux.

Ricard, J.-M., Bergounoux, F., Callot, G., Chevalier, G., Olivier, J.-M., Pargney, J. C., Sourzat, P. 2003. *La truffe guide technique.* Centre technique interprofessionnel des fruits et légumes, París.

Ridley, M. 2000. *Genome.* Harper Collins, Nueva York.

Rincón, A., Álvarez, I. F., Pera, J. 2001. Inoculation of containerized *Pinus pinea* L. seedlings with seven ectomycorrhizal fungi. *Mycorrhiza* 11:265-271.

Riousset, L., Riousset, G., Chevalier, G., Bardet, M. C. 2001. *Truffes d'Europe et de Chine.* INRA, París.

Robin Pépinières. 2001. www.robinpepinieres.com

Rocchia, J.-M. 1992. *Des truffes en général et de la rabasse en particulier.* Barthélemy, Aviñón. Trad. al inglés, de Josephine Bacon (1995): *Truffles, The Black Diamonds, and Other Kinds.* Barthélemy, Aviñón.

Román, M. de, Clavería, V., Miguel, A.-M. de 2005. A revision of the descriptions of ectomycorrhizas published since 1961. *Mycological Research* 109:1063-1104.

Rossi, I., Bartolacci, B., Potenza, L., Bertini, L., Barbieri, E., Stocchi, V. 2000. Identification of white truffle species using RAPD markers. *Plant and Soil* 219:127-133.

Rouch, P., Vercesi, A. 1990. La production en France de plants mycorhizés par la truffe selon le procédé INRA-ANVAR. En: Bencivenga, M., Granetti, B., eds. *Atti del secondo congresso internazionale sul tartufo.* Spoleto, Italia, 24-27 de noviembre de 1988. Comunità Montana dei Monti Martani e del Serano, Spoleto. Pp. 483-493.

Rovesti, L., Viccinelli, R., Barbarossa, B. 1996. Biological control of sciarid flies. *Bulletin of the International Organization for Biological and Integrated Control of Noxious Animals and Plants* 19(9):20-23.

Royse, D. J. 1996. Specialty mushrooms. En: J. Janick, ed. *Progress in New Crops.* American Society for Horticultural Science Press, Arlington (Virginia). Pp. 464-475. Disponible en: www.hort.purdue.edu/newcrop/proceedings1996/V3-464.html

Rubini, A., Paolocci, F., Granetti, B., Arcioni, S. 1998. Single step molecular characterization of morphologically similar black truffle species. *FEMS Microbiology Letters* 164(1):7-12.

Rubini, A., Paolocci, F., Granetti, B., Arcioni, S. 2001. Morphological characterization of molecular-typed *Tuber magnatum* ectomycorrhizae. *Mycorrhiza* 11:179-185.

Rubini, A., Paolocci, F., Riccioni, C., Vendramin, G. G., Arcioni, S. 2005. Genetic and phylogeographic structures of the symbiotic fungus *Tuber magnatum*. *Applied and Environmental Microbiology* 71:6584-6589.

Sáez García-Falces, R., Miguel Velasco, A. M. de 2008. *La trufa. Guía de truficultura.* Instituto Técnico de Gestión Agrícola, Villava (Navarra).

Saggs, H. W. F. 1965. Everyday life in Babylonia and Assyria. Dibujos de H. N. Fairfield. Assyrian International News Agency. Disponible en: www.aina.org/books/eliba/eliba.pdf

Sainte Alvere. 2005. Le règlement du marché. Fait le 18 novembre 2005, modifié par délibération en date du 3 octobre 2007. Disponible en: http://www.sainte-alvere.com/pageseditos,18,left_5228AA2B,reglement,marche,aux,truffes,sainte,alvere.html

Sanders, M. 2003. *From Here, You Can't See Paris: Seasons of a French Village.* Bantam, Londres.

Sauter, M., Hager, A. 1989. The mycorrhizal fungus *Amanita muscaria* induces chitinase activity in roots and in suspension-cultured cells of its host *Picea*. *Planta* 203: 470-479.

Sauvignac, J. C. 2007. Truffes et canicule. La Fédération Française des Trufficulteurs. Disponible en: www.fft-tuber.org

Sbrana, C., Agnolucci, M., Bedini, S., Lepara, A., Toffanin, A., Giovannetti, M., Nuti, M. P. 2002. Diversity of culturable bacterial populations associated to *Tuber borchii* ectomycorrhizas and their activity on *T. borchii* mycelial growth. *FEMS Microbiology Letters* 211:195-201.

Sbrana, C., Bagnoli, G., Bedini, S., Filippi, C., Giovannetti, M., Nuti, M. P. 2000. Adhesion to hyphal matrix and antifungal activity of *Pseudomonas* strains isolated from *Tuber borchii* ascocarps. *Canadian Journal of Microbiology* 46:259-268.

Schrey, S. D., Schellhammer, M., Ecke, M., Hampp, R., Tarkka, M. T. 2005. Mycorrhiza helper bacterium *Streptomyces* AcH 505 induces differential gene expression in the ectomycorrhizal fungus *Amanita muscaria*. *New Phytologist* 168:205-216.

Schwendener, S. 1869. Die Flechten als Parasiten der Algen. *Verhandlungen der Schweizerischen Naturforschenden Gesellschaft Basel* 5:527-550.

Science in Africa. 2002. Threats to the environment posed by war in Iraq. Disponible en: www.scienceinafrica.co.za/2003/march/war.htm

Scortichini, M. 2002. Bacterial canker and decline of European hazelnut. *Plant Disease* Julio: 704-709. Disponible en: www.apsnet.org/pd/pdfs/2002/0430-01F.pdf

Scottish Executive Environment and Rural Affairs Department. 2005. *Phytophthora ramorum* and *kernoviae*. Disponible en: www.scotland.gov.uk/Topics/Agriculture/plant/17937/Phytophthoras/Introductiononphytophtho

Séjalon Delmas, N., Roux, C., Martins, M., Kulifaj, M., Becard, G., Dargent, R. 2000. Molecular tools for the identification of *Tuber melanosporum* in agroindustry. *Journal of Agricultural and Food Chemistry* 48(6):2608-2613.

Selosse, M. A., Faccio, A., Scappaticci, G., Bonfante, P. 2004. Chlorophyllous and achlorophyllous specimens of *Epipactis microphilla* (Neottieae, Orchidaceae) are associated with ectomycorrhizal septomycetes, including truffles. *Microbiology Ecology* 47:415-442.

Senesi, E. 1990. Esperienze sulla conservazione e valorizzazione del tartufo bianco pregiato (*Tuber magnatum* Pico). En: Bencivenga, M., Granetti, B., eds. *Atti del secondo congresso internazionale sul tartufo.* Spoleto, Italia, 24-27 de noviembre de 1988. Comunità Montana dei Monti Martani e del Serano, Spoleto. Pp. 611-619.

Services de la Répression des Fraudes. Truffe ou pas truffe? Les techniques d'identification se développent. www.finances.gouv.fr/DGCCRF/02_actualite/breves/brv0403i.htm?ru=02

Setälä, H. 2000. Reciprocal interactions between Scots pine and soil food web structure in the presence and absence of ectomycorrhiza. *Oecologia* 125:109-118.

Shaw, T. M., Dighton, J., Sanders, F. E. 1995. Interactions between ectomycorrhizal and saprotrophic fungi on agar and in association with seedlings of lodgepole pine (*Pinus contorta*). *Mycological Research* 99:159-165.

Shorrocks, V. M. 1997. The occurrence and correction of boron deficiency. *Plant and Soil* 193:121-148.

Signorini, D., Valli, O. 1990. *Il tartufo.* Ottaviano-Mistral, Sommacampagna (Véneto, Italia).

Silurian Software. 2006. The Silurian in Shropshire. Disponible en: www.silurian.com/geology/salop.htm

Silverstone, P. 2007. An interview with Peter Mayle. Disponible en: www.restaurantreport.com/departments/w_petermayle.html

Singer, R. 1961. *Mushrooms and Truffles.* Hill, Londres.

Singer, R., Harris, B. 1987. *Mushrooms and Truffles: Botany, Cultivation and Utilization.* Koeltz, Koenigstein (Alemania).

Sisti, D., Giomaro, G., Cecchini, M., Faccio, A., Novero, M., Bonfante, P. 2003. Two genetically related strains of *Tuber borchii* produce *Tilia* mycorrhizas with different morphological traits. *Mycorrhiza* 13:107-115.

Sisti, D., Giomaro, G., Rossi, I., Ceccaroli, P., Citterio, B., Stocchi, V., Zambonelli, A., Benedetti, P. A. 1998. *In vitro* mycorrhizal synthesis of micropropagated *Tilia platyphyllos* Scop. plantlets with *Tuber borchii* Vittad. mycelium in pure culture. *Acta Horticulturae* 3:457-460.

Smith, I. M., Dunez, J., Lelliott, R. A., Phillips, D. H., Archer, S. A. 1988. *European Handbook of Plant Diseases.* Blackwell, Londres. (Trad. esp. de Fernando García Arenal: *Manual de enfermedades de las plantas,* Madrid, Mundi-Prensa, 1992.)

Smith, S. E., Read, D. J. 1997. *Mycorrhizal Symbiosis.* Academic Press, Londres.

Sobin, G. 1999. *The Fly-Truffler.* Bloomsbury, Londres.

Solomon, J. D., McCracken, F. I., Anderson, R. L., Lewis, R. Jr., Oliveria, F. L., Filer, T. H., Barry, P. J. 2006. Oak pests: a guide to major insects, diseases, air pollution and chemical injury. U.S. Department of Agriculture Forest Service. Disponible en: www.fs.fed.us/r8/foresthealth/pubs/oakpests/diseases_index.html

Song, M.-S. 2005. Taxonomic and molecular systematic studies on *Tuber* in China. Ph.D. diss. [tesis doctoral], Systematic Mycology and Lichenology Laboratory, Institute of Microbiology, Chinese Academy of Sciences, Pekín.

Song, M.-S., Cao, J.-Z., Yao, Y.-J. 2005. Occurrence of *Tuber aestivum* in China. *Mycotaxon* 91:75-80.

Sourzat, P. 1981. *Guide pratique de trufficulture.* Délégation Départementale des Services d'Agronomie du Lot, Cahors-Le Montat.

Sourzat, P. 1989. *Guide pratique de trufficulture.* 2.ª ed. Délégation Départementale des Services d'Agronomie du Lot, Cahors-Le Montat.

Sourzat, P. 2001. Evolutions technologiques et écologiques de la trufficulture en France et notamment dans le Département du Lot. En: *Proceedings of the Fifth International Congress on the Science and Cultivation of Truffles*. Aix-en-Provence, Francia, 3-6 de marzo de 1999. Fédération Française des Trufficulteurs, París. Pp. 419-424.

Sourzat, P. 2002. *Guide pratique de trufficulture*. 4.ª ed. Station d'expérimentation sur la truffe, Lycée professionnel agricole et viticole de Cahors-Le Montat.

Sourzat, P., Dubiau, J. M. 2001. Les contaminations par *Tuber brumale* dans les plantations truffières: observations, expérimentations et expérimentations et stratégie de protection en culture: exemple d'une plantation truffière a Miers, dans le Lot (France). En: *Proceedings of the Fifth International Congress on the Science and Cultivation of Truffles*. Aix-en-Provence, Francia, 3-6 de marzo de 1999. Fédération Française des Trufficulteurs, París. Pp. 466-468.

Sourzat, P., Kulifaj, M., Montat, C. 1993. *Résultats techniques sur la trufficulture à partir d'expérimentations conduits dans le Lot entre 1985 et 1992*. Station d'Expérimentations sur la Truffe/GIS Truffe, Le Montat.

Sourzat, P., Muratet, G., Schneider, J. P. 1990a. Observations sur la statut mycorhizien de jeunes arbres truffiers dans un essai de désinfection du sol au bromure de méthyle. En: Bencivenga, M., Granetti, B., eds. *Atti del secondo congresso internazionale sul tartufo*. Spoleto, Italia, 24-27 de noviembre de 1988. Comunità Montana dei Monti Martani e del Serano, Spoleto. Pp. 283-288.

Sourzat, P., Muratet, G., Schneider, J. P. 1990b. La maîtrise des techniques de production truffière par l'expérimentation au Lycée d'Enseignement Professionnel Agricole de Cahors-Le Montat. En: Bencivenga, M., Granetti, B., eds. *Atti del secondo congresso internazionale sul tartufo*. Spoleto, Italia, 24-27 de noviembre de 1988. Comunità Montana dei Monti Martani e del Serano, Spoleto. Pp. 467-473.

Spencer, R., Randall, C. 2006. Chinese truffles put the wind up French traders. *Daily Telegraph*, 26 de enero. Disponible en: www.telegraph.co.uk/news/main.jhtml?xml=/news/2006/01/26/wtruf26.xml&sSheet=/news/ 2006/01/26/ixworld.html

Splivallo, R. 2004. Truffle volatiles and exudates: identification and biological effects. Informe de progreso de tesis doctoral, Universidad de Turín, Turín. Disponible en: www.bioveg.unito.it/italiano/reldot04/splivallo.doc

Splivallo, R., Bossi, S., Maffei, M., Bonfante, P. 2007a. Discrimination of truffle fruiting body versus mycelial aromas by stir bar sorptive extraction. *Phytochemistry* (2007), doi:10.1016/j.phytochem.2007.03.030.

Splivallo, R., Novero, M., Bossi, S.. Bonfante, P. 2007b. Truffle volatiles inhibit growth and induce an oxidative burst in *Arabidopsis thaliana*. *New Phytologist* (2007) doi : 10.1111/j.1469-8137.2007.02141.x

Stamets, P. 2000. *Growing Gourmet and Medicinal Mushrooms*. 3.ª ed. Ten Speed Press, Toronto.

Steinmann, S. H. 1998. Gender, pastoralism, and intensification: changing environmental resource use in Morocco. En: Coppock, J., Miller, J. A., Albert, J., Bernhardsson, M., Kenna, R. eds. *Transformations of Middle Eastern Natural Environments: Legacies and Lessons*. Yale School of Forestry and Environmental Studies Bulletin n.º 103. Pp. 81-107. Disponible en: http://environment.yale.edu/documents/downloads/0-9/103steinmann.pdf

Stringer, A. 2004. *Boletus edulis* in New Zealand: its genetic affinities and history. MSc. thesis [tesis de máster en Ciencias], University of Otago, Dunedin.
Sussex Biodiversity Partnership. 2001. The biodiversity action plan for East and West Sussex, Brighton and Hove. Habitat action plan for Sussex: Sussex woodlands. Disponible en: www.biodiversitysussex.org/woodland.htm
Switzer, S. 1727. *The Practical Kitchen Gardener.* Woodward, Londres.
Szemere, L. 1965. *Die unterirdischen Pilze des Karpatenbeckens: Fungi Hypogaei territorii Carpato-Pannonici.* Akadémiai Kiado, Budapest.
Taber, R. A. 1990. Observations on the origin of the Texas truffle, *Tuber texense.* En: Bencivenga, M., Granetti, B., eds. *Atti del secondo congresso internazionale sul tartufo.* Spoleto, Italia, 24-27 de noviembre de 1988. Comunità Montana dei Monti Martani e del Serano, Spoleto. Pp. 331-336.
Talou, T., Delmas, M., Gaset, A. 1988. Black truffle hunting: use of gas detectors. *Transactions of the British Mycological Society* 91:337-338.
Tanesaka, E., Masuda, H., Kinugawa, K. 1993. Wood degrading ability of basidiomycetes that are wood decomposers, litter decomposers, or mycorrhizal symbionts. *Mycologia* 85:347-354.
Tanfulli, M., Giovanotti, E., Donnini, D., Baciarelli Falini, L. 2001. Analisi della micorrizazione in tartufaie coltivate di *Tuber aestivum* Vittad. e *T. borchii* Vittad. impiantate da oltre 12 anni in ambienti pedoclimatici diversi. En: *Proceedings of the Fifth International Congress on the Science and Cultivation of Truffles.* Aix-en-Provence, Francia, 3-6 de marzo de 1999. Fédération Française des Trufficulteurs, París. Pp. 480-484.
Tannahill, R. 1995. *Food in History.* Three Rivers Press, Nueva York.
Tao, K., Liu, B., Zhang, D. 1989. A new species of *Tuber* from China. *Journal of Shanxi University* 12:215-218.
Taylor, D. L., Bruns, T. D. 1999. Community structure of ectomycorrhizal fungi in a *Pinus muricata* forest: minimal overlap between the mature forest and resistant propagule communities. *Molecular Ecology* 8:1837-1850.
Taylor, F. W., Thamage, D. M., Baker, N., Roth-Bejerano, N., Kagan-Zur, V. 1995. Notes on the Kalahari Desert truffle, *Terfezia pfeilii. Mycological Research* 99:874-878.
Taylor, P. 2005. Giant truffle a feast of patience. *The Australian,* 16 de junio. Disponible en: www.theaustralian.news.com.au/story/0,25197,15627830-29677,00.html
Tedersoo, L., Hansen, K., Perry, B. A., Kjøller, R. 2006. Molecular and morphological diversity of pezizalean ectomycorrhiza. *New Phytologist* 170:581-596.
Thompson, S. 2006. FRST briefs the minister. Royal Society Alert no. 409. Disponible en: www.rsnz.org/news/sciencealert.php
Tibiletti, E., Zambonelli, A. 1999. *I tartufi della provincia di Forlì-Cesena.* Patron, Bolonia.
Tibbett, M., Sanders, F. E. 2002. Ectomycorrhizal symbiosis can enhance plant nutrition through improved access to discrete organic nutrient patches of high resource quality. *Annals of Botany* 89: 783-789.
Times Online, Press Association. 2004. Giant £28,000 truffle rots in chef's safe. *Times* (Londres), 8 de diciembre. Disponible en: www.timesonline.co.uk/tol/news/uk/article400621.ece
Tirillini, B., Verdelli, G., Paolocci, F., Ciccioli, P., Frattoni, M. 2000. The volatile organic compounds from the mycelium of *Tuber borchii* Vitt. *Phytochemistry* 55:983-985.

Tocci, A. 1982. Tartuficoltura: elementi per una razionale coltivazione. *Agricoltura e ricerca* 18:48-55.

Tocci, A. 1985. Ecologia del *Tuber magnatum* Pico nell'Italia centrale. *Annali dell'istituto sperimentale per la selvicoltura Arezzo* 16:425-541.

Tocci, A. 2001. Il tartufo ha nobilitato la cucina Italiana. En: *Proceedings of the Fifth International Congress on the Science and Cultivation of Truffles*. Aix-en-Provence, Francia, 3-6 de marzo de 1999. Fédération Française des Trufficulteurs, París. Pp. 522-524.

Tocci, A. V. 1985. Ecologia del *Tuber magnatum* Pico nell'Italia centrale. *Annali dell'Istituto Sperimentale per la Selvicoltura Arezzo*. Pp 425-507.

Tocci, A., Gregori, G., Chevalier, G. 1985. Produzione di piantine tartufagene (*Tuber magnatum* Pico): sintesi micorrizica col sistema dell'innesto radicale. *Italia forestale e montana* 3:143-153.

Tocci, A., Gregori, G., Denci, L. 1986. *I tartufi della legge quadro nazionale*. Ministero dell'Agricoltura e delle Foreste, Repubblica Italiana, Corpo Forestale dello Stato, Roma.

Tous, J., Romero, A., Plana, J., Sentis, X., Ferrán, J. 2005. Effect of nitrogen, boron and iron fertilization on yield and nut quality of'negret' hazelnut trees. En: Tous, J., Rovira, M., Romero, A. eds. VI International Congress on Hazelnut. *ISHS Acta Horticulturae* 686:277-280.

Toy, S., Kapner, F., Westley, A. 1990. Pity the truffler . . . his troubles are mushrooming. *Business Week*, 17 de diciembre, 36.

Trappe, J. M. 1977. Selection of fungi for ectomycorrhizal inoculation in nurseries. *Annual Review of Phytopathology* 15:203-222.

Trappe, J. M. 1979. The orders families and genera of hypogeous Ascomycotina (truffles and their relatives). *Mycotaxon* 9:297-340.

Trappe, J. M. 1985. Traducción de B. Frank. 1885. On the root symbiosis-depending-nutrition through hypogeous fungi of certain trees. En: Molina R., ed. *Proceedings of the Sixth North American Conference on Mycorrhizae*. Bend, Oregón, junio de 1984. Forest Research Laboratory, Corvallis (Oregón). Pp. 25-29.

Trappe, J. M. 1990. Use of truffles and false-truffles around the world. En: Bencivenga, M., Granetti, B., eds. *Atti del secondo congresso internazionale sul tartufo*. Spoleto, Italia, 24-27 de noviembre de 1988. Comunità Montana dei Monti Martani e del Serano, Spoleto. Pp. 19-30.

Trappe, J. M. 2004. A. B. Frank and mycorrhizae: the challenge to evolutionary and ecologic theory. *Mycorrhiza* 15:277-281.

Trappe, J. M., Castellano, M. A. 2005. Keys to the genera of truffles (Ascomycetes). Disponible en: www.natruffling.org/ascokey.htm

Trappe, J. M., Claridge, A. W., Claridge, D. L. Desert truffles of the Australian outback and African Kalahari: ecology, ethnomycology and taxonomy. En prep.

Trappe, J. M., Jumpponen, A. M., Cazares, E. 1996. NATS truffle and truffle-like fungi. 5. *Tuber lyonii* (= *T. texense*), with a key to the spiny-spored *Tuber* species groups. *Mycotaxon* 60:365-372.

Trappe, J. M., Maser, C. 1977. Ectomycorrhizal fungi: interactions of mushrooms and truffles with beasts and trees. En: Walters, T., ed. *Mushrooms and Man: An Interdisciplinary Approach to Mycology*. U.S. Department of Agriculture Forest Service, Pacific Northwest Station, Corvallis (Oregón). Pp. 165-179.

Trappe, J. M., Molina, R. 1986. Taxonomy and genetics of mycorrhizal fungi: their interactions and relevance. En: Gianinazzi-Pearson, V., Gianinazzi, S., eds. *Mycorrhizae: Physiology and Genetics*. INRA, París. Pp. 133-146.

Trappe, J. M., Molina, R., Castellano, M. 1984. Reactions of mycorrhizal fungi and mycorrhiza formation to pesticides. *Annual Review of Phytopathology* 22:331-59.

Treehelp.com. 2006. Oak trees: other problems—powdery mildew. Disponible en: www.treehelp.com/trees/oak/oak-diseases-powdery-mildew.asp

Treessentials. 2006. Clipper Grow Tube. Disponible en: www.growtubes.com

Trevor, E., Yu, J.-C., Egger, K. N., Peterson, R. L. 2001. Ectendomycorrhizal associations: characteristics and functions. *Mycorrhiza* 11:167-177.

Troisgros, J., Troisgros, P. 1978. *The Nouvelle Cuisine of Jean and Pierre Troisgros*. Traducido por R. W. Smoler. Morrow, Nueva York.

Truffel.com. 2005. www.truffel.com/pages/luoQ.asp.

Truffle UK. 2006. Summer truffle in the UK. Disponible en: www.truffleuk.co.uk/home_uk_summer_truffle.php y www.truffleuk.co.uk/news_press_cuttings.php

Tuber.it. 2006. La borsa del tartufo. Disponible en: www.tuber.it/borsa.php

Tubex Treeshelters. 2006. www.tubex.com/index.php?page=43.

Tulasne, L. R. 1851. *Fungi hypogaei*. París.

Turner, P. C., McLennan, A. G., Bates, A. D., White, M. R. H. 2001. *Molecular Biology*. Bios, Oxford.

U.S. Department of Agriculture. 1997. BT (*Bacillus thuringiensis*) toxin resources. Disponible en: www.nal.usda.gov/bic/BTTOX/bttoxin.htm

United Nations. 2004. UNECE Recommendation FFV-53 concerning the marketing and commercial quality control of fresh truffles (*Tuber*). Disponible en: www.unece.org/trade/agr/meetings/ge.01/document/2004_25_a08.pdf

University of California Cooperative Extension. 1998. Orchard facts: precautions for using potassium chloride for correction of potassium deficiency. Disponible en: http://ceglenn.ucdavis.edu/newsletterfiles/Orchard_Facts592.PDF

University of Canterbury. 2006. Weather charts and weather stations. Department of Geography, University of Canterbury, Christchurch, Nueva Zealand. Disponible en: www.geog.canterbury.ac.nz/weather/rooftop/html/current.html y www.geog.canterbury.ac.nz/weather/weather.htm

Urbani. 2007. www.urbanitartufi.it

Van der Walt, P., Le Riche, E. 1999. *The Kalahari and Its Plants*. Info Naturae, Pretoria.

Verlhac, A., Girard, M., Pallier, R. 1989. Truffe: fertilisation organique en truffière productrice irriguée. *Infos* 56:22-26.

Vignaud, G. 2006. La nouvelle norme "truffes fraîches". *Le trufficulteur*. Octubre-Noviembre-Diciembre. Pp. 11-14.

Vilgaly, R. 2007. Duke mycology: Conserved primer sequences for PCR amplification and sequencing from nuclear ribosomal RNA. Department of Biology, Duke University. Disponible en: www.biology.duke.edu/fungi/mycolab/primers.htm

Vinay, M., Pirazzi, R. 2001. Realtà ed esigenze per la coltivazione di *T. borchii* Vittad. e *T. aestivum* Vittad. nell'Italia centrale. En: *Proceedings of the Fifth International Congress on the*

Science and Cultivation of Truffles. Aix-en-Provence, Francia, 3-6 de marzo de 1999. Fédération Française des Trufficulteurs, París. Pp. 425-430.

Vitosh, M. L., Warncke, D. D., Lucas, R. E. 1994. Secondary and micronutrients for vegetables and field crops. Michigan State University Extension Bulletin E-486. Disponible en: http://web1.msue.msu.edu/imp/modf1/05209701.html

Vittadini, C. 1831. *Monographia tuberacearum*. Milán.

Vogt, K. A., Bloomfield, J., Ammirati, J. F., Ammirati, S. R. 1992. Sporocarp production by Basidiomycetes, with emphasis on forest ecosystems. En: Carroll, G. C., Wicklow, D. T. eds. *The Fungal Community: Its Organization and Role in the Ecosystem*. 2.ª ed. Marcel Dekker, Nueva York. Pp. 563-581.

Wallén, C. C., ed. 1970. World Survey of Climatology. Vol. 5, Climates of Northern and Western Europe. Elsevier, Ámsterdam.

Wallén, C. C., ed. 1977. *World Survey of Climatology*. Vol. 6, Climates of Central and Southern Europe. Elsevier, Ámsterdam.

Wang, X., Liu, P., Yu, F. 2004. *Colour Atlas of Wild Commercial Mushrooms in China*. Yunnan Science and Technology Press, Kunming (China).

Wang, Y. 1990. First report of a study on *Tuber* species from China. En: Bencivenga, M., Granetti, B., eds. *Atti del secondo congresso internazionale sul tartufo*. Spoleto, Italia, 24-27 de noviembre de 1988. Comunità Montana dei Monti Martani e del Serano, Spoleto. Pp. 45-52.

Wang, Y., Hall, I. R. 2001. *Tuber sinense* and other *Tuber* species from south-west China. En: Courvoisier, M., ed. *Science et culture de la truffe et des autres champignons hypogés comestibles*. Fédération Française des Trufficulteurs, París. Pp. 115-116.

Wang, Y., Hall, I. R. 2004. Edible ectomycorrhizal mushrooms: challenges and achievements. *Canadian Journal of Botany* 82:1063-1073.

Wang, Y., Hall, I. R. 2005. Matsutake - a natural biofertiliser? En: Rai, M. K. ed. *Handbook of microbial biofertilizers*. Food Product Press, Binghamton (Nueva York).

Wang, Y., Hall, I. R., Evans, L. 1997. Ectomycorrhizal fungi with edible fruiting bodies. 1. *Tricholoma matsutake* and allied fungi. *Economic Botany* 51:311-327.

Wang, Y., Hall, I. R., Sinclair, L. 1995 *Boletus edulis* sensu lato: A new record for New Zealand. *New Zealand Journal of Crop & Horticultural Science* 23: 227-31.

Wang, Y., He, X.-Y. 2002. *Tuber huidongense* sp. nov. from China. *Mycotaxon* 83:191-194.

Wang, Y., Li, Z.-P. 1991. A new species of *Tuber* from China. *Acta Mycologia Sinica* 10:263-265.

Wang, Y., Moreno, G., Riousset, L. J., Manjon, J. L., Riousset, G., Fourre, G., Di Massimo, G., Garcia-Montero, L. G., Díez, J. 1998. *Tuber pseudoexcavatum* sp. nov., a new species from China commercialised in Spain, France and Italy with additional comments on Chinese truffles. *Cryptogamie mycologie* 19:113-120.

Wang, Y., Tan, Z. M., Zhang, D. C., Murat, C., Jeandroz, S., Le Tacon, F. 2006a. Phylogenetic and populational study of the *Tuber indicum* complex. *Mycological Research* 110:1034-1045.

Wang, Y., Tan, Z. M., Zhang, D. C., Murat, C., Jeandroz, S., Le Tacon, F. 2006b. Phylogenetic relationships between *Tuber pseudoexcavatum*, a Chinese truffle, and other *Tuber* species based on parsimony and distance analysis of four different gene sequences. *FEMS Microbiology Letters* 259:269-281.

Warder, M. 2007. Plants in the Kalahari Desert. Disponible en: www.abbottinfotech.co.za/kalahari%20desert%20pictures.html

Watson, J. D., Berry, A. 2003. *DNA: The Secret of Life*. Knopf, Nueva York.

Webster, P. 1990. Police sniff out truffle fraud. *Guardian* (en torno al 14 de noviembre de 1990).

Wedén, C., Chevalier, G., Danell, E. 2004a. *Tuber aestivum* (sin. *T. uncinatum*) biotopes and their history on Gotland, Sweden. *Mycological Research* 108:304-310.

Wedén, C., Danell, E. 2001. *Tuber aestivum* in Sweden. En: *Proceedings of the Fifth International Congress on the Science and Cultivation of Truffles*. Aix-en-Provence, Francia, 3-6 de marzo de 1999. Fédération Française des Trufficulteurs, París. P. 247.

Wedén, C., Danell, E. 2002. Scandinavian black truffles: distribution and habitats. En: Hall, I. R., Wang, Y., Danell, E., Zambonelli, A., eds. *Edible Mycorrhizal Mushrooms and Their Cultivation: Proceedings of the Second International Conference on Edible Mycorrhizal Mushrooms*. Christchurch (Nueva Zelanda), 3-5 de julio de 2001. CD-ROM. New Zealand Institute for Crop and Food Research Limited, Christchurch.

Wedén, C., Danell, E., Camacho, F. J., Backlund, A. 2004b. The population of the hypogeous fungus *Tuber aestivum* sin. *T. uncinatum* on the island of Gotland. *Mycorrhiza* 14:19-23.

Wedén, C., Danell, E., Tibell, L. 2005. Species recognition in the truffle genus *Tuber*: the synonyms *Tuber aestivum* and *Tuber uncinatum*. *Environmental Microbiology* 7:1535-1546.

Wedén, C., ed. 2004. Black truffles of Sweden: systematics, population studies, ecology and cultivation of *Tuber aestivum* syn. *T. uncinatum*. *Acta Universitatis Upsaliensis:* Comprehensive Summaries of Uppsala Dissertations from the Faculty of Science and Technology no. 1043. Disponible en: http://publications.uu.se/abstract.xsql?dbid=4675

Wedén, C., Pettersson, L., Danell, E. 2004c. Cultivation of the Burgundy truffle, *Tuber aestivum* syn. *T. uncinatum*, in Sweden. En: Wedén, C., ed. Black truffles of Sweden: systematics, population studies, ecology and cultivation of *Tuber aestivum* syn. *T. uncinatum*. Acta Universitatis Upsaliensis: Comprehensive Summaries of Uppsala Dissertations from the Faculty of Science and Technology no. 1043. Disponible en: http://publications.uu.se/abstract.xsql?dbid=4675

Wenkart, S., Roth-Bejerano, N., Mills, D., Kagan-Zur, V. 2001. Mycorrhizal associations between *Tuber melanosporum* mycelia and transformed roots of *Cistus incanus*. *Plant Cell Reports* 20:369-373.

Wessex Coppice Group. 2006. Background information. Disponible en: www.coppice.org.uk/background.htm

Weste, G. 2003. Disease caused by *Phytophthora* in Australia and its impact on native forests, woodlands and heathlands. Sudden Oak Death Online Symposium. Disponible en: http://www.apsnet.org/online/proceedings/sod/pdf/weste.pdf

Wheeler, D. B. 2005. Oregon white truffles. Disponible en: www.oregonwhitetruffles.com

White, T. J., Bruns, T., Lee, S., Taylor, J. 1990. Amplification and direct sequencing of fungal ribosomal RNA genes for phylogenetics. En: Innis, M. A., Gelfand, D. H., Sninsky, J. J., White, T. J., eds. *PCR Protocols: A Guide to Methods and Applications*. Academic Press, San Diego. Pp. 315-322.

Wikipedia. 2006. Truffle: most expensive truffle. Disponible en: http://en.wikipedia.org/wiki/White_truffle

Wikipedia. 2008. Growing degree days. Disponible en: http://en.wikipedia.org/wiki/Growing_degree_day

Wild about Britain. Native oak disease risk. Disponible en: www.wildaboutbritain.co.uk/news/native_oak_disease_risk

Willey, D. 2004. Record-breaking truffle goes home. Disponible en: http://news.bbc.co.uk/2/hi/europe/4107083.stm

Wood, A. 2006. Compendium of pesticide common names: fungicides. Disponible en: www.alanwood.net/pesticides/index.html

Wu, T., Sharda, J. N., Koide, R. T. 2003. Exploring interactions between saprotrophic microbes and ectomycorrhizal fungi using a protein-tannin complex as an N source by red pine (*Pinus resinosa*). *New Phytologist* 159:131-139.

Wurzburger, N., Bledsoe, C. S. 2001. Comparison of ericoid and ectomycorrhizal colonization and ectomycorrhizal morphotypes in mixed conifer and pygmy forests on the northern California coast. *Canadian Journal of Botany* 79:1202-1210.

Yunnan Yunri Health Food Industry Development Co. Ltd. 2004. www.chinesetruffle.com.

Zacchi, L., Vaughan-Martini, A., Angelini, P. 2003. Yeast distribution in a truffle-field ecosystem. *Annals of Microbiology* 53:275-282.

Zambonelli, A. 1990. Confronto fra diversi metodi di conservazione dell'inoculo di *Tuber* spp. *Micologia Italiana* 19(3):25-29.

Zambonelli, A. 1993. Effetto dei trattamenti contro l'oidio della quercia sulle micorrize di *Tuber albidum* e *T. aestivum*. *Informatore fitopatologia* 43(2):59-62.

Zambonelli, A., Branzanti, M. B. 1984. Prove di micorrizazione del nocciolo con *T. aestivum* e *T. albidum*. *Micologia Italiana* 13:47-52.

Zambonelli, A., Branzanti, M. B. 1987. Competizione tra due funghi ectomicorrizici: *Tuber albidum* e *Laccaria laccata*. *Micologia Italiana* 16:159-164.

Zambonelli, A., Branzanti, M. B. 1989. Mycorrhizal synthesis of *Tuber albidum* Pico with *Castanea sativa* Mill. and *Alnus cordata* Loisel. *Agricultural Ecosystems and Environment* 28:563-567.

Zambonelli, A. & Branzanti, M. B. 1990. Competizione fra *Tuber albidum* e alcuni basidiomiceti nella formazione di ectomicorrize su semenzali di *Pinus pinea*. En: Bencivenga, M., Granetti, B., eds. *Atti del secondo congresso internazionale sul tartufo*. Spoleto, Italia, 24-27 de noviembre de 1988. Comunità Montana dei Monti Martani e del Serano, Spoleto. Pp. 443-449.

Zambonelli, A., Di Munno, R. 1992. Indagine sulla possibilità di diffusione dei rimboschimenti con specie tartufigene: aspetti tecnico-colturali ed economici. Ministero dell'Agricoltura e delle Foreste, Roma.

Zambonelli, A., Giunchedi, L., Poggi Pollini, C. 1993a. An enzyme-linked immunosorbent assay (ELISA) for the detection of *Tuber albidum* ectomycorrhiza. *Symbiosis* 15:71-76.

Zambonelli, A., Govi, G. 1983. Micorrizazione in semenzaio di *Quercus pubescens* Willd. con specie del genere *Tuber*. *Micologia Italiana* 1:17-22.

Zambonelli, A., Govi, G., Previati, A. 1989. Micorrizazione in vitro di piantine micropropagate di *Populus alba* con micelio di *Tuber albidum* in coltura pura. *Micologia Italiana* 18:105-111.

Zambonelli, A., Iotti, M. 2001. Effects of fungicides on *Tuber borchii* and *Hebeloma sinapizans* ectomycorrhizas. *Mycological Research* 105:611-614.

Zambonelli, A., Iotti, M. 2005. *Appennino modenese: terre da tartufo*. Giorgio Mondadori, Milán.

Zambonelli, A., Iotti, M. 2006. The pure culture of *Tuber* mycelia and their use in the cultivation of the truffles. En: Khabar, L., ed. *Le premier symposium sur les champignons hypogés du basin Méditerranéen*. Rabat (Marruecos), 5-8 de abril de 2004. Pp. 244-255.
Zambonelli, A., Iotti, M., Amicucci, A., Pisi, A. 1999. Caratterizzazione anatomo-morfologica delle micorrize di *Tuber maculatum* Vittad. su *Ostrya carpinifolia* Scop. *Micologia Italiana* 28:29-35.
Zambonelli, A., Iotti, M., Giomaro, G., Hall, I., Stocchi, V. 2002. *Tuber borchii* cultivation: an interesting perspective. En: Hall, I. R., Wang, Y., Danell, E., Zambonelli, A., eds. *Edible Mycorrhizal Mushrooms and Their Cultivation: Proceedings of the Second International Conference on Edible Mycorrhizal Mushrooms*. Christchurch (Nueva Zelanda), 3-5 de julio de 2001. CD-ROM. New Zealand Institute for Crop and Food Research Limited, Christchurch.
Zambonelli, A., Iotti, M., Rossi, I., Hall, I. R. 2000a. Interaction between *Tuber borchii* and other ectomycorrhizal fungi in a field plantation. *Mycological Research* 104:698-702.
Zambonelli, A., Iotti, M., Zinoni, F., Dallavalle, E., Hall, I. R. 2005. Effect of mulching on *Tuber uncinatum* ectomycorrhizas in an experimental truffière. *New Zealand Journal of Crop and Horticultural Science* 33:65-73.
Zambonelli, A., Penjor, D., Pisi, A. 1995a. Effetto del triadimefon sulle micorrize di *Tuber borchii* Vitt. e di *Hebeloma sinapizans* (Paulet) Gill. *Micologia Italiana* 24(3):65-73.
Zambonelli, A., Pisi, A., Tibiletti, A. 1997. Caratterizzazione anatomo-morfologica delle micorrize di *Tuber indicum* Cooke and Masee su *Pinus pinea* L. e *Quercus cerris* L. *Micologia Italiana* 26(1):29-36.
Zambonelli, A., Rivetti, C., Percudani, R., Ottonello, S. 2000b. TuberKey: a DELTA-based tool for the description and interactive identification of truffles. *Mycotaxon* 74:57-76. Dirección de la web italiana de la que habla el artículo: www.truffle.org/tuberkey/tuberkey.html; tiene también versión en inglés
Zambonelli, A., Salomoni, S. 1993. Tartuficoltura, che fare. *Terra e vita* 41:38-39.
Zambonelli, A., Salomoni, S., Pisi, A. 1993b. Caratterizzazione anatomo-morfologica e micromorfologica delle micorrize di *Tuber* spp. su *Quercus pubescens* Willd. *Micologica Italiana* 22(3):73-90.
Zambonelli, A., Salomoni, S., Pisi, A. 1995b. Caratterizzazione anatomo-morfologica e micromorfologica delle micorrize di *Tuber borchii* Vitt., *Tuber aestivum* Vitt., *Tuber mesentericum* Vitt., *Tuber brumale* Vitt., *Tuber melanosporum* Vitt. su *Pinus pinea*. L. *Micologia Italiana* 24(2):119-137.
Zekri, M., Obreza, T. A. 2006. Micronutrient deficiencies in citrus: boron, copper, and molybdenum. University of Florida Extension Report SL203. Disponible en: http://edis.ifas.ufl.edu/document_ss422 y en http://edis.ifas.ufl.edu/pdffiles/SS/SS42200.pdf
Zeller, B.; Bréchet, C.; Maurice, J.-P.; Le Tacon, F. 2008. Saprotrophic versus symbiotic strategy during truffle ascocarp development under holm oak. A response based on ^{13}C and ^{15}N natural abundance. *Annals of forest science* 65 (6) 607. DOI: 10.1051/forest:2008037
Zhang, B. C., Minter, D. W. 1988. *Tuber himalayense* sp. nov. with notes on Himalayan truffles. *Transactions of the British Mycological Society* 91:953-957.
Zhang, D. C., Wang, Y. 1990. Study on the Chinese truffle and its ecology. *Edible Fungi of China* 2:25-27.

Zhang, L., Yang, Z. L., Song, D. S. 2005. A phylogenetic study of commercial Chinese truffles and their allies: taxonomic implications. *FEMS Microbiology Letters* 245:85-92.

Zigante tartufi. 2005. www.zigantetartufi.com/novo/index.php.

Zuccherelli, G. 1990. Moltiplicazione in vitro di cinque varietà di nocciolo e loro micorrizazione con *Tuber melanosporum. L'informatore agrario* 41:51-55.

Zuccherelli, G., Zuccherelli, S., Capaccio, V. 1992. Production *in vitro* of two hazelnut varieties and results about inoculum of *Tuber magnatum* Pico on a mass scale. Paper presented at the Third International Congress on Hazelnut, Alba, Italy. *Acta Horticulturae* 351:371-380.

ÍNDICE TEMÁTICO